畜禽产品安全生产综合配套技术丛书

肉鸡标准化安全生产关键技术

徐 彬 主编

U0391281

中原农民出版社

·郑州·

图书在版编目(CIP)数据

肉鸡标准化安全生产关键技术/徐彬主编 . —郑州：
中原农民出版社,2016. 10
(畜禽产品安全生产综合配套技术丛书)
ISBN 978 - 7 - 5542 - 1490 - 9

Ⅰ.①肉… Ⅱ.①徐… Ⅲ.①肉鸡 – 饲养管理 – 标准化
Ⅳ.①S831.4 –65

中国版本图书馆 CIP 数据核字(2016)第 222322 号

肉鸡标准化安全生产关键技术

徐 彬 主编

出版社：中原农民出版社

地址：河南省郑州市经五路 66 号　　　　　　　**邮编**：450002

网址：http://www.zynm.com　　　　　　　　　**电话**：0371 - 65788655

发行单位：全国新华书店　　　　　　　　　　　**传真**：0371 - 65751257

承印单位：新乡豫北印务有限公司

投稿邮箱：1093999369@ qq.com

交流 QQ：1093999369

邮购热线：0371 - 65788040

开本：710mm × 1010mm　1/16

印张：18.25

字数：305 千字

版次：2016 年 10 月第 1 版　　　　　　　　　　**印次**：2016 年 10 月第 1 次印刷

书号：ISBN 978 - 7 - 5542 - 1490 - 9　　　　　　　**定价**：36.00 元

本书如有印装质量问题,由承印厂负责调换

序

近年来,我国采取有力措施加快转变畜牧业发展方式,提高质量效益和竞争力,现代畜牧业建设取得明显进展。第一,转方式,调结构,畜牧业发展水平快速提升。持续推进畜禽标准化规模养殖,加快生产方式转变,深入开展畜禽养殖标准化示范创建,国家级畜禽标准化示范场累计超过4 000家,规模养殖水平保持快速增长。制定发布《关于促进草食畜牧业发展的意见》,加快草食畜牧业转型升级,进一步优化畜禽生产结构。第二,强质量,抓安全,努力增强市场消费信心。坚持产管结合、源头治理,严格实施饲料和生鲜乳质量安全监测计划,严厉打击饲料和生鲜乳违禁添加等违法犯罪行为。切实抓好饲料和生鲜乳质量安全监管,保障了人民群众"舌尖上的安全"。畜牧业发展坚持"创新、协调、绿色、开放、共享"的发展理念,坚持保供给、保安全、保生态目标不动摇,加快转变生产方式,强化政策支持和法制保障,努力实现畜牧业在农业现代化进程中率先突破的目标任务。

随着互联网、云计算、物联网等信息技术渗透到畜牧业各个领域,越来越多的畜牧从业者开始体会到科技应用带来的巨变,并在实践中将这些先进技术运用到整条产业链中,利用传感器和软件通过移动平台或电脑平台对各环节进行控制,使传统畜牧业更具"智慧"。智慧畜牧业以互联网、云计算、物联网等技术为依托,以信息资源共享运用、信息技术高度集成为主要特征,全力发挥实时监控、视频会议、远程培训、远程诊疗、数字化生产和畜牧网上服务超市等功能,达到提升现代畜牧业智能化、装备化水平,以及提高行业产能和效率的目的。最终打造出集健康养殖、安全屠宰、无害处理、放心流通、绿色消费、追溯有源为一体的现代畜牧业发展模式。

同时,"十三五"进入全面建成小康社会的决胜阶段,保障肉蛋奶有效供给和质量安全、推动种养结合循环发展、促进养殖增收和草原增绿,任务繁重而艰巨。实现畜牧业持续稳定发展，面临着一系列亟待解决的问题：畜产品消费增速放缓使增产和增收之间矛盾突出，资源环境约束趋紧对传统养殖方式形成了巨大挑战，廉价畜产品进口的冲击对提升国内畜产品竞争力提出了迫切要求，食品安全关注度提高使饲料和生鲜乳质量安全监管面临着更大的压力。

"十三五"畜牧业发展，要更加注重产业结构和组织模式优化调整，引导产业专业化分工生产，提高生产效率；要加快现代畜禽牧草种业创新，强化政策支持和科技支撑，调动育种企业积极性，形成富有活力的自主育种机制，提升产业核心竞争力；要进一步推进标准化规模养殖，促进国内养殖水平上新台阶；要积极适应经济"新常态"变化，主动做好畜产品生产消费信息监测分析，加强畜产品质量安全宣传，引导生产者立足消费需求开展生产；要按照"提质增效转方式，稳粮增收可持续"的工作主线，推进供给侧结构性改革，加快转型升级，推行种养结合、绿色环保的高效生态养殖，进一步优化产业结构，完善组织模式，强化政策支持和法制保障，依靠创新驱动，不断提升综合生产能力、市场竞争能力和可持续发展能力，加快推进现代畜牧业建设；要充分发挥畜牧业带动能力强、增收见效快的优势，加快贫困地区特色畜牧业发展，促进精准扶贫、精准脱贫。

由张晓根教授组织编写的《畜禽产品安全生产综合配套技术丛书》涵盖了畜禽产品质量、生产、安全评价与检测技术，畜禽生产环境控制，畜禽场废弃物有效控制与综合利用，兽药规范化生产与合理使用，安全环保型饲料生产，饲料添加剂与高效利用技术，畜禽标准化健康养殖，畜禽疫病预警、诊断与综合防控等方面的内容。

丛书适应新阶段、新形势的要求，总结经验，勇于创新。除了进一步激发养殖业科技人员总结在实践中的创新经验外，无疑将对畜牧业从业者培训、促进产业转型发展、促进畜牧业在农业现代化进程中率先取得突破，起到强有力的推动作用。

中国工程院院士

2016 年 6 月

目 录

第一章 肉鸡标准化安全生产概述 …………………………………… 001
  第一节 肉鸡产业发展概况 ………………………………………… 002
  第二节 肉鸡安全生产的概念与意义 ……………………………… 004
第二章 鸡场环境与生物安全控制技术 ……………………………… 007
  第一节 环境对肉鸡安全生产的影响 ……………………………… 008
  第二节 肉鸡场的规划与设计 ……………………………………… 039
  第三节 管理措施 …………………………………………………… 062
  第四节 废弃物处理 ………………………………………………… 067
第三章 肉鸡标准化品种与育种安全控制技术 ……………………… 069
  第一节 保种与引种 ………………………………………………… 070
  第二节 肉鸡品种的利用与育种 …………………………………… 085
第四章 肉鸡场饲料与兽医用品安全应用技术 ……………………… 095
  第一节 饲料安全控制 ……………………………………………… 096
  第二节 安全高效日粮的配制与使用 ……………………………… 114
  第三节 兽药安全控制 ……………………………………………… 132
  第四节 疫苗安全控制技术 ………………………………………… 134
第五章 肉鸡标准化饲养技术 ………………………………………… 142
  第一节 肉种鸡的标准化饲养 ……………………………………… 143
  第二节 肉子鸡的标准化饲养 ……………………………………… 178
第六章 肉鸡疫病预防与控制技术 …………………………………… 216
  第一节 肉鸡病的监测与控制 ……………………………………… 217
  第二节 肉鸡场主要传染病防治 …………………………………… 220

　　第三节　肉鸡其他常见病的防治 ···················· 243

第七章　肉鸡场经营与质量安全管理技术 ············ 249

　　第一节　肉鸡场的经营管理技术 ···················· 250

　　第二节　肉鸡的质量安全管理技术 ·················· 259

附录　肉鸡场常用统计、记录表格 ···················· 264

第一章　肉鸡标准化安全生产概述

随着人民生活水平的不断提高，人们对肉鸡产品从过去单纯的数量需求转变为要求更高的质量需求，更加青睐地方鸡肉的风味，包括黄羽肉鸡在内的各种优良地方品种也逐步在全国发展起来。近年来，人民群众不但对鸡肉产品的风味提出较高要求，而且对食品安全也越来越重视，市场需求的是安全、优质、有利于人类健康的鸡肉产品，即肉鸡本身要有利于人类健康和环境安全。

第一节 肉鸡产业发展概况

一、肉鸡生产发展现状

我国肉鸡业从 20 世纪 80 年代开始起步,从无到有,从小到大,不断地发展壮大,饲养数量飞速增加,1981 年全国仅存栏肉鸡 0.4 亿只,至 2009 年出栏已超过 70 亿只,鸡肉产量达 1 370 万吨。目前我国肉鸡业不但供应国内,而且还进入国际市场,已是农牧业领域中产业化最高的行业。我国城乡居民食用的鸡肉主要有白羽肉鸡、黄羽肉鸡和淘汰鸡,白羽肉鸡和黄羽肉鸡是我国肉鸡产业的两大支柱,淘汰鸡主要是指淘汰种鸡和蛋鸡,每年约有近 10 亿只。我国肉鸡业发展状况表现如下特点:

(一)肉鸡品种结构更趋合理

目前我国肉鸡业内部结构比较完善。快大型肉鸡饲养数量多,在肉鸡业中占主导地位;优质黄羽肉鸡的比例不断增大,甚至在南方许多地区占有绝对主导地位,已经形成北繁南养的饲养格局;肉杂鸡(品种有 817 等)以其雏鸡价格低的优势受到许多养殖户的青睐;另外淘汰蛋鸡和土鸡也占有一定比例。

(二)区域化、规模化和产业化优势凸现

中国肉鸡生产由分散走向集中,更有利于发挥地区优势。目前肉鸡生产主要集中在山东、江苏、河北、辽宁、吉林等几个省份,2015 年排在中国禽肉产量前十位的省份产量合计占全国总产量的73.8%。优质黄羽肉鸡的生产区主要集中在沿海发达地区,而其父母代多集中在北方地区。肉鸡生产由传统的分散饲养方式,向规模化、集约化方向发展,其中肉鸡养殖规模化比重最高,2014 年肉鸡规模化养殖比例占到90%以上。

目前我国不少国家级龙头肉鸡加工企业的生产加工环境、设备和管理已经达到国际一流水平。龙头企业的崛起及其形成的产业化发展模式为提升我国鸡肉产品的国际竞争力创造了条件。这些企业通过种鸡繁育、肉鸡养殖、饲料生产、鸡肉加工,形成了完整的产业链和分工合作关系。

(三)生产水平不断提高

从 20 世纪 80 年代初引进美国的 AA 肉鸡生长到体重 2 千克的生长周期已从 1984 年的 49 天缩短到如今的 35 天,料肉比从2.05下降到1.65;同为 49 日龄,1984 年肉鸡平均体重为 2 千克,而如今为 3.23 千克,日增重约 25.1 克。

二、肉鸡生产存在的问题

我国肉鸡生产处在一个不断发展变化的过程中。20多年以前,饲养肉鸡的主要是一批大型养殖企业,肉鸡商业化生产开始起步,当时主要受国家政策推动的影响,以国有、城郊的副食基地为主。近10年,由于大型企业的带动,"公司 + 农户"、"基地 + 农户"的饲养模式在全国普遍兴起,产区逐步集中,主要向粮食产区、气候适宜和交通干线附近转移,全国的肉鸡市场大流通已逐步形成。目前,我国肉鸡生产饲养现状是大企业规模经营科学管理与农村散户粗放饲养管理并存。我国肉鸡业虽然有了巨大的发展,但与发达国家比较,仍存在一些问题。

(一)生产水平低

虽然我国肉鸡业经过多年的快速发展取得了可喜的成绩,而且有些企业的生产规模和综合效益也有了明显的提高。但是,与国外先进水平相比,我国肉鸡业的发展在很多方面仍处于落后地位,这不仅体现在观念认识上,而且还表现在生产工艺、饲养方式、管理水平等技术层面。比如,每平方米出栏毛鸡国外为35千克,我国尚有10千克的差距;成活率我国目前平均不足90%,与先进国家尚有5%以上的差距;生长速度和饲料转化率也有很大差距,饲养到2.5千克左右,发达国家需要时间为35天,饲料转化率是(1.4~1.8):1,而我国是42天,饲料转化率为(1.8~2.1):1。只有全面提高生产水平,向技术要效益,向管理要效益,才能够做到持续发展。

(二)疫病危害严重

肉鸡饲养过程中,疾病种类增多,发生率高。近年来,禽流感疫情长期困扰着家禽业的发展,中国家禽业因此蒙受了重大的经济损失,据不完全统计,2005年以来禽流感导致家禽业经济损失近1 000亿元,禽流感疫情已经成为家禽业发展必须跨越的门槛。另外,新城疫、大肠杆菌病、慢性呼吸道病和呼吸道综合征以及腹水综合征、猝死综合征等都是危害我国肉鸡业的常发病。目前,欧洲大部分肉鸡重量要求1.8~2.0千克,饲养时间31~33天,饲养中避开了后期的疫病风险;而我国重量要求2.5千克,饲养时间45~50天,35天以后的疫病风险加大。

(三)饲养工艺落后

我国肉鸡养殖盲目追求规模而忽视环境的改善,饲养工艺落后,肉鸡舍简陋,设施设备不配套,舍内环境差。如冬季北方以牺牲通风来保证温度的需要,鸡舍的环境不能满足饲养动物的最低生理需求;舍内通风换气不好,舍内空气污浊;舍内空气流动不匀,出现死角;鸡场隔离不严,卫生条件不好,导致病原种类多,含量高,容易暴发传染病等,直接影响肉鸡的生产性能。

(四)肉鸡养殖效益不稳定

近几年我国禽肉产量持续增长,但出口量持续下降。2015年我国禽肉产量占全球总产量的比重超过17.2%,但出口量不足全球总量的5%,而巴西禽肉产量为全球总产量的11.7%,却占全球出口总量的34%。国内鸡肉的消费量也较低,但中国鸡肉占肉类总产量的比例比世界平均水平低13%,而猪肉占有率却比世界高26%。2015年,我国鸡肉消费总量仅占肉类消费的13.84%,远远低于猪肉消费所占61.55%的比重。加之疾病的影响和宏观调控的缺失,肉鸡市场波动大,肉鸡养殖效益不稳定,影响到养殖者的利益和积极性。

(五)产品质量差

由于饲养方式落后、环境条件差,加之观念和技术滞后,直接影响到产品的质量和产品的销售。产品质量差表现在以下几方面:一是细菌污染严重。种鸡不进行净化或净化不严格导致肉鸡带菌严重,饲养环境污浊、通风换气不良等导致肉鸡场(肉鸡舍)空气中微粒、微生物含量严重超标等,导致肉鸡传染病的发生,使肉鸡体内或体表细菌严重污染。二是药物和有害物质残留多。为了促进肉鸡的快速增长,饲料中添加抗生素添加剂,为预防或治疗疾病,不合理或不规范地盲目使用药物,饲料原料选择不当(如选用劣质、霉变的饲料原料)、日粮配制和保存不科学、滥用饲料添加剂或饲料被有毒有害物质污染等,导致有毒有害物质在肉鸡体内残留。

第二节　肉鸡安全生产的概念与意义

一、肉鸡安全生产概念

肉鸡安全生产是指在肉鸡的生产过程中,生产者采取配套的技术和措施来保证环境安全(包括养殖环境良好和不污染周围环境)、肉鸡安全和产品安全。

环境安全是指通过科学合理地设计养殖场及畜禽舍、进行环境控制和废弃物有效处理,维持适宜的饲养环境,减少对环境的污染;肉鸡安全是指通过提供全价优质饲料、科学饲养管理和疾病控制保持畜禽健康,减少疾病的发生;产品安全是指通过维护适宜的饲养环境,保持肉鸡健康,科学合理地使用药物等保证产品的优质和绿色(药物残留少)。环境安全是基础,肉鸡安全是保证,产品安全是要求。只有环境安全,才能为肉鸡提供良好的生产环境,才能减少对养殖场及周围环境的污染和防止疫病的发生;只有肉鸡安全,才能保证肉鸡的生产潜力充分发挥,才能生产出量多质优的肉鸡产品;只有产品安全,才能获得更大的经济效益和社会效益。

二、肉鸡安全生产的意义

我国从 20 世纪 80 年代以来,肉鸡生产业总产值连续 20 多年以年平均 10% 以上的速度增长,鸡肉供给由长期短缺变成总量基本平衡、丰年有余,目前人均禽肉占有量已超过世界平均水平,肉鸡生产业已成为农业中最具活力的支柱产业之一,在国民经济与社会发展中发挥着越来越重要的作用。在市场经济体制条件下,肉鸡业面对来自国内和国际的激烈竞争,竞争的实质其实是产品质量的竞争,即市场的竞争由数量、价格竞争转变为以品质为中心的非价格竞争。然而,随着肉鸡养殖的发展和养殖集约化程度的提高,生产体系逐渐变化,养殖环境日趋恶化,病害发生率越来越高,危害也越来越重,相应的产品的数量和质量也受到影响,肉鸡的安全生产问题已成了人们关注的焦点。

(一)肉鸡安全生产是我国肉鸡业的发展需要

一些大型养殖企业为了长期稳定的发展,在扩大规模的同时,不断提高管理水平和技术能力,建成了一些大型的现代化肉鸡饲养场。这种现代化的饲养模式促进了肉鸡业的发展,在组织生产、开拓市场、出口创汇和带动区域经济上发挥着重要的作用。

(二)消费者需要健康安全的肉鸡产品

鸡肉是我国人民重要的动物性食品,其产品质量安全事关百姓生活,也与社会稳定密切相关。多年以来,生产企业注重生产效率和效益,没有注重生产方式对资源、环境、社会的影响,这种生产方式已逐步引起人们广泛而深刻的反思。而且,我国每年发生的食品安全事件,使消费者更加注重食品安全,更加喜欢选择无污染、安全、优质、营养的绿色和无公害食品。因此,树立产品安全意识,生产无公害、绿色和有机动物产品,按标准化进行生产,实现从土地到餐桌全过程监控,生产出更多符合市场需求的安全的禽肉产品,市场前景将更加广阔。

(三)肉鸡安全生产是国际市场形势需要

经济全球化使全世界各个国家都更加关注环境保护、食品安全和动物福利问题,发展健康高效养殖、杜绝餐桌污染已成为全人类的共同目标,食品安全已经成为各国政府、企业界和学术界普遍关注的焦点。与此同时,世界贸易组织(WTO)各成员国也纷纷制定针对动物产品贸易的法律、法规和标准,逐步开始实施绿色贸易壁垒。2006年1月1日,欧盟《食品及饲料安全管理法规》正式实施。该法规特别关注食品安全问题,强化了食品安全的检查手段,涉及整个生产过程中的每一个环节,大大提高了食品市场准入标准,而且问题食品将被召回,这对我国的肉类出口提出了更高的要求。日本政府也于2006年6月起实施《食品中残留农业化学品肯定列表制度》,明确制定了进口食品、农产品中可能出现的药物和饲料添加剂的近5万个暂定标准,对没有标准而欧美国家也无可参照的农药推行"一律标准"(该标准是日本对既非豁免物质也未制定最大残留限量标准的农业化学品在食品中的残留制定的统一标准,确定的"一律标准"为0.01毫克/千克),大幅提高了进口农畜产品的门槛。这些法律法规把焦点对准在产品的源头控制上,因此我国企业的出口成本和出口风险也逐步提高。

国际市场及其技术壁垒迫使我国肉鸡业生产出数量充足的安全、优质、无药物残留的鸡肉产品。

第二章　鸡场环境与生物安全控制技术

　　鸡场生物安全体系是一种系统化的管理,它可以减少外界疾病因素进入养鸡场或在养鸡场内部鸡群之间的传播,使鸡群远离致病因素。规模化养鸡场饲养数量多、规模大、批次多、周转快,疫病传播概率和速度也大大增加,无论饲养种鸡还是肉鸡、蛋鸡,除了需要具备优良的鸡种、良好的饲料营养和加强饲养管理措施之外,还必须做好各项生物安全措施及管理,才能使鸡肉产品没有病原菌的污染,无药物残留,使人类享用安全产品,保障人类的生命安全,同时使肉鸡产业能够获得标准的、可预见的肉鸡产品,实现最大的经济效益,并使肉鸡产业健康地发展。

第一节 环境对肉鸡安全生产的影响

肉鸡生长的环境包括自然环境和人为环境,包括温度、湿度、通风、光照、空气质量、饲养方式、饲养密度和环境设施等。它们以各种各样的方式,经过不同的途径,单独或综合地影响肉鸡的生长、发育、繁殖和生产。在肉鸡安全生产过程中,采用全舍饲和高密度饲养,其生产的环境质量问题显得更加突出。首先,在充分利用房舍,尽量节省物质与能源消耗的前提条件下,肉鸡所处环境必须适宜,尤其是其所处的温热环境必须适宜,才能正常生长发育、维持健康、充分发挥经济性状的遗传潜能。其次,在肉鸡安全生产过程中,肉鸡必定接触到外界环境中的空气、饮水、饲料、禽舍等,当这些因素受到病原体、毒物、有害气体等的污染,若污染在一定限度以下,可能对肉鸡本身和人类的健康无明显影响,倘若污染超过一定限度,则直接或间接对肉鸡产生毒害或引起疾病。不但不能保证鸡体健康和生产性能,而且还可能通过食物链影响人体健康,并可能通过其粪便等污染物污染周围环境,导致局部农业生态环境遭到破坏。

一、肉鸡场环境质量控制

(一)水源防护

水是保证鸡生存的重要环境因素,也是鸡体的重要组成部分。水量不仅要充足,而且水质也要良好。生产中,水源防护不好被污染,会严重危害鸡群的健康。

1. 水的质量要求

畜禽饮用水质量要求见表2-1,饮用水中农药限量指标见表2-2。

表2-1 畜禽饮用水质量要求

项目	自备水	地面水	自来水
大肠杆菌值(个/升)	3	3	
细菌总数(个/升)	100	200	
pH	5.5~8.5		
总硬度(毫克/升)	600		
溶解性总固体(毫克/升)	2 000		

项目	自备水	地面水	自来水
铅(毫克/升)	Ⅳ地下水标准	Ⅳ地下水标准	饮用水标准
铬(六价,毫克/升)	Ⅳ地下水标准	Ⅳ地下水标准	饮用水标准

表2-2　畜禽饮用水中农药限量指标　　（单位:毫克/毫升）

项目	马拉硫磷	内吸磷	甲基对硫磷	对硫磷	乐果	林丹	百菌清	甲萘威	2,4-二氯苯氧乙酸
限量	0.25	0.03	0.02	0.003	0.08	0.004	0.01	0.05	0.1

2. 鸡场水源污染的原因

鸡场水源污染的原因:一是废水和污水污染。水源被含有有机物质、无机悬浮物质和放射性物质等的工业废水污染,被有大量的有机物、病原微生物、寄生虫或虫卵等的生活污水以及畜牧业生产污水污染。二是农药和化肥污染。水源靠近农药厂、化肥厂,工厂排的大量废水污染水源,或长期滥用农药、不合理施用化肥引起水源污染。三是水生植物分解物污染。水体中水生植物水草、藻类等大量死亡,残体分解,造成对水体的污染。

3. 水源的卫生防护

不同地区的鸡场有不同类型的水源,其卫生防护要求不同。

(1)地面水　主要有河水、湖水和池塘水等,作为水源使用时,要注意:一是取水点附近及上游不能有任何污染源;二是在取水处可设置汲水踏板或建汲水码头伸入河、湖、池塘中,以便能汲取远离岸边的清洁水;三是可以在岸边建自然渗滤井或沙滤井,以改善地面水的水质。

(2)地下水　通过水井取水注意事项:一是选择合适的水井位置。水井设在管理区内地势高燥处,防止雨水、污水倒流引起污染。远离厕所、粪坑、垃圾堆、废渣堆等污染源。二是水井结构良好。井台要高出地面,使地面水不能从四周流入井内。井壁使用水泥、石块等材料,以防地面水漏入。井底用沙、石、多孔水泥板做材料,以防搅动底部泥沙。

4. 水的净化与消毒

定期检测水的质量,根据情况对饮用水进行净化(沉淀、过滤)和消毒处理,改善水的物理性状和杀灭水中的病原体。一般地,混浊的地面水需要沉淀、过滤和消毒,较清洁的地下水,只需消毒处理即可。

(1)沉淀　包括自然沉淀和混凝沉淀。

1)自然沉淀　水中较大的悬浮物质可因重力作用而逐渐下沉,从而使水得到初步澄清,称为自然沉淀。

2)混凝沉淀 悬浮在水中的微小胶体粒子多带有负电荷,胶体粒子彼此之间互相排斥,不能凝集成较大的颗粒,故可长期悬浮而不沉淀。在加入一定的混凝剂后能使水中的悬浮颗粒凝集而形成较大的絮状物而沉淀,称为混凝沉淀。这种絮状物表面积和吸附力均较大,可吸附一些不带电荷的悬浮微粒及病原体而共同沉降,因而使水的物理性状得到较大的改善,同时减少病原微生物90%左右。常用的混凝剂有硫酸铝、碱式氯化铝、明矾、硫酸亚铁等。

(2)过滤 过滤(图2-1)是使水通过滤料而得到净化。过滤净化水的原理:一是隔滤作用。水中悬浮物粒子大于滤料的孔隙者,不能通过滤层而被阻留。二是沉淀和吸附作用。水中比沙粒间的空隙还小的微小物质(如细菌、胶体粒子等)不能被滤层隔滤,当通过滤层时,即沉淀在滤料表面上。滤料表面因胶体物质和细菌的沉淀而形成胶质的、具有较强吸附力的生物滤膜,它可吸附水中的微小粒子和病原体。通过过滤可除去90%以上的细菌及99%左右的悬浮物,也可除去臭味、寄生虫等。常用的滤料有沙、无毒的矿渣、煤渣、碎石等,甚至瓶盖。要求滤料必须无毒。

图2-1 过滤

(3)消毒 鸡场常用的消毒方法是化学消毒法,即在水中加入消毒剂(氯或含有效氯的化合物,如漂白粉、漂白粉精、液态氯、二氧化氯等比较常用)杀死水中的病原微生物。

(二)灭鼠杀虫

1.灭鼠

鼠是人、畜多种传染病的传播媒介,鼠还盗食饲料和鸡蛋,咬死雏鸡,咬坏物品,污染饲料和饮水,危害极大,鸡场必须加强灭鼠。

(1)防止鼠类进入建筑物 鼠类多从墙基、天棚、瓦顶等处窜入室内,在设计施工时要注意:墙基最好用水泥制成,碎石和砖砌的墙基,应用灰浆抹缝。墙面应平直光滑,防止鼠沿粗糙墙面攀登。砌缝不严的空心墙体,易使鼠隐匿营巢,要填补抹平。为防止鼠类爬上屋顶,可将墙角处做成圆弧形。墙体上部与天棚衔接处应砌实,不留空隙。瓦顶房屋应缩小瓦缝和瓦椽间的空隙并填实。用砖、石铺设的地面,应衔接紧密并用水泥灰浆填缝。各种管道周围要用水泥填平。通气孔、地脚窗、排水沟(粪尿沟)出口均应安装孔径小于1厘米的铁丝网,以防鼠窜入。

(2)器械灭鼠　器械灭鼠方法简单易行,效果可靠,对人、畜无害。灭鼠器械种类繁多,灭鼠方法多种多样,主要有夹、关、压、卡、翻、扣、淹、粘等。近年来还研究和采用电灭鼠和超声波灭鼠等方法。

(3)化学灭鼠　化学灭鼠效率高、成本低、见效快,缺点是能引起人、畜中毒,有些鼠对药物有选择性、拒食性和耐药性。所以,使用时需选好药剂和注意使用方法,以保安全有效。灭鼠药剂种类很多,主要有灭鼠剂、熏蒸剂、烟剂、化学绝育剂等。鸡场的鼠类以孵化室、饲料库、鸡舍最多,是灭鼠的重点场所。饲料库可用熏蒸剂毒杀。投放毒饵时,机械化养鸡场因实行笼养,只要防止毒饵混入饲料中即可。在采用"全进全出"制的生产程序时,可结合舍内消毒一并进行。鼠尸应及时清理,以防被人、畜误食而发生二次中毒。选用鼠吃惯了的食物做饵料,突然投放,饵料充足,分布广泛,以保证灭鼠的效果。常用的灭鼠药物见表2-3。

表 2 - 3　常用的灭鼠药物

类型	名称	特性	作用特点	用法	注意事项
慢性灭鼠药物	敌鼠钠盐	为黄色粉末,无臭,无味,溶于沸水、乙醇、丙酮,性质稳定	作用较慢,能阻碍凝血酶原在鼠体内的合成,使凝血时间延长,而且能损坏毛细血管,增加血管的通透性,引起内脏和皮下出血,最后死于内脏大量出血。一般在投药第1~2天出现死鼠,第5~8天死鼠量达到高峰,死鼠可延续10多天	①敌鼠钠盐毒饵。取敌鼠钠盐5克,加沸水2升搅匀,再加10千克杂粮,浸泡至毒水全部被吸收后,加入适量植物油拌匀,晾干备用。②混合毒饵。将敌鼠钠盐加入面粉或滑石粉中制成1%毒粉,再取毒粉1份,倒入19份切碎的鲜菜中拌匀即成。③毒水。用1%敌鼠钠盐1份,加水20份即可	对人、畜、禽毒性较低,但对猫、犬、兔、猪毒性较强,可引起二次中毒。在使用过程中要加强管理,以防家畜误食中毒或发生二次中毒。如发现中毒,可使用维生素K解救

肉鸡标准化安全生产关键技术

类型	名称	特性	作用特点	用法	注意事项
慢性灭鼠药物	氯敌鼠（氯鼠酮）	黄色结晶性粉末，无臭，无味，溶于油脂等有机溶剂，不溶于水，性质稳定	是敌鼠钠盐的同类化合物，但对鼠的毒性作用比敌鼠钠盐强，为广谱灭鼠剂，而且适口性好，不易产生拒食性。主要用于毒杀家鼠和野栖鼠，尤其是可制成蜡块剂，用于毒杀下水道鼠类。灭鼠时将毒饵投在鼠洞或鼠活动的地方即可	有90%原药粉、0.25%母粉、0.5%油剂3种剂型。使用时可配制成如下毒饵：①0.005%水质毒饵。取90%原药粉3克，溶于适量热水中，待凉后，拌于50千克饵料中，晒干后使用。②0.005%油质毒饵。取90%原药粉3克，溶于1千克热食油中，冷却至常温，洒于50千克饵料中拌匀即可。③0.005%粉剂毒饵。取0.25%母粉1千克，加入50千克饵料中，加少许植物油，充分混合拌匀即成	对人、畜、禽毒性较低，但对猫、犬、兔、猪毒性较强，可引起二次中毒。在使用过程中要加强管理，以防家畜误食中毒或发生二次中毒。如发现中毒，可使用维生素K解救

类型	名称	特性	作用特点	用法	注意事项
慢性灭鼠药物	杀鼠灵（华法令）	白色粉末，无味，难溶于水，其钠盐溶于水，性质稳定	属香豆素类抗凝血灭鼠剂，一次投药的灭鼠效果较差，少量多次投放灭鼠效果好。鼠类对其毒饵接受性好，甚至出现中毒症状时仍采食	毒饵配制方法如下：①0.025%毒米。取2.5%母粉1份、植物油2份、米渣97份，混合均匀即成。②0.025%面丸。取2.5%母粉1份，与99份面粉拌匀，再加适量水和少许植物油，制成每粒1克重的面丸。以上毒饵使用时，将毒饵投放在鼠类活动的地方，每堆约39克，连投3~4天	对人、畜和家禽毒性很小，中毒时维生素 K_1 为有效解毒剂
	杀鼠醚	黄色结晶粉末，无臭，无味，不溶于水，溶于有机溶剂	属香豆素类抗凝血杀鼠剂，适口性好，毒杀力强，二次中毒极少，是当前较为理想的杀鼠药物之一，主要用于杀灭家鼠和野栖鼠类	市售有0.75%的母粉和3.75%的水剂。使用时，将10千克饵料煮至半熟，加适量植物油，取0.75%杀鼠醚母粉0.5千克，撒于饵料中拌匀即可。毒饵一般分2次投放，每堆10~20克。水剂可配制成0.037 5%饵剂使用	适用于杀灭室内和农田的各种鼠类。对其他动物毒性较低，但犬很敏感

肉鸡标准化安全生产关键技术

类型	名称	特性	作用特点	用法	注意事项
慢性灭鼠药物	杀它仗	白灰色结晶粉末,微溶于乙醇,几乎不溶于水	对各种鼠类都有很好的毒杀作用。适口性好,急性毒力大,1个致死剂量被吸收后3~10天就发生死亡,一次投药即可	用0.005%杀它仗稻谷毒饵,杀黄毛鼠有效率可达98%,杀室内褐家鼠有效率可达93.4%,一般一次投饵即可	适用于杀灭室内和农田的各种鼠类。对其他动物毒性较低,但犬很敏感
急性灭鼠药物	毒鼠磷	白色结晶状粉末,无臭,难溶于水,极易溶于热米糠油。在干燥和室温条件下较稳定	属有机磷毒剂,能抑制胆碱酯酶活性,鼠类吞食后4~6小时出现症状,1天内死于呼吸道充血和心血管麻痹。主要用于杀灭野鼠,也可杀灭家鼠,但适口性较差	①醇溶法,将含量90%以上的毒鼠磷,溶于14倍量的95%乙醇中,溶解后加入适量谷物或面粉,再加少许食用油、白糖搅匀即成。②混合法,将毒鼠磷先加少许面粉拌匀,再加入需要的全量面粉,加水拌匀制成小颗粒或条、块,晾干即可。③黏附法,将毒鼠磷加适量面粉拌匀,再与粘有植物油的谷物拌匀制得。以上毒饵根据鼠体大小和数量,用药量为0.2%~1%,一次性撒布在鼠洞口附近,鼠食毒饵后多数在24小时内死亡	对鸡安全(耐受量1 700毫克/千克体重)。配制毒饵时工作人员要戴橡皮手套、口罩及防护眼镜,防止经皮肤吸收中毒。对家畜、家禽要严防误食中毒。若中毒,可注射阿托品和解磷定解救

第二章 鸡场环境与生物安全控制技术

015

类型	名称	特性	作用特点	用法	注意事项
急性灭鼠药物	灭鼠宁	灰白色粉末,无臭,无味,难溶于水,易溶于稀盐酸	速效选择性灭鼠药物。对大家鼠、褐家鼠的效果强于屋顶鼠,对小家鼠无毒力。在低温下作用更强。鼠类对本品可产生拒食性	配成 0.5% ~ 1% 的毒饵投用	牛、马对本品较敏感
	灭鼠丹	黄色结晶或粉末,难溶于水,微溶于乙醇	又名普罗来特。对鼠类毒力强大,但易产生耐药性	配成 0.1% ~ 0.2% 的毒饵投用	对人、畜、禽毒力亦强,且能引起二次中毒,使用时必须注意

2. 杀虫

鸡场易滋生蚊、蝇等有害昆虫,骚扰人、畜,传播疾病,给人、畜健康带来危害,应采取综合措施杀灭。

(1)环境卫生 搞好鸡场环境卫生,保持环境清洁、干燥,是杀灭蚊蝇的基本措施。蚊虫需在水中产卵、孵化和发育,蝇蛆也需在潮湿的环境及粪便等废弃物中生长。因此,可采用以下措施:填平无用的污水池、土坑、水沟和洼地;保持排水系统畅通,对阴沟、沟渠等定期疏通,勿使污水蓄积;对储水池等容器加盖,以防蚊蝇飞入产卵;对不能清除或加盖的防火储水器,在蚊蝇滋生季节,应定期换水;永久性水体(如鱼塘、池塘等),蚊虫多滋生在水浅而有植被的边缘区域,修整边岸,加大坡度和填充浅湾,能有效地防止蚊虫滋生;鸡舍内的粪便应定时清除,并及时处理,储粪池应加盖并保持四周环境的清洁。

(2)物理杀灭 利用机械方法以及光、声、电等物理方法,捕杀、诱杀或驱逐蚊蝇。我国生产的多种紫外线光或其他光诱器,特别是四周装有电栅,将 220 伏变为 5 500 伏的 10 毫安电流的蚊蝇光诱器,效果良好。此外,还有可以发出声波或超声波并能将蚊蝇驱逐的电子驱蚊器等,都具有防除效果。

（3）生物杀灭　利用天敌杀灭害虫,如池塘养鱼即可达到鱼类治蚊的目的。此外,应用细菌制剂——内菌素杀灭吸血蚊的幼虫,效果良好。

（4）化学杀灭　化学杀灭是使用天然或合成的毒物,以不同的剂型(粉剂、乳剂、油剂、水悬剂、颗粒剂、缓释剂等),通过不同途径(胃毒、触杀、熏杀、内吸等),毒杀或驱逐蚊蝇。化学杀虫法具有使用方便、见效快等优点,是当前杀灭蚊蝇的较好方法。常用的药物见表2-4。

表2-4　常用的杀虫剂及使用方法

名称	性状	使用方法
敌百虫	白色块状或粉末;有芳香味;低毒、易分解、污染小;杀灭蚊(幼)、蝇、蚤、蟑螂及家畜体表寄生虫	25%粉剂撒布;1%喷雾;0.1%畜体涂抹,0.02克/千克体重口服驱除畜体内寄生虫
敌敌畏	黄色、油状液体,微芳香;易被皮肤吸收而中毒,对人、畜有较大毒害,畜舍内使用时应注意安全。杀灭蚊(幼)、蝇、蚤、蟑螂、螨、蜱	0.1%~0.5%喷雾,表面喷洒;10%熏蒸
马拉硫磷	棕色、油状液体,有强烈臭味;其杀虫作用强而快,具有胃毒、触毒作用,也可做熏杀,杀虫范围广。对人、畜毒害小,适于畜舍内使用。世界卫生组织推荐的室内滞留喷洒杀虫剂;杀灭蚊(幼)、蝇、蚤、蟑螂、螨	0.2%~0.5%乳油喷雾,灭蚊、蚤;3%粉剂喷洒灭螨、蜱
倍硫磷	棕色、油状液体,蒜臭味;毒性中等,比较安全;杀灭蚊(幼)、蝇、蚤、臭虫、螨、蜱	0.1%的乳剂喷洒;2%的粉剂、颗粒剂喷洒、撒布

名称	性状	使用方法
二溴磷	黄色、油状液体、微辛辣;毒性较强;杀灭蚊(幼)、蝇、蚤、蟑螂、螨、蜱	50%的油乳剂。0.05%～0.1%用于室内外蚊、蝇、臭虫等,野外用5%浓度
杀螟松	红棕色、油状液体,蒜臭味;低毒、无残留;杀灭蚊(幼)、蝇、蚤、臭虫、螨、蜱	40%的湿性粉剂灭蚊蝇及臭虫;2毫克/升灭蚊
地亚农	棕色、油状液体,略带香味;中等毒性,水中易分解;杀灭蚊(幼)、蝇、蚤、臭虫、蟑螂及体表害虫	滞留喷洒0.5%,喷浇0.05%;撒布2%粉剂
皮蝇磷	白色结晶粉末,微臭;低毒,但对农作物有害;用于杀灭体表害虫	0.25%喷涂皮肤,1%～2%乳剂灭臭虫
辛硫磷	红棕色、油状液体,微臭;低毒、日光下短效;杀灭蚊(幼)、蝇、蚤、臭虫、螨、蜱	2克/米² 室内喷洒灭蚊蝇;50%乳油剂灭成蚊或水体内幼蚊
杀虫畏	白色固体,有臭味;微毒;杀灭家蝇及家畜体表寄生虫(蝇、蜱、蚊、蛀)	20%乳剂喷洒,涂布家畜体表,50%粉剂喷洒体表灭虫
双硫磷	棕色、黏稠液体;低毒稳定;杀灭幼蚊、人蚤	5%乳油剂喷洒,0.5～1毫升/升撒布,1毫克/升颗粒剂撒布
毒死蜱	白色结晶粉末;中等毒性;杀灭蚊(幼)、蝇、螨、蟑螂及仓储害虫	2克/米² 喷洒物体表面
西维因	灰褐色、粉末;低毒;蚊(幼)、蝇、臭虫、蜱	25%的可湿性粉剂和5%粉剂撒布或喷洒

肉鸡标准化安全生产关键技术

名称	性状	使用方法
害虫敌	淡黄色、油状液体；低毒；杀灭蚊(幼)、蝇、蚤、蟑螂、螨、蜱	2.5%的稀释液喷洒；2%粉剂，1～2克/米²撒布；2%气雾
双乙威	白色结晶，芳香味；中等毒性；杀灭蚊、蝇	50%的可湿性粉剂喷雾、2克/米²喷洒灭成蚊
速灭威	灰黄色、粉末；中等毒性；杀灭蚊、蝇	25%的可湿性粉剂和30%乳油喷雾灭蚊
残杀威	白色结晶粉末、略带特殊气味；中等毒性；杀灭蚊(幼)、蝇、蟑螂	2克/米²用于灭蚊、蝇；10%粉剂局部喷洒灭蟑螂
胺菊酯	白色结晶；微毒；杀灭蚊(幼)、蝇、蟑螂、臭虫	0.3%的油剂，气雾剂。需与其他杀虫剂配伍使用

(三)废弃物处理

鸡场的废弃物,如粪便、污水、死鸡等直接影响到鸡场的卫生和疫病控制,危害鸡群安全和公共卫生安全,必须进行无害化处理。

1.粪便处理

粪便既是污染物质,又是很好的资源,鸡粪的处理应该注重无害化、资源化。其处理有如下方法。

(1)生产肥料 鸡粪是优质的有机肥,经过堆积腐熟或高温、发酵干燥处理后,体积变小、松软、无臭味,不带病原微生物,常用于果林、蔬菜、瓜类和花卉等经济作物,也用于无土栽培和生产绿色食品,见图2-2。

1)堆粪法 这是一种简单实用的粪便处理方法,在距鸡场100～200米或以外的地方设一个堆粪场,在地面挖一浅沟,深约20厘米,宽1.5～2米,长度不限,随粪便多少确定。先将传染性的粪便或垫草等堆至厚25厘米,其上堆放欲消毒的粪便、垫草等,高达1.5～2米,然后在粪堆外再铺上厚10厘米的非传染性的粪便或垫草,并覆盖厚10厘米的沙子或土,如此堆放3周至3个月,即可用以肥田,如图2-3。当粪便较稀时,应加些杂草,太干时倒入稀粪或加水,使其不稀不干,以促进迅速发酵。

图2-2 鸡粪有机肥加工

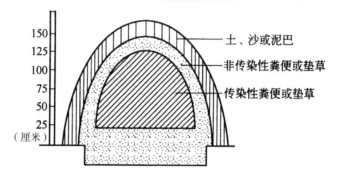

图2-3 粪便生物热消毒的堆粪示意图

2）干燥 新鲜鸡粪主要成分是水，通过脱水干燥，可使其含水量达到15%以下。这样，一方面减少了鸡粪的体积和重量，便于包装、运输和应用；另一方面也可有效地抑制鸡粪中微生物的生长繁殖，从而减少了营养成分特别是蛋白质的损失。常用的干燥方法如下：

第一，高温快速干燥。采用以回转圆筒炉为代表的高温快速干燥设备，可在短时间内（10分左右）将含水量70%的湿鸡粪迅速干燥成含水量仅为10%~15%的鸡粪加工品。烘干温度适宜的范围在300~900℃。这种处理方法的优点：不受季节、天气的限制，可连续生产，设备占地面积比较小；烘干的鸡粪营养损失量小于6%，并能达到消毒、灭菌、除臭的目的，可直接变成产品以及作为生产配合饲料和有机无机复合肥的原料。但该法在整个加工过程中耗能较高，尾气和烘干后的鸡粪均存在不同程度的二次污染问题，对含水量大于75%的湿鸡粪,烘干成本较高,而且一次性投资较大。

第二,太阳能自然干燥。这种处理方法是采用塑料大棚中形成的"温室效应",充分利用太阳能来对鸡粪进行干燥处理。专用的塑料大棚长度可达60~90米,内有混凝土槽,两侧为导轨,在导轨上安装有搅拌装置。湿鸡粪装入混凝土槽,搅拌装置沿着导轨在大棚内反复进行,并通过搅拌板的正反向转动来捣碎、翻动和推动鸡粪。利用大棚内积蓄的太阳能量可使鸡粪中的水分蒸发,并通过强制通风散湿气,从而达到干燥鸡粪的目的。在夏季,只需1周左右即可使鸡粪水分降到10%左右。此法可以充分利用太阳能辐射热,辅之以机械通风,干燥效果较好,而且节省能源,设备投资少,处理成本低。但该法一定程度上受气候影响,一年四季不易实现均衡生产,而且灭菌和熟化均不彻底。

第三,鸡舍内干燥。在国外最新推出的新型笼养设备中都配置了笼内鸡粪干燥装置,适用于多层重叠式笼具。在这种饲养方式中,每层笼下均有一条传送带承接鸡粪,通过定时开动传送带来刮取和收集鸡粪,这种处理的关键是直接将气流引向传送带上的鸡粪,从而使鸡粪产出后得到迅速干燥。这种方法操作简便,基本上做到了自动化,且成本低;同时由于减少了氨气散发,从而改善了鸡舍内环境。但鸡粪干燥不彻底,仍有40%~45%水分存在,不利于长期储存和运输。

第四,自然干燥法。将新鲜鸡粪收集起来,摊在水泥地面或塑料布上,阳光下暴晒,随时翻动以使其晒干或自然风干,干燥后过筛去除杂质,装袋内或堆放于干燥处备用,见图2-4。该法投资小,成本低,操作方法简单,但易受天气和气候状况影响且不能彻底杀死病原体,从而易于导致疾病的发生和流行,只适合于无疾病发生的小型鸡场鸡粪的处理。

(2)生产动物蛋白质 利用粪便生产蝇蛆、蚯蚓等优质高蛋白质物质,既减少了污染,又提高了鸡粪的使用价值,但缺点是劳动力投入大,操作不便,见图2-5。近年来,美国科学家已成功在可溶性粪肥营养成分中培养出单细胞蛋白质。俄研究人员发现一种拟内孢霉属的细菌和一种假丝酵母菌能利用粪便产生细菌蛋白质,这些蛋白质可用于制造动物饲料。

(3)生产沼气 鸡粪是生产沼气的优质原料之一,尤其是高水分的鸡粪(图2-6)。鸡粪和草或秸秆以(2~3):1,在碳氮比(13~30):1、pH为6.8~7.4条件下,利用微生物进行厌氧发酵,产生可燃性气体。每千克鸡粪产生0.08~0.09米^{3}的可燃性气体,发热值4 187~4 605兆焦/米^3。发酵后的沼

图2-4 鸡粪自然干燥

图2-5 利用鸡粪养蚯蚓

渣可用于养鱼、养殖蚯蚓、栽培食用菌、生产优质的有机肥和土壤改良剂。

（4）消毒处理 畜禽粪便中含有一些病原微生物和寄生虫卵,尤其是患有传染病的畜禽,病原微生物数量更多。如果不进行消毒处理,容易造成污染和传播疾病。因此,畜禽粪便应该进行严格的消毒处理。

1）焚烧法 此种方法是消灭一切病原微生物最有效的方法,故用于消毒一些危险的传染病病畜的粪便(如炭疽、禽流感等)。焚烧的方法是在地上挖一个壕,深75厘米,宽75～100厘米,在距壕底40～50厘米加一层铁梁(要较密些,否则粪便容易落下),在铁梁下面放置木材等燃料,在铁梁上放置欲消

图 2-6　鸡粪生产沼气

毒的粪便(图 2-7),如果粪便太湿,可混合一些干草,以便迅速烧毁。此种方法能损失有用的肥料,并且需要用很多燃料,故此法很少应用。

2)化学药物消毒法　消毒粪便用的化学药品包括含 2%~5% 的有效氯的漂白粉溶液、20% 石灰乳,但是此种方法既麻烦,又难达到消毒的目的,故实践中不常用。

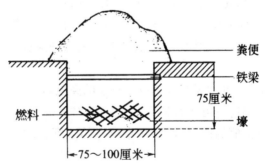

图 2-7　焚烧粪便的壕沟

3)掩埋法　将污染的粪便与漂白粉或新鲜的生石灰混合,然后深埋于地下,埋的深度应达 2 米左右,此种方法简便易行,在目前条件下实用。但缺点是病原微生物会经地下水散布以及损失肥料。

2.污水处理

鸡场必须专设排水设施,以便及时排除雨、雪水及生产污水。全场排水网分主干和支干,主干主要是配合道路网设置的路旁排水沟,将全场地面径流或污水汇集到几条主干道内排出;支干主要是各运动场的排水沟,设于运动场边缘,利用场地倾斜度,使水流入沟中排走。排水沟的宽度和深度可根据地势和排水量而定,沟底、沟壁应夯实,暗沟可用水管或砖砌,如暗沟过长(超过200米),应增设沉淀井,以免污物淤塞,影响排水。但应注意,沉淀井距供水水源应在200米以上,以免造成污染。污水经过消毒后排放。被病原体污染的污水,可用沉淀法、过滤法、化学药品处理法等进行消毒。比较实用的是化学药品消毒法。方法是先将污水处理池的出水管用一木闸门关闭,将污水引入污水池后,加入化学药品(如漂白粉或生石灰)进行消毒。消毒药的用量视污水量而定(一般1升污水用2~5克漂白粉)。消毒后,将闸门打开,使污水流出。

3. 尸体处理

鸡的尸体能很快分解腐败,散发恶臭,污染环境。特别是传染病病鸡的尸体,其病原微生物会污染大气、水源和土壤,造成疾病的传播与蔓延。因此,必须正确而及时地处理死鸡,坚决不能图一己私利而出售。

(1)焚烧法　焚烧是一种较完善的方法,但不能利用产品,且成本高,故不常用。但对一些危害人、畜健康极为严重的传染病病畜的尸体,仍有必要采用此法。焚烧时,先在地上挖一"十"字形沟(沟长约2.6米,宽0.6米,深0.5米),在沟的底部放木柴和干草做引火用,于"十"字形沟交叉处铺上横木,其上放置畜尸,畜尸四周用木柴围上,然后洒上煤油焚烧;或用专门的焚烧炉焚烧。

(2)高温法　此法是将死鸡放入特设的高温锅(150℃)内熬煮,达到彻底消毒的目的。鸡场也可用普通大锅,经100℃以上的高温熬煮处理。此法可保留一部分有价值的产品,但要注意熬煮的温度和时间,必须达到消毒的要求。

(3)土埋法　利用土壤的自净作用使其无害化。此法虽简单但不理想,因其无害化过程缓慢,某些病原微生物能长期生存,从而污染土壤和地下水,并会造成二次污染。采用土埋法,必须遵守卫生要求,即埋尸坑应远离畜舍、放牧地、居民点和水源,地势高燥,死鸡掩埋深度不小于2米,死鸡四周应洒上消毒药剂,埋尸坑四周最好设栅栏并做上标记,见图2-8。

在处理鸡尸体时,不论采用哪种方法,都必须将病畜的排泄物、各种废弃物等一并进行处理,以免造成环境污染。

图 2-8

小 知 识

垫料处理

有的鸡场采用地面平养(特别是育雏育成期),多使用垫料,使用垫料对改善环境条件具有重要的意义。垫料具有保暖、吸潮和吸收有害气体等作用,可以降低舍内湿度和有害气体浓度,保证一个舒适、温暖的小气候环境。选择的垫料应具有导热性低、吸水性强、柔软、无毒、对皮肤无刺激性等特性,并要求来源广、成本低、适于做肥料和便于无害化处理。常用的垫料有稻草、麦秸、稻壳、树叶、野干草、植物藤蔓、刨花、锯末、泥炭和干土等。近年来,还采用橡胶、塑料等制成的厩垫以取代天然垫料。

二、肉鸡舍环境质量

影响鸡群生活和生产的主要环境因素有空气温度、湿度、气流、光照、有害气体、微粒、微生物、噪声等。在科学合理地设计和建筑鸡舍、配备必需设备设施以及保证良好的场区环境的基础上,加强对鸡舍环境管理来保证舍内条件适宜,保证鸡舍良好的小气候,为鸡群的健康和提高生产性能创造条件。

(一)舍内温度控制

温度是主要的环境因素之一,舍内温度过高或过低都会影响鸡体的健康和生产性能的发挥。舍内温度的高低受到舍内热量的多少和散失程度的影响。舍内热量冬季主要来源于鸡体的散热,夏季几乎完全受外界气温的影响,如果鸡舍具有良好的保温隔热性能,则可减少冬季舍内热量的散失。一般鸡舍的热量有36%~44%是通过天棚和屋顶散失的,因为屋顶的散热面积大,内外温差大。如一栋8~10米跨度的鸡舍,其天棚的面积几乎比墙的面积大1倍,而18~20米跨度时大2.5倍,设置天棚,可以减少热量的散失和辐射热的进入;有35%~40%热量是通过四周墙壁散失的,散热的多少取决于建筑材料、结构、厚度、施工情况和门窗情况;另外有12%~15%是通过地面散失的,鸡在地面上活动而散热。冬季,舍内热量的散失情况取决于外围护结构的保温隔热能力,外围护结构可以维持较高的舍内温度,同时也可减少夏季太阳辐射热进入鸡舍而避免舍内温度过高。

1. 舍内温度对鸡体的影响

(1) 影响鸡体健康

1) 影响鸡体热调节　动物生命活动过程中伴随产热和散热两个过程,动物机体产热和散热保持着对立过程的动态平衡,只有保持动态平衡,才能维持鸡体体温恒定。鸡是恒温动物,在一定范围的环境温度下,通过自身的热调节过程能够保持体温恒定。当环境温度过高或过低,超出了调节范围时,则热平衡破坏,鸡的体温升高或降低,使鸡体受到直接伤害,严重时可引起死亡。

舍内温度过高的情况下,鸡体内的热量散失困难,体内蓄热,导致体温升高,发生热应激,严重者导致热射病引起死亡。如炎热夏季持续高温会引起鸡发生慢性热应激,短时过高温度引起急性热应激,给生产带来巨大损失。温度过高,对雏鸡也会产生不良影响:幼雏远离热源,两翅和嘴张开,呼吸加深加快,发出吱吱的鸣叫声,采食量减少,饮水量增加,精神差。若幼雏长时间处于高温环境,采食量下降,饮水频繁,鸡群体质减弱,生长缓慢,易患呼吸道疾病和啄癖。高温危害鸡体的机制如图2-9。

舍内温度过低的情况下,如果饲料供应充足,鸡能够充分活动,对育成后期和成年鸡危害较小,但对雏鸡影响较大。因为雏鸡体温调节机能不健全,防寒能力差,低温能严重破坏雏鸡的热平衡,甚至引起死亡。低温时雏鸡表现:拥挤聚堆,尽量靠近热源,不愿采食,饮水减少,发出尖叫声。温度过低,幼雏聚堆,在下面的鸡常因被压而窒息死亡,且幼雏易患感冒、腹泻等疾病,尚未吸收完的卵黄也因低温而不能正常继续吸收,腹部大而硬,鸡体软弱,甚至死亡。剖检死雏鸡一般没有明显的肉眼病变,但见嗉囊空虚、腹腔内有未吸收完的卵

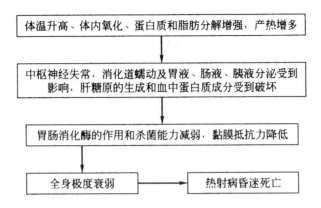

图2-9 高温危害鸡体的机制

黄囊,肾苍白,肺的边缘轻度发红,细菌学检查阴性。温度过低危害鸡体的机制如图2-10。

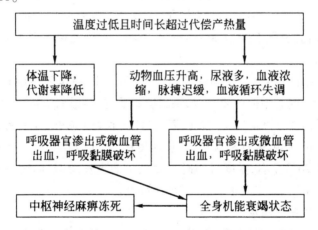

图2-10 温度过低危害鸡体的机制

温度的忽高忽低会对雏鸡的健康生长产生严重的不良反应。育雏温度骤然下降,雏鸡会发生严重的血管反应,循环衰竭,窒息死亡;育雏温度的骤然升高,雏鸡体表血管充血,加强散热,消耗大量的能量,抵抗力明显降低。忽冷忽热,雏鸡很难适应,不仅影响生长发育,而且影响抗体水平,抵抗力差,易发生疾病。

2)影响鸡的抵抗力 温度影响鸡体的免疫状态,高温对鸡体液免疫和细胞免疫都有不良的影响,高温时间越长,影响程度越大。所以,夏季的某些免疫失败有时并不是疫苗质量问题,而是热应激的结果。气温会影响鸡的疾病预后。许多微生物(如巴氏杆菌、大肠杆菌、新城疫病毒和传染性胃肠炎病毒等)感染,引起发病,温度过高过低会加重病情和延长病愈时间。所以在冬季,鸡群发生疾病时要适当提高舍内温度,有利于病愈。温度过低,雏鸡的沙门菌感染率增高(现在育雏温度比过去稍有提高,可以减少沙门菌的感染率),马立克病的发病率增加,传染性呼吸道病容易发生。

3)间接致病 一定的环境温度和湿度有利于病原体和媒介虫类的生存繁殖,从而危害鸡体健康。如各种寄生虫卵及幼虫在体外存活时间明显受到环境影响。如鸡沙门菌,当气温从28℃升高到37℃时,其复活率、感染率明显下降。

4)影响鸡群的营养状态和饲养管理 天气炎热时鸡采食量下降,营养供应不足,最后导致营养不良,鸡抵抗力下降,容易发病;饲料易酸败变质和发生霉变,饲料利用率下降,容易出现消化不良和发生曲霉菌病或曲霉菌毒素中毒。天气寒冷时鸡采食增加,代谢增强,如饲料供应不足,也会造成营养不良,抵抗力下降;冬季一些块根块茎类、青绿多汁饲料容易冰冻或饮水的温度过低,鸡饮食后会消化不良、下痢;冬季鸡舍密封过严,通风不良易引起呼吸道疾病等。

(2)影响生产性能 不同种类、不同性别、不同饲养条件和不同饲养阶段的鸡对环境温度有不同的要求,如果温度不适宜,会影响生长和生产。如肉用雏鸡出壳后需要35℃左右的温度,温度过高,雏鸡采食少,生长慢;温度过低,容易拥挤聚堆,影响采食和饮水,生长速度慢,甚至发病死亡。育肥期需要适宜的温度是20℃左右,温度过高时采食减少而生长缓慢;温度过低时维持体温需要的能量增加,采食多,饲料转化率降低。

2.适宜的舍内温度

肉子鸡温度要求见表2－5,育成鸡和成鸡的适宜温度为14～16℃。

表2－5 肉子鸡的温度要求(离鸡背平行高度的温度)

日龄	1～2	3～4	5～7	8～14	15～21	22～28	29至出栏
育雏温度(℃)	33～35	31～33	29～33	27～29	24～26	21～23	18～21

3.舍内温度的控制措施

(1)育雏舍温度控制

1)提高育雏舍的保温隔热性能 加强育雏舍的保温隔热性能设计并精心施工。育雏舍的保温隔热性能不仅影响到育雏温度的维持和稳定,而且影响到燃料成本费用的高低。生产中,有的育雏舍过于简陋,如屋顶一层石棉瓦或屋顶很薄,大量的热量逸出舍外,育雏温度很难达到标准并保持。屋顶和墙壁是育雏舍最易散热量的部位,要达到一定的厚度,要选择隔热材料,结构要合理,屋顶最好设置天棚。天棚可以选用塑料布、彩条布等隔热性能好、廉价、方便的材料。育雏舍要避开狭长谷地或冬季的风口地带,因为这些地方冬季风多风大,舍内温度不易稳定。

2)供温设施要稳定可靠 根据养殖场情况选择适宜的供温设备。大中型鸡场一般选用热气、热水和热风炉供温,小型鸡场和专业户多选用火炉供温。无论选用什么样的供温设备,安装好后一定要试温,通过试温,观察能不能达到育雏温度,达到育雏温度需要多长时间,温度稳定不稳定,受外界气候影响大小等。供温设备应能满足一年四季需要,特别是冬季的供温需要。如果不能达到要求的温度,一定采取措施加以解决,雏鸡入舍后温度上不去再采取措施一方面不可能很快奏效,另一方面会影响一系列工作安排,如开食、饮水、消毒、疾病预防等,必然带来一定损失。观察开启供温设备后多长时间温度可以升到育雏温度,这样,可以在雏鸡入舍前适宜的时间开始供温,使温度提前上升到育雏温度,然后稳定1~2天再将雏鸡入舍。

3)正确测定温度 测定育雏温度用普通温度计即可,但育雏前应对温度计进行校正,做上记号;温度计的位置直接影响所测育雏温度的准确性,温度计位置过高使测得的温度比实际温度低,从而影响育雏效果的情况生产中常有出现。如果使用保姆伞育雏,温度计应挂在距伞边缘15厘米,高度与鸡背相平(大约距地面5厘米)处。如果使用暖房式加温,温度计应挂在距地面、网面或笼底面5厘米高处。育雏期不仅要保证适宜的育雏温度,还要保证适宜的舍内温度。

4)增强育雏人员责任心 育雏是一项专业性较强的工作,所以育雏前要对育雏人员进行培训,使其了解有关的育雏知识,提高技术技能。同时,要实行一定的生产责任制,奖勤罚懒,提高工作积极性,增强责任心。

5)防止育雏温度过高 夏季育雏时,由于外界温度高,如果育雏舍隔热性能不良,舍内饲养密度过高,会出现温度过高的情况。可以通过加强通风,喷水蒸发降温等方式降低舍内温度。

(2)育肥舍温度控制 育肥舍温度容易受到季节影响,如夏季气温高,天气炎热,鸡舍内的温度也高,鸡群容易发生热应激;而冬季,气温低,寒风多,舍内温度也低,影响饲料转化率。春季和秋季,舍外气温适中,舍内温度也较为适宜和容易控制。我国开放式和半开放式鸡舍较多,受舍外气温影响大,特别要做好冬季和夏季舍内温度的控制工作,即冬季要保温,夏季要降温,保证鸡舍温度的适宜和稳定。

1)冬季防寒保温措施 育肥鸡(4周龄以后)对温度,特别是低温的适应能力大大增强,环境温度在14~30℃变化,鸡自身可通过各种途径来调节其体温。但温度较低时会增加饲料消耗,所以冬季要采取措施防寒保暖,使舍内温度维持在18℃以上(最低不能低于15℃)。

第一,减少鸡舍散热量。冬季舍内外温差大,鸡舍内热量易散失,散失的多少与鸡舍墙壁和屋顶的保温性能有关,加强鸡舍保温管理有利于减少舍内热量散失和保持舍内温度稳定。冬季开放舍要用隔热材料(如塑料布)封闭敞开部分,北墙窗户可用双层塑料布封严;鸡舍所有的门最好挂上棉帘或草帘;屋顶可用塑料薄膜制作简易天花板,墙壁(特别是北墙窗户)晚上挂上草帘可增强屋顶和墙壁的保温性能,可提高舍温3~5℃。密闭舍在保证舍内空气新鲜的前提下尽量减少通风量。

第二,防止冷风吹袭鸡体。舍内冷风可以来自墙、门、窗等缝隙和进出气口、粪沟的出粪口,局部风速可达4~5米/秒,使局部温度下降,影响鸡的生产性能,冷风直吹鸡体,增加机体散热,甚至引起伤风感冒。冬季到来前要检修好鸡舍,堵塞缝隙,进出气口加设挡板,出粪口安装插板,防止冷风对鸡体的侵袭。

第三,防止鸡体淋湿。鸡的羽毛有较好的保温性,如果淋湿则保温性差,极大地增加鸡体散热,降低鸡的抗寒能力。要经常检修饮水系统,避免水管、饮水器或水槽漏水而淋湿鸡的羽毛和料槽中的饲料。

第四,采暖保温。对保温性能差的鸡舍,鸡群数量又少,光靠鸡群自身温度难以维持所需舍温时,应采暖保温。有条件的鸡场可利用煤炉、热风机、热水、热气等设备供暖,保持适宜的舍温,提高产蛋率,减少饲料消耗。

2)夏季防暑降温措施 鸡体缺乏汗腺,对热较为敏感,特别是肉鸡,体大肥胖,易发生热应激,影响生长,甚至引起死亡。肉鸡育肥期最适宜温度范围是18~21℃,高于25℃生长速度会明显下降,高于32℃以上就可能因热应激而引起死亡。因此要注重防暑降温。

第一,隔热降温。在鸡舍屋顶铺盖15~20厘米厚的稻草、秸秆等垫草,或设置通风屋顶,可降低舍内温度3~5℃;屋顶涂白增强屋顶的反射能力,有利于加强屋顶隔热性能;在鸡舍周围种植高大的乔木形成阴凉或在鸡舍南侧、西侧种植爬壁植物,搭建遮阳棚,可减少太阳的辐射热。

第二,通风降温。鸡舍内安装必要的通风设备,定期对设备进行维修和保养,使设备正常运转,提高鸡舍的空气对流速度,有利于缓解热应激。封闭舍或容易封闭的开放舍,可采用负压纵向通风,在进气口安装湿帘降温效果良好(市场出售的湿帘投资大,可自己设计砖孔湿帘),不能封闭的鸡舍,可采用正压通风(即送风),在每列鸡笼下两端设置高效率风机向舍内送风,加大舍内空气流动,有利于降低死亡率。

第三,喷水降温。在鸡舍内安装喷雾装置定期进行喷雾,水汽的蒸发可吸收鸡舍内大量热量,降低舍内温度。舍温过高时,可向鸡头、鸡冠、鸡身进行喷淋,促进体热散发,减少热应激死亡。也可在鸡舍屋顶外安装喷淋装置,使水从屋顶流下,形成湿润凉爽的小气候环境。喷水降温时一定要加大通风换气量,防止舍内湿度过高。

第四,降低饲养密度。饲养密度降低,单位空间产热量减少,有利于舍内温度降低。夏季肉鸡育肥时,饲养密度可降低15% ~ 20% 。及时销售达到体重标准的肉鸡,减少鸡舍中鸡的数量。

其他季节可以通过保持适宜的通风量和调节鸡舍门窗面积来维持鸡舍的适宜温度。

(二)舍内湿度控制

湿度是指空气的潮湿程度,养鸡生产中常用相对湿度表示。相对湿度是指空气中实际水汽压与饱和水汽压的百分比。鸡体排泄和舍内水分的蒸发都可以产生水汽而增加舍内湿度。舍内上下湿度大,中间湿度小(封闭舍)。如果夏季门窗大开,通风良好,差异不大。保温隔热不良的畜舍,空气潮湿,当气温变化大时,气温下降时容易达到露点,凝聚为雾。虽然舍内温度未达露点,但由于墙壁、地面和天棚的导热性强,温度达到露点,即在畜舍内表面凝聚为液体或固体,甚至由水变成冰。水渗入围护结构的内部,气温升高时,水又蒸发出来,使舍内的湿度经常很高。潮湿的外围护结构其保温隔热性能下降,常见天棚、墙壁生长绿霉、灰泥脱落等。

1.湿度对鸡体的影响

空气湿度作为单一因子对鸡的影响不大,常与温度、气流等因素一起对鸡体产生一定影响。

(1)高温高湿　高温高湿影响鸡体的热调节,加剧高温的不良反应,破坏热平衡。高温时,鸡体主要依靠蒸发散热,而蒸发散热量正比于鸡体蒸发面皮肤和呼吸道水汽压与空气水汽压之差,舍内空气湿度大,空气水汽压升高,鸡体蒸发面(皮肤和呼吸道)水汽压与空气水汽压差值变小,不利于蒸发散热,加重机体热调节负担,使热应激更为严重;高温高湿,鸡体的抵抗力降低,有利于传染病发生,传染病的发生率升高;高温高湿,有利于病原的存活和繁殖,如有利于球虫病的传播,有利于细菌(如大肠杆菌、布氏杆菌、鼻疽放线菌)的存活,有利于病毒的存活(如无囊膜病毒),有利于真菌的滋生。高温高湿的季节,鸡的寄生虫病、皮肤病和霉菌病及中毒症容易发生。

(2)低温高湿 低温高湿时机体的散热变得容易,潮湿的空气使鸡的羽毛潮湿,保温性能下降,鸡体感到更加寒冷,加剧了冷应激。鸡易患感冒性疾病,如风湿症、关节炎、肌肉炎、神经痛等,以及消化道疾病(下痢)。寒冷冬季,相对湿度大于85%,生产性能和饲料转化率都显著下降。

(3)高温低湿 低湿的环境中,能使鸡体皮肤或外露的黏膜发生干裂,降低了对微生物的防卫能力;低湿有利于尘埃飞扬,鸡吸入呼吸道后,尘埃可以刺激鼻黏膜和呼吸道黏膜,同时尘埃中的病原一同进入体内,容易感染或诱发呼吸道疾病,特别是慢性呼吸道疾病。低湿造成雏鸡脱水,不利于羽毛生长,易发生啄癖。低湿还有利于某些病原菌的成活,如白色葡萄球菌、金色葡萄球菌、鸡沙门菌,对具有包囊的病毒的存活也有利。

2.舍内适宜的湿度

育雏前期(0~15日龄),舍内相对湿度应保持在75%左右;其他鸡舍保持在60%~65%。

3.舍内湿度调节措施

(1)湿度低时 舍内相对湿度低时,可在舍内地面洒水或用喷雾器在地面和墙壁上喷水,水的蒸发可以提高舍内湿度。育雏期间要提高舍内湿度,可以在加温的火炉上放置水壶或水锅,使水蒸发提高舍内湿度,可以避免喷洒凉水引起的舍内温度降低使雏鸡受凉感冒。

(2)湿度高时 当舍内相对湿度过高时,可以采取如下措施:

1)加大换气量 通过通风换气,排出舍内多余的水汽,换进较为干燥的新鲜空气。舍内温度低时,要适当提高舍内温度,避免通风换气引起舍内温度下降。

2)提高舍内温度 舍内空气水汽含量不变,提高舍内温度可以增大饱和水汽压,降低舍内相对湿度。特别是冬季或雏鸡舍,加大通风换气量对舍内温度影响大,可提高舍内温度来控制湿度。

(3)防潮措施 鸡较喜欢干燥,潮湿的空气环境与高温协同作用,容易对鸡产生不良影响。所以,应该保证鸡舍干燥。保证鸡舍干燥需要做好鸡舍防潮,除了选择地势高燥,排水好的场地外,可采取如下措施:①鸡舍墙基设置防潮层,新建鸡舍待干燥后再使用,特别是育雏舍。有的养殖户刚建好育雏舍就立即使用,由于育雏舍密封严密,舍内温度高,没有干燥的外围护结构中存在的大量水分,很容易蒸发出来,使舍内相对湿度一直处于较高的水平。在晚上温度低的情况下,大量的水汽变成水在天棚和墙壁上附着,舍内的热量容易散失。②保持舍内排水系统畅通,粪尿、污水及时清理。③尽量减少舍内用水。舍内用水量大,舍内湿度容易提高。防止饮水设备漏水,能够在舍外洗刷的用具可以在舍外洗刷或洗刷后的污水立即排到舍外,不要在舍内随处泼洒。④保持舍内较高的温度,使舍内温度经常处于露点以上。⑤使用垫草或防潮剂,及时更换污浊潮湿的垫草。

(三)舍内通风控制

肉鸡生长发育快,对空气条件要求高,如果空气污浊,危害更加严重,所以舍内空气新鲜和适当流通是养好肉子鸡的重要条件,洁净新鲜的空气可使肉子鸡维持正常的新陈代谢,保持健康,发挥出最佳生产性能。肉子鸡在不同的外界温度、周龄与体重时所需要的通风换气量见表2-6。

表2-6　肉子鸡的通风换气量[单位:米³/(只·分)]

外界温度(℃) \ 周龄 / 体重(千克)	2 / 0.35	3 / 0.70	4 / 1.10	5 / 1.50	6 / 2.00	7 / 2.45	8 / 2.90
15	0.012	0.035	0.05	0.07	0.09	0.11	0.15
20	0.014	0.040	0.06	0.08	0.10	0.12	0.17
25	0.016	0.045	0.07	0.09	0.12	0.14	0.20
30	0.02	0.05	0.08	0.10	0.14	0.16	0.21
35	0.06	0.06	0.09	0.12	0.15	0.18	0.22

保证肉鸡舍适宜的通风量(气流速度)应该科学合理地设计窗户和设置进排气口(见通风设计部分),并保证通风系统正常地运转。

(四)舍内光照控制

1.肉鸡的光照方案

(1)肉用种鸡的光照方案　肉用种鸡多采用渐减的光照方案。密闭舍光照方案见表2-7。

表2-7　密闭舍肉用种鸡光照参考方案

周龄	光照时数（小时）	光照强度（勒）	周龄	光照时数（小时）	光照强度（勒）
1~2天	23	20~30	21周	11	35~40
3~7天	20	20~30	22周	12	35~40
2周	16	10~15	23周	13	35~40
3周	12	15~20	24周	15	35~40
4~20周	8	10~15	25~68周	16	45~60

开放舍或有窗舍由于受外界自然光照影响，需要根据外界自然光照变化制订光照方案。光照方案见表2-8。

表2-8　育成期采用开放式鸡舍、产蛋期采用开放式鸡舍的光照程序

项目	顺季出雏时间						逆季出雏时间					
北半球	9月	10月	11月	12月	1月	2月	3月	4月	5月	6月	7月	8月
南半球	3月	4月	5月	6月	7月	8月	9月	10月	11月	12月	1月	2月
日龄	育雏育成期的光照时效											
1 2	辅助自然光照补充到		23小时				辅助自然光照补充到		23小时			
3			19小时						19小时			
4~9	逐渐减少到自然光照						逐渐减少到自然光照					
10~147	自然光照长度						自然光照至153日龄		自然光照至83日龄，然后保持恒定			
148~154	增加2~3小时											
155~161	增加1小时						增加1小时					
162~168	增加1小时						增加1小时					
169~176	保持16~17小时 （光照强度45~60勒）						保持16~17小时 （光照强度45~60勒）					

（2）肉子鸡光照方案

1）连续光照　施行24小时全天连续光照或施行23小时连续光照，1小时黑暗。黑暗1小时的目的是使肉子鸡能够适应和习惯黑暗的环境，不会因

停电而造成鸡群拥挤而窒息。有窗鸡舍,可以白天借助于太阳光的自然光照,夜间施行人工补光。另外还有一种连续光照方案,见表2-9。

表2-9　肉鸡的连续光照方案

日龄(天)	光照时间(小时)	黑暗时间(小时)	光照强度(勒)
0~3	22~24	0~2	20
4~7	18	6	20
8~14	14	10	5
15~21	16~18	6~8	5
22~28	18	6	5
29~上市	23	1	5

注:在生产中光照强度的掌握是:若灯头高度2米左右,1~7日龄为4~5瓦/米²;8~21日龄为2~3瓦/米²;22日龄以后为1瓦/米²左右。

2)间歇光照　指光照和黑暗交替进行,即全天进行1小时光照、3小时黑暗或1小时光照、2小时黑暗交替。国外或我国一些大型的密闭鸡舍采用间歇光照。大量的试验研究表明,施行间歇光照的饲养效果好于连续光照。但采用间歇光照方式,鸡舍必须能够完全保持黑暗。同时,必须具备足够的吃料和饮水槽位。

2.光照控制注意事项

(1)保持舍内光照均匀　采光窗要均匀布置;安装人工光源时,光源数量适当增加,功率降低,并布置均匀,有利于舍内光线均匀。

(2)保证光照系统正常使用　光源要安装碟形灯罩;经常检查、更换灯泡,经常用干抹布把灯泡或灯管擦干净,以保持清洁,提高照明效率。

(五)舍内有害气体控制

鸡舍内鸡群密集,呼吸、排泄物和生产过程的有机物分解都会产生有害气体,其成分要比舍外空气成分复杂和含量高。鸡舍中的有害气体主要有氨气、硫化氢、二氧化碳、一氧化碳和甲烷。在规模化养鸡生产中,这些气体污染鸡舍环境,引起鸡群发病或生产性能下降,降低养鸡生产效益。

1.舍内有害气体的种类和分布

鸡舍内主要有害气体种类和分布见表2-10。

表 2-10　主要有害气体的种类和分布

种类	理化特性	来源与分布	标准（毫克/米³）
氨	无色、具有刺激性臭味，与同容积干洁空气比为0.593，比空气轻，易溶于水，在0℃时，1升水可溶解907克氨	畜舍空气中的氨来源于家畜粪尿、饲料残渣和垫草等有机物分解的产物。舍内含量多少决定于家畜的密集程度、畜舍地面的结构、舍内通风换气情况和舍内管理水平。其空间分布以上下含量高，中间含量低	10（雏禽舍），15（成禽舍）
硫化氢	无色、易挥发的恶臭气体，与同容积干洁空气比为1.19，比空气重，易溶于水，1体积水可溶解4.65体积的硫化氢	舍空气中的硫化氢来源于含硫有机物的分解。当家畜采食富含蛋白质饲料而又消化不良时排出大量的硫化氢。粪便厌氧分解或破损蛋腐败发酵也可产生。硫化氢产自地面和畜床，比重大，故越接近地面浓度越高	2（雏禽舍），10（成禽舍）
二氧化碳	无色、无臭、无毒、略带酸味气体。比空气重，与空气的相对密度为1.524，相对分子量44.01	鸡舍中的二氧化碳主要来源于鸡的呼吸。二氧化碳密度大于空气，聚集在地面上	1 500
一氧化碳	无色、无味、无臭气体，与空气的相对密度为0.967	舍中的一氧化碳来源于火炉取暖的煤炭不完全燃烧，特别是冬季夜间畜舍封闭严密，通风不良，可达到中毒程度	

2. 有害气体的危害

(1)引起慢性中毒和中毒　氨和硫化氢含量高，鸡体质变弱，表现精神萎靡，抗病力下降，对某些病敏感(如对结核杆菌、大肠杆菌、肺炎球菌感染过程显著加快)，采食量、生产性能下降(慢性中毒)；二氧化碳和一氧化碳含量高，易造成缺氧，肉鸡生长缓慢，抵抗力减弱，容易发生腹水综合征；高浓度氨可以通过肺泡进入血液中置换氧基，从而破坏血液的运氧功能，可直接刺激机体组织引起碱性化学性灼伤，使组织溶解坏死；还可引起中枢神经麻痹，中毒性肝病、心肌损伤等。高浓度的硫化氢可直接抑制呼吸中枢，引起窒息和死亡。

(2)破坏局部黏膜系统　呼吸道黏膜是保护鸡体的第一道屏障，可以起到保护机体作用。另外,黏膜还形成了局部免疫系统,产生局部抗体。如果黏膜破坏,屏障功能降低或消失,抗体不能有效生成,鸡体抗病力降低,病原就容易侵袭,鸡体容易发生疾病。有害气体,如氨、硫化氢等均可刺激鸡体呼吸道黏膜,使黏膜遭到破坏,如图2-11。

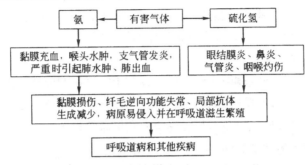

图2-11 有害气体对呼吸道黏膜的损害

3. 消除措施

(1)合理设计鸡场 加强场址选择和合理布局,避免工业废气污染。合理设计鸡场和鸡舍的排水系统,粪尿、污水处理设施。

(2)加强防潮管理 保持舍内干燥。有害气体易溶于水,湿度大时易吸附于材料中,舍内温度升高时又挥发出来。

(3)加强鸡舍管理 地面平养时在鸡舍地面铺上垫料,并保持垫料清洁卫生;保证适量的通风,特别是注意冬季的通风换气,处理好保温和空气新鲜的关系;做好卫生工作,及时清理污物和杂物,排出舍内的污水,加强环境的消毒等。

(4)加强环境绿化 绿化不仅美化环境,而且可以净化环境。绿色植物进行光合作用可以吸收二氧化碳,生产出氧气。如每公顷阔叶林在生长季节每天可吸收1 000千克二氧化碳,产出730千克氧气;绿色植物可大量吸附氨,如玉米、大豆、棉花、向日葵以及一些花草都可从大气中吸收氨而生长;绿色林带可以过滤阻隔有害气体,有害气体通过绿色地带至少有25%被阻留,煤烟中的二氧化硫被阻留60%。

(5)采用化学物质消除 舍内撒布过磷酸钙,饲料中添加丝兰属植物提取物、沸石(配合饲料中用量可占1%~3%),垫料中混入硫黄(每平方米地面0.5千克)或者用2%的苯甲酸或2%乙酸喷洒垫料,利用木炭、活性炭、煤渣、生石灰等具有吸附作用的物质吸附空气中的臭气等;使用有益微生物制剂(EM)(类型很多,具体使用可根据产品说明)拌料饲喂或拌水饮喂,亦可喷洒鸡舍;将艾叶、苍术、大青叶、大蒜、秸秆等植物等份适量放在鸡舍内燃烧,既可抑制细菌,又能除臭,在空舍时使用效果最好;另外利用过氧化氢、高锰酸钾、硫酸亚铁、硫酸铜、乙酸等化学物质也可降低鸡舍空气臭味。

(6)提高饲料消化吸收率　科学选择饲料原料;按可利用氨基酸需要合理配制日粮;科学饲喂;利用酶制剂、酸制剂、微生态制剂、寡聚糖、中草药添加剂等可以提高饲料利用率,减少有害气体的排出量。

(六)微粒的控制

微粒是以固体或液体微小颗粒形式存在于空气中的分散胶体。鸡舍中的微粒来源于鸡的活动、咳嗽、鸣叫,以及饲养管理过程,如清扫地面、分发饲料、饲喂及通风除臭等机械设备运行。鸡舍内有机微粒较多。

1.微粒对鸡体健康影响

(1)影响散热和引起炎症　微粒落在皮肤上,可与皮脂腺、皮屑、微生物混合在一起,引起皮肤发痒、发炎,堵塞皮脂腺和汗腺,皮脂分泌受阻。皮肤干,易干裂、感染,影响蒸发散热。落在眼结膜上引起尘埃性结膜炎。

(2)损坏黏膜和感染疾病　微粒可以吸附空气中的水汽、氨、硫化氢、细菌和病毒等有毒有害物质造成黏膜损伤,引起血液中毒及各种疾病的发生。

2.消除措施

(1)改善畜舍和牧场周围地面状况　实行全面的绿化,种植树、草和农作物等。植物表面粗糙不平,多茸毛,有些植物还能分泌油脂或黏液,能阻留和吸附空气中的大量微粒。含微粒的大气流通过林带,风速降低,大径微粒下沉,小的被吸附。夏季可吸附 $35.2\% \sim 66.5\%$ 的微粒。

(2)减少饲料粉尘　鸡舍远离饲料加工场,分发饲料和饲喂动作要轻。

(3)注意清洁卫生　保持鸡舍地面干净,禁止干扫;更换和翻动垫草动作要轻。

(4)保持适宜的湿度　适宜的湿度有利于尘埃沉降。

(5)保持通风换气　必要时可安装过滤器。

(七)噪声的控制

物体呈不规则、无周期性震动所发出的声音叫噪声。鸡舍内噪声的主要来源有外界传入、场内机械产生和鸡自身产生。鸡对噪声比较敏感,容易受到噪声的危害。

1.噪声对鸡体健康的影响

噪声(特别是比较强的噪声)作用于鸡体,引起严重的应激反应,不仅能影响生产,而且使正常的生理功能失调,免疫力和抵抗力下降,危害健康,甚至导致死亡。实践中已有多起鞭炮声、飞机声致鸡死亡的报道。

2. 改善措施

(1)科学选择场地　鸡场选在安静的地方,远离噪声大的地方,如交通干道、工矿企业和村庄等。

(2)合理选择设备　选择噪声小的设备。

(3)搞好绿化　场区周围种植林带,可以有效地隔声。

第二节　肉鸡场的规划与设计

一、肉鸡场的选址

肉鸡生产集约化程度很高,养殖场场址选择影响肉鸡的安全生产和经济效益。选择场址时应综合考虑生产需要、建场任务和地方资源等情况,还应考虑肉鸡生产对周围环境的要求,也要尽量避免鸡场产生的气味、污物对周围环境的影响,并注意将来发展的可能性,故在建场前应详细调查研究当地的自然条件和社会经济条件。

1. 地势地形

地势指场地的高低起伏状况,地形指场地的形状,肉鸡场地势地形关系到光照、通风和排水,应选在地势高燥、平坦或稍有坡度(15°左右的坡度以利于排水)、通风排水良好和阳光充足的地方,有利于肉鸡场内外环境的控制。选址时注意当地的气候变化,不宜建在昼夜温差过大的山顶,不宜在通风不良、低洼潮湿处建设场址,潮湿环境易使病原微生物滋生繁殖,易发生疫病。若场内地势低洼,大雨后积水不易排除,造成鸡舍外积水向鸡舍内粪沟倒灌,或粪池、渗井的粪水向外四溢,易造成环境污染。肉鸡养殖场区应位于居民区的下风处,地势尽量低于居民区,以防止养殖场对周围环境的污染。平原地区应选择比周围地段稍高的地方作为肉鸡场场址,鸡场地下水位要低于建筑物地基0.5米,以利于排水。在靠近河流、湖泊的地区,场址要选择在较高的地方,位置应比当地水文资料中最高水位高1~2米,山区建场宜选在平缓坡上,坡面向阳,鸡场总相对坡度不超过25%,建筑区相对坡度应在2.5%以内。

2. 水源水质

在肉鸡安全生产过程中,任何时间都应确保肉鸡场水源充足,因此建场前应首先了解水源情况,如河流、湖泊流量,地下水的初见水位和最高水位、汛期水位、含水层次、厚度和流向。其次调查清楚当地排水系统,如排水方式、纳污能力、污水去向、纳污地点、距居民区水源距离、能否与农田灌溉系统结合等。若须自行处理污水,则要求土壤的纳污能力强,且每栋鸡舍都要做渗水池。为保证水源,应自备水箱,以备停水时应急,每栋鸡舍设 4 米^3 的水箱 1 个。

水质应良好,符合人的饮水卫生标准,水中不含病原体和毒物,无异味,清新透明,最好是城市供给的自来水,pH 不能过高或过低,要求不能低于 4.6,且不能高于 8.2,最适宜范围为 6.5~7.5。硝酸盐不能超过 30 毫克/升,硫酸盐不能超过 250 毫克/升,尤其是水中最易存在的大肠杆菌含量不能超标,每100 毫升水含大肠杆菌 1 个以下。水源附近无畜禽加工厂、化工厂、农药厂等污染源,离居民点也不能太近,尽可能建在工厂和城镇的上游。水质必须选样检查,若采用地下水,则需进行水质测定。水质测定包括酸碱度、硬度、透明度、有无污染源和有害化学物质等,有条件时还应做水质的物理、化学和生物污染等方面的化验分析。

3. 地质土壤

肉鸡场的土壤应不适合繁殖微生物,符合卫生要求,要求过去未被鸡的致病细菌、病毒和寄生虫所污染,透气性和透水性良好,以便保证地面干燥。对于采用机械化装备的肉鸡场还要求土壤压缩性小且均匀,以承担建筑物和将来使用机械的重量。总之,肉鸡场的土壤土质黏性不能太重,沙壤土最好,雨后容易干燥,这样的土壤排水性能良好,隔热,不利于病原菌的繁殖,符合肉鸡场的卫生要求。

4. 气候因素

主要指与建筑设计有关和造成鸡场小气候有关的气候情况,主要了解常年气象变化,包括平均气温、绝对最高与最低气温、土壤冻结深度、降水量与积雪深度、最大风力、常年主导风向、日照情况、灾害性天气等。

5. 环境疫情及污染情况

周密调查当地疫情,土壤过去应未被传染病或寄生虫等病原体污染,不在旧场位置建场或扩建,考察兽医站、畜牧场、集贸市场、屠宰加工场距拟建场的距离、方位、有无自然隔离条件等,以防给本场防疫工作带来不利影响。养殖区周围 500 米范围内,水源上游没有对产地环境构成威胁的污染源,包括工业"三废"、农业废弃物、医院污水及废弃物、城市垃圾和生活污水等污物。肉鸡养殖区远离居民点 500 米以上,远离农村卫生院、敬老院等,以免肉鸡场气味污染环境,也应远离集贸市场、交通要道以及其他动物生产场所和相关设施等。

6. 交通便利

商品肉鸡场主要为城镇提供肉子鸡,考虑到服务方便,鸡场宜选在近郊,以一日可往返 2 次的汽车距离为度,有利于工作人员进城办事。肉鸡场要在物资集散地附近,与公路、铁路或水路相通,自修公路能直达肉鸡场内,便于饲料等原材料的运入和肉鸡产品的运出,避开交通要道,不紧靠码头、车站等地段,以利于防疫卫生和环境安静。一般要求与附近的城市、旅游点、化工厂、化肥厂、玻璃厂、造纸厂、制革厂、畜产品加工厂、屠宰场等不少于 10 千米,以 20 ~ 40 千米为宜。与其他畜禽场距离应在 2 千米以上,以利于防疫工作。与铁路、交通要道、车辆来往频繁的地方距离 400 米以上,距次级公路应有100 ~ 200 米的距离,鸡场不能位于中小学校的附近和大多数学生必经之路,除防疫距离的需要外,也便于控制其他干扰,使肉鸡处于比较安静的环境。避开水源防护区、风景名胜区、人口密集区等环境敏感区,符合环境保护、兽医防疫要求。

二、肉鸡场的布局

肉鸡场布局是否合理,是养鸡成败的关键条件之一。集约化、规模化程度越高,肉鸡场布局的影响越大。无论饲养什么类型、品种、代次的肉鸡,规划布局时要有利于搞好防疫卫生工作、提高工作效率、节约基建投资、有利于排污。尤其应考虑风向和地势,合理布局鸡场各建筑物,鸡、饲养管理人员和饲料等进出的通道,污水、污物处理设施的位置和消毒设施的位置,尽可能减少疫病的发生和有效控制疫病。在场内各区之间,特别是生产饲养区周围应依据具体条件建立隔离设施。生产区与病鸡处理区以及管理区之间的距离至少应相隔 300 米,各区之间还应根据条件建立隔离网、隔离墙、防疫沟等隔离设施,防止野生动物、驯养动物和无关人员进入生产区,同时防止生活区、管理区的生活污水和地面水流入生产区。

1. 肉鸡场建筑物种类

按建筑设施的用途,肉鸡场建筑物大致分为行政管理区、职工生活区、生产区、生产辅助区和粪污处理区。行政管理区包括行政办公室、接待室、会议室、图书资料室、财务室、值班门卫室以及配电、水泵、锅炉、车库、机修等用房。职工生活区包括食堂、宿舍、医务室、浴室、娱乐设施等房舍。生产区包括各类肉鸡舍和孵化室等,生产辅助区包括饲料库、蛋库、兽医室、消毒更衣室等。粪污处理区包括粪场、粪库、污水池等。

2.场区规划原则

肉鸡场分区规划的原则是合理利用地势、气候条件、风向及天然隔离屏障等,有利于生产和防疫,尽可能按照"全进全出"制的要求进行整体规划和设计。人、鸡、污三者以人优先、污最后为处理原则,风与水,则以风为主的排列顺序。场区内布局合理,各区域之间应用绿化带和(或)网墙分开,生产区和生活区严格分开。根据当地的生态环境、与周围各场区的关系和兽医综合性服务、场内地势高低、水流方向、主导风向和交通道路的具体情况进行规划,将各种房舍和建筑设施按防疫和卫生条件次序进行排列。首先考虑工作人员办公和生活场所尽量不受饲料粉尘、粪便气味和其他废弃物的污染,其次是生产鸡群的防疫卫生,为消除各类传染源对鸡群的影响,依地势、风向排列各类鸡舍顺序,若地势与风向在方向上不一致时,则以风向为主。因地势原因造成污水污染地面时,可用地下水沟改变流水方向,避免污染鸡舍,也可利用侧风避开主风向,将鸡舍建在安全位置,免受上风向空气污染。根据拟建场的地段条件,也可人工造林,使空气自然净化,也可建筑隔墙以改变人员流动的方向。肉鸡场规划示意图见图2-12。

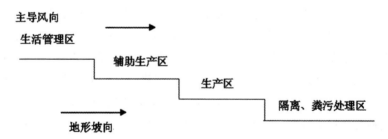

图2-12 按地势、风向的分区规划示意图

3.肉鸡场的分区规划

(1)肉鸡场的分区 肉鸡场有职工生活区、行政管理区、生产饲养区、生产辅助区、病鸡和粪便污水处理区。鸡场内职工生活区、行政管理区、生产饲养区应严格分开并相隔一定距离,生活区和行政区在风向上与生产区相平行,有条件时,生活区可设置于鸡场之外,否则如果隔离措施不严,会造成将来防疫措施执行困难,疫病不易控制,致使肉鸡饲养失败。

通常将职工生活区和行政管理区统称为场前区,主要进行经营管理、职工生活等活动,在场外运输的车辆和外来人员只能在此区活动。由于该区与外界联系频繁,应在其大门处设立消毒池、门卫室和消毒更衣室等,除饲料库外,车库和其他仓库应设在该区。

生产区是养殖场的核心,该区的规划与布局根据生产规模确定。生产规模较大的肉鸡场,其内部不同类型、不同日龄段肉鸡应分开隔离饲养,相邻鸡舍间应有足够的安全距离,可按饲养批次将鸡群分成数个饲养小区,区与区之间有一定的隔离距离。每栋鸡舍之间应有隔离措施,如围墙或沙沟等。根据生产特点和环节确定各建筑物之间的关系,不能混杂交错排列,尽量将各个生产环节安排在不同的地方,如种鸡场、商品肉鸡场、饲料生产车间等分散布置,便于对人员、鸡群、设备、运输甚至气流方向等进行严格的生物安全控制。生产区内布局应考虑风向,上风向至下风向应依次安排祖代、父母代、商品代,若为同一代次鸡群,则育雏舍置于上风向,然后顺风向为育成舍和成年鸡舍,这样才有利于防疫。场区内种鸡舍要距离其他鸡舍 300 米以上。场区内要求道路直而线路短,运送饲料、动物及其产品的道路不能与粪道通用或交叉。饲料库是生产区的重要组成部分,其位置应安排在生产区与管理区的交界处,这样既方便饲料由场外运入,又可避免外面车辆进入生产区。为了防疫的需要,饲养区应设置一个专供生产人员及车辆出入的大门,一个只供进出动物及其产品的运输通道和一个专门进行粪便收集和外运的通道。

储粪场或粪尿处理场设置在与饲料调制间相反的一侧,并使之到各个鸡舍的总距离最短。粪污处理区应设在全场下风向和地势最低处,并与生产区保持一定的卫生间距,周围应有天然的或人工的隔离屏障,如深沟、围墙、栅栏或浓密的乔、灌木混合林等。该区设单独的通道与出入口,处理病死动物尸体的尸坑或焚尸炉应严密防护和隔离,以防止病原体的扩散和传播。

总之,鸡场规划按主导风向和地势坡向由高到低,其先后顺序为职工生活区、生产管理区、生产饲养区、粪污处理区。

(2)肉鸡场流程　肉鸡场内有两条最主要的生产流程,一条为饲料(库)—鸡群(舍)—产品(库),这条线联系最频繁、劳动量最大,另外一条流程线为饲料(库)—鸡群(舍)—污水(场),其末端为粪污处理场。因此饲料库、蛋库和粪场均靠近生产区,但不能在生产区内,因为三者需与场外联系。饲料库、蛋库和粪场为相反的两个末端,因此其平面位置也应是相反方向或偏角的位置。

(3)肉鸡场其他部分规划　肉鸡场内部、鸡场与其他场区之间的规划以利于疫病防治和交通方便为原则。道路是鸡场与其他场区、建筑物与设施、场内与场外联系的纽带。鸡场内道路布局应分为净道和污道,相互不交叉,净道是饲料和产品的运输通道,其走向为育雏舍、育成舍、成年鸡舍,各舍有入口连接净道;污道主要用于运输鸡粪、死鸡、淘汰鸡及鸡舍内需要外出清洗的脏污设备,其走向同样为育雏舍、育成舍、成年鸡舍,各舍均有出口连接污道。为了保证净道不受污染,设计道路时道路末端只通鸡舍或设计隔墙,不能与污道贯通。净道和污道以沟渠、林带或隔墙相隔。

三、肉鸡舍建筑

目前我国肉鸡场有种鸡场和商品肉鸡场。种鸡场包括育雏舍、育成舍和种鸡舍,而商品肉鸡场最多饲养 15 周龄的肉鸡,因此最多只包括育雏舍和育肥舍。鸡舍建设在设计时应布局合理,与周围建筑物的场区环境相协调,要求遮阳防晒、阻风挡雨、防止兽害,还应设置防土渗漏、飞扬、径流且具一定容量的专用储存设施和场所,以避免鸡场被场区地下水等污染。鸡舍符合建筑规律,便于施工,注意减轻饲养管理人员的体力劳动强度,满足机械化自动化所需条件或有利于以后向自动化改造。在鸡舍建设上,要做到既节约成本,又有利于防寒或防暑降温,在建筑材料的选择上应以有利于清洁卫生、冲洗、干燥、消毒为原则,还应易于防蚊蝇、鼠害等。适当建设引进肉鸡所用的隔离观察鸡舍和当饲养场有鸡发病后的隔离鸡舍等。

(一)育雏舍

育雏舍养育出壳至 5 ~ 6 周龄雏鸡,人工育雏需保持温度稳定,室温要求 20 ~ 24℃,随日龄增加逐渐下降,不低于 20℃。故育雏舍的建筑要求与其他鸡舍不同,一般房舍相对矮小,墙壁较厚,地面干燥,屋顶设天花板,以利于安装保温设施,见图 2 - 13。通风良好,但气流不宜过速,笼养育雏时,最上一层与天花板的距离应在 1.5 米左右。

育雏方式有平面育雏和笼养育雏,现在基本都采用密闭式育雏舍育雏,育雏舍的建设本着就地取材和经济实用的原则,应根据地区气候条件、育雏季节和育雏任务来选用。育雏舍与其他密闭式鸡舍的建筑要求相同,顶盖和四壁隔热良好、无窗(附设有应急窗)、完全密闭(只有进、出气孔与外界沟通)。舍内的小气候通过各种设施进行控制或调节,使之尽可能满足鸡体生理功能需求。育雏舍的建筑形式、大小和栋数,因鸡场的性质以及内部设施的要求而不同。

育雏舍地面最好为水泥地,并向一边倾斜,以利于消毒和排水,若无条件,

图2-13　肉鸡育雏舍

可用黏土或沙土地面,但应注意平整。所有窗户、排水沟和通向外部的下水道应设置铁丝网或网板,以利于渗漏和防止鼠害。

(二)育成舍

育成期肉鸡生命力强,对温度要求不严格,因此可参照育雏舍的结构,能遮风挡雨、冬暖夏凉,便于保持室内干燥即可,见图2-14。育成舍包括生长育肥鸡舍和育成舍,根据生长育肥鸡的生理特点,鸡舍要求有足够的活动面积,以保证生长发育的需要,从而使生长雏鸡(尤其是种用雏鸡)具有良好的体质。无论采用何种管理方式,对每平方米的饲养密度,应有合理的安排。对于全舍饲的生长育肥鸡舍,除维持适宜的温度外,应注意和加强通风换气,保

图2-14　肉鸡育成舍

证空气新鲜。设有运动场的开放式鸡舍,运动场面积最好为房舍面积的 3 倍以上。育种用的育成鸡舍要有防暑降温的条件,因常年周转使用,必须考虑通风和控温,不能忽冷忽热,以保证育成鸡适时开产。设有运动场的育成舍,必须有遮阳设施,防止阳光直射。

育雏舍和育成舍的建筑面积和饲养密度,应根据鸡场的成年种鸡规模,有计划地进行配套,以便合理安排周转使用。

(三)种鸡舍

种鸡舍的建筑形式和要求随鸡种不同而有差异,其环境因素须能满足种用品质的需要,以发挥种鸡的生产效能。种鸡舍有平养和笼养 2 种鸡舍。舍内地面为水泥地或砖砌地,并有适当坡度,饮水位置处设排水沟,舍内地面比舍外地面高 10~15 厘米。

1. 平养种鸡舍

种鸡可采用地面平养(见图 2-15),也可采用网上平养。平养种鸡舍也分开放式和密闭式两种,通常开放式种鸡舍可附设运动场,但在全舍饲的情况下则不设运动场。舍内多采用单列或双列通道管理,按种鸡分群的数目,用铁丝网隔成若干个栏。所有分群间隔的铁丝网必须牢固,接近地面 30~50 厘米部分最好用板间隔,严防串群和互相干扰。

图 2-15　平养种鸡舍

2. 笼养种鸡舍

种鸡笼养分个体笼养和小群笼养。将种鸡饲养在 3 层个体笼养笼组中,上层安置公鸡,下面 2 层安置母鸡,人工授精率可达 95%~97%。种鸡小群笼养可不进行人工授精,但每只种鸡的占笼面积不少于 600 厘米^2,同时为保证公鸡配种需要,笼高不应少于60厘米,见图2-16。

图2-16 笼养种鸡舍

(四)鸡舍外形结构

1. 鸡舍朝向

开放式鸡舍朝向与鸡舍采光、保温、舍内通风换气、排污效果、阳光的利用等密切相关。朝向主要根据当地的太阳辐射和主导风向来选择,同时还要考虑通风效果,避免冷风渗透。我国处于北半球,多数地区夏季炎热、冬季寒冷,故大部分地区选择朝南比较适合,不同地区鸡舍朝向有少许差异,但鸡舍主要窗户尽可能向南或基本向南,北方地区以西南向为宜,南方地区以南偏东较好,这种朝向,冬季采光面积大,有利于保暖,夏季通风好,又不受太阳直晒,冬暖夏凉,有利于提高生产性能。鸡舍朝向与场区排污也有关系,排污需要借助于自然通风,其效果取决于主导风向与鸡舍长轴所形成的夹角,取常年主导风向入射角30°~60°时,背风面涡旋区长度缩小,这样能以较小的鸡舍间距达到较好的排污效果。

2. 长度

鸡舍长度由成年鸡舍的设计容量和每栋鸡舍具体需要的面积与跨度来确定。大型机械化生产鸡舍较长,过短则机械效率较低,房舍利用也不经济,一般规格为66米×90米×120米。中小型普通鸡舍为36米×48米×54米。

有关计算鸡舍长度的公式如下:平养鸡舍长度=鸡舍面积÷鸡舍跨度

3. 跨度

指所设计鸡舍的宽度,与鸡舍类型、舍内笼具、走道宽度和通风设备安装方式有关。普通开放式鸡舍跨度以6~9米为宜,采用机械通风跨度可在9~

12米,笼养鸡舍应根据安装列数和走道宽度来决定鸡舍的跨度。

4.高度

应根据饲养方式、笼层高度、跨度与气候条件来确定高度。跨度不大、平养、气候不太热的地区,鸡舍不必太高,一般从地面到屋檐口的高度为2.5米左右。气温高的地区,采用多层笼养可增高到3米左右,保证笼养顶层距天花板1.5米。

通常我国笼养鸡舍建筑基本朝南,跨度8米,高度2.7~2.9米,育雏舍、育成舍、成年鸡舍长度分别为35~40米、50~55米、60~70米。

5.地面

鸡舍地面一般高于舍外,潮湿或地下水位高的地区应在30~50厘米。多采用混凝土地面,其表面坚固无缝隙,便于清洗消毒,还能防潮保持鸡舍干燥。笼养鸡舍地面设有浅粪沟,比地面深15~20厘米。

6.墙壁

鸡舍封闭程度不同,墙壁的有无、多少或厚薄依当地气候条件和鸡舍类型而定,应便于冲刷消毒和隔湿,寒冷地区鸡舍可增加墙体厚度。

7.窗

有窗鸡舍窗口设置形式不一,除南北侧墙上部设面积较大的通风窗外,有的鸡舍设天窗,或在侧壁下部设地窗,起调节气流或辅助通风作用。利用机械负压通风时风机口是集中的排气口,窗口为进风口,其面积和位置应与风机功率大小一致,既要避免形成穿堂风,又要使气流均匀,防止出现涡流或无风的滞留区。

8.屋顶

小跨度鸡舍为单坡式,一般鸡舍常用双坡式拱形或平顶式,根据当地的气温、通风等环境因素来决定。在南方干热地区,屋顶可适当加高以利于通风,北方寒冷地区可适当降低以利于保温。屋顶最好设顶棚,其上放一层稻壳或干草以增加隔热性能。在气温高雨量大的地区屋顶坡度要大一些,屋顶两侧加长房檐。

(五)鸡舍内布局

1.平养鸡舍

分地面垫料平养鸡舍(图2-17)和网上平养鸡舍(图2-18),按鸡栏排列与走道有以下几种:

(1)无走道平养鸡舍 这种鸡舍不设专门走道,管理鸡群时饲养人员直

图2-17 地面垫料平养鸡舍

图2-18 网上平养鸡舍

接进入鸡栏进行操作,缺点是不如有走道鸡舍操作方便,也不利于防疫,但舍内面积利用率高。

(2)单列单走道 舍内设约1米宽的走道,饲养人员在走道上进行操作,管理方便,不经常进入鸡群内,有利于鸡群防疫。但走道所占鸡舍面积的比例较大,有效利用面积较低,仅适于跨度较小的种鸡舍采用。

(3)双列单走道或双走道 双列单走道指鸡舍纵向的中央设走道,工作人员分别管理两侧栏内鸡群,操作方便,提高走道的利用率,如垫料或网上平养鸡舍多用这种形式。也可采用走道设在沿墙两侧,将双列鸡栏放在鸡舍中部,集中使用一套喂料设备,便于鸡群管理,且有利于工作人员打开墙上的窗户,也有利于控制光照和温度。

（4）三列二走道或三列四走道　鸡舍内设置三列鸡栏，若二列纵向沿墙排列，则用两走道，这种排列舍内面积利用率高，但开放式鸡舍靠墙鸡栏易受外界气温和光照影响，多雨季节开窗时还易因洒落雨水弄湿垫料。也可采用三列四走道排列，每列鸡栏都排在鸡舍中部，有利于控制光照和温度，但走道宽度应控制在 60~80 厘米，否则舍内面积利用率较低。

生产中以单列式、双列式排列比较普遍。跨度较大的鸡舍采用三列式，甚至还有四列多走道排列形式，但鸡栏列数的增多必然增加鸡舍跨度，必须使用机械通风。

2. 网平混养

这种鸡舍一般不设专门走道，鸡舍纵向中央为地面垫料平养，靠墙两侧为网上板条平养，网上设置喂料、喂水设备和产蛋箱。

3. 笼养鸡舍

笼养鸡舍必须设走道，鸡笼的列数与平养鸡栏的形式相同，只是每列笼都必须在走道上操作，应留有一定宽度工作道。

（六）鸡舍间距

鸡舍间距与鸡群防疫、鸡场占地面积、鸡舍防火和排污有关，各地土地资源和气候条件不同，因此鸡舍间距也有差异。鸡群按鸡舍分群，生产鸡群易发生疫情，其病原菌能通过流动气体所携带的微粒进行传播，威胁着相邻鸡群的安全，见图 2-19。

图 2-19　鸡舍间距

从防疫角度考虑，鸡舍排出的污气、尘埃等不能进入相邻鸡舍，故鸡舍间距应取风向与鸡舍长轴垂直时背风面涡旋范围的最大的间距。据测定,背风面涡旋区长度与鸡舍高度(H)之比为5:1,因此,开放型鸡舍间距应为5H。当主导风向入射角为30°~60°时,鸡舍间距可缩小为约3H。对于纵向通风鸡舍,风机全部安排在同一侧山墙上,利用污道而不是舍间空地作为排风区,鸡舍间距对防疫影响不大,可以更小些,但要符合日照、防火、排污的要求,可取2~3H的鸡舍间距。从防火角度考虑,鸡舍的防火间距多为10米左右,为2~3H。鸡场的排污一般借助于自然通风,利用主导风向与鸡舍长轴形成一定角度,则可适当缩小排污间距。当取鸡舍长轴与主导风向夹角30°~60°时,排污间距可缩小至1.3~1.5H。总之,鸡舍间距的大小按不同要求与鸡舍高度的比值也不同,综合各种因素的要求,取3~5H的间距。

实际生产中,各类鸡舍之间的距离还依据品种、代次不同而异,祖代鸡舍之间的距离以60~80米为宜,父母代鸡舍之间每栋距离为40~60米,商品代鸡舍每栋之间距离为20~40米。总之,鸡代次越高,鸡舍间距应越大。

四、肉鸡舍设施

养殖设备的结构和设计,在很大程度上影响肉鸡的安全生产,必须利用现代的养殖设施,为肉鸡提供基本的生长空间,也应有利于环境调控和净化,从而达到肉鸡安全生产。

(一)照明设备

照明设备主要有光照自动控制器、照度计和光源,光源可以是白炽灯、荧光灯和 LED 灯带(图2-20),照度计用于测定鸡舍内的光照强度,光照控制器可利用定时器自编程序控制鸡舍光照时间,有些还可自动测定光照强度,天

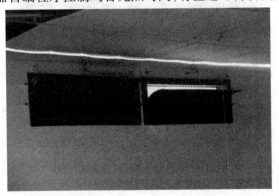

图2-20　LED 灯带照明设备

明则自动关灯,阴雨天则自动开灯,开关灯时通过电压自动调节光照的明暗过渡,延长灯泡使用寿命。

(二)通风设备

通风设备指用于换气的风机(图2-21),其作用是将鸡舍内的污浊空气、湿气和多余的热量排出,同时补充新鲜空气。现在一般鸡舍通风采用大直径、低转速的轴流风机。

图2-21 鸡舍通风设备

(三)湿帘风机降温系统

湿帘风机降温系统(图2-22)由纸质波纹多孔湿帘、冷风机、水循环系统及自动控制装置组成。在夏季,空气通过湿帘进入鸡舍,可降低进入鸡舍空气的温度,通风设备与湿帘降温系统共同使用可快速蒸发降温。但南方地区在炎热夏季使用湿帘风机降温系统时要特别注意控制湿度。

图2-22 湿帘风机降温系统

(四)保温设备

1. 烟道

多用于育雏,由煤炉或热风炉提供热源,热源使烟道温度上升,为雏鸡供暖。烟道供温时室内空气新鲜,粪便干燥,可减少疾病感染,节约电能,育雏容量大,成本低,对平养和笼养均适宜,适用于广大农户养鸡和中小型鸡场,特适合于产煤区或电源不足地区。烟道分地下烟道、地上烟道和火墙烟道3种,地下烟道升温慢,耗煤多,但地面无阻碍物,饲养管理方便,故一般采用地下烟道。地面烟道升温快,但不利于管理,且育雏面积小,若采用离地面50~60厘米高的网上育雏则效果较好,这种烟道位于网面下,其下部离地面约25厘米。无论哪一种烟道,在室内一端设灶门,一端设烟囱,室内设3~5条烟道。

2. 育雏伞

各种育雏伞热源均在伞中心,仅热源和外壳材料不同,具体可据当地实际择优选用。

(1)电热育雏伞 由电供暖的伞形育雏器,伞内温度可自动控温,管理方便,适宜电源稳定地区使用,适用于垫料地面和网上平养育雏。伞罩有方形、多角形和圆形,伞罩上部小,直径约30厘米,下部大,直径100~120厘米,高约70厘米。伞罩外壳用铁皮、铝合金或纤维木板制成双层夹层填充玻璃纤维等保温材料,也有的用布料做外壳,仅在其内层涂一层保温材料。伞罩下缘提供热源,热源为电热丝或远红外加热器,并与自动控温装置相连,控温范围0~50℃,将伞下距地面5厘米处的温度控制在26~35℃,温度调节方便,同时设有照明灯和开关。

(2)燃气育雏伞 由燃气(天然气、液化气、沼气和煤气等)供暖的伞形育雏器,适合于燃气充足地区,与电热育雏伞形状相同,内侧上端设喷气嘴,使用时须悬挂0.8~1.0米高。

(3)煤炉育雏伞 由煤炉供暖的伞形育雏器,适合于电源不足地区。伞罩为白铁皮,伞中心为煤炉,煤炉底部垫砖块以防引燃垫料,通过调节煤炉进气孔的大小来调节温度,炉上端设一排气管将有害气体导出室外,在距煤炉15厘米处设铁网以防雏鸡接近。

3. 红外线灯

可在室内直接用于加温供热,常用灯泡规格为250瓦,有发光和不发光2种,地面垫料育雏和网上育雏都可使用,使用时悬挂高度25~30厘米,通过调节灯泡高度来控制温度。红外灯发热量高,加温时温度稳定,室内垫料干燥,管理方便,但耗电量大,灯泡易损坏,成本较高,供电不稳定地区不宜使用。

4.热风炉供暖系统

主要由热风炉、鼓风机、有孔管道和调节风门等设备组成,热风炉是热风炉供暖系统中的主要设备(图2-23)。以煤或气为燃料,热效率高,送风升温快,比锅炉供热成本降低50%左右,使用方便、安全、清洁,可同时增加湿度,是目前推广使用的一种采暖设备。

图2-23　热风炉供暖系统

(五)笼具

1.叠层式电热育雏笼

通常带有加热源,适用于1~6周龄雏鸡。电热育雏笼为4层叠层式结构,每层之间设承粪板。每层由加热育雏笼、保温育雏笼、雏鸡活动笼3部分组成,各部分结构独立,在不同季节和地方使用时可自由组装,适当增减各种笼的组数,雏鸡活动笼还可单独使用。加热笼每层顶部装有远红外加热板或加热管,承粪板下部装有一支辅助电热管,笼内温度由自动控温仪控制,并有照明灯和加湿槽,侧壁用板封闭以防热量散失,设有可调风门和观察窗,笼底采用涂塑的金属网。保温笼是从加热笼到运动笼的过渡笼,无加热源,外形与加热笼基本相同。雏鸡活动笼是自由活动的场所,笼内放小型饮水器,笼外放食槽,通过上下可调间隙的栅状活动板,使大、小鸡在合适的高度采食,并能防止鸡逃窜。

2. 叠层式育雏笼

指无加热装置的普通育雏笼,常用的有 3 层(图 2 – 24)或 4 层(图 2 – 25)。整个笼组用镀锌铁丝网片制成,由笼架固定支撑,每层笼间设承粪板,单笼大小为长 100 厘米、深 50 厘米、高 33 厘米,笼门间隙可调,笼外设置食槽和料槽。此种育雏笼结构紧凑、占地面积小、饲养密度大,适合于整室加温的鸡舍。

图 2 – 24 四层叠层育雏笼

图 2 – 25 四层叠层育雏笼

3. 育成笼

主要用于饲养42~130日龄生长育肥鸡和育成鸡。从结构上分为半阶梯式和叠层式两大类,有 2 层、3 层和 4 层之分,层数增多则上层空气稍差,下层光线较暗。该笼可以与喂料机、乳头式饮水器、清粪设备等配套使用。根据育成鸡的品种与体形,每只鸡占用底网面积 300~380 厘米^2,每笼可养鸡 10~15只。采用育成笼饲养鸡,其舍饲密度高,每只鸡的投资少,是较好的替代传统平养方式的一种设备。3 层阶梯式育成笼见图 2-26。

图 2-26 3 层叠层育雏笼

4. 育雏育成鸡笼

适合于小型肉鸡。该鸡笼的特点是鸡可以从 1 日龄一直饲养到产蛋前,然后转群进入种鸡笼,减少转群对鸡的应激和劳动强度。鸡笼为 3 层,雏鸡阶段只使用中间一层,随着鸡的长大,逐渐分散到上、下两层。

5. 种鸡笼的类型

种鸡笼养方法有公、母鸡同笼饲养(自然交配)和单笼饲养(人工授精)。种鸡笼也有不同的类型。实际生产中,鸡笼主要由鸡笼、笼架、食槽、水槽等组成,在保证鸡的采食宽度的条件下,综合考虑饲养密度、除粪和通风三者的关系来决定采用哪一种类型鸡笼,同时还要注意保持高的受精率。

(1)全阶梯式 该种鸡笼有 2 层和 3 层之分,适用于小型肉鸡。其特点是相邻两层鸡笼错开,无重叠或有小于 5 厘米的重叠,各层的鸡粪可直接落入粪沟。该种鸡笼通风良好,光照均匀,操作管理方便,结构较简单易维修,不足之处是比其他笼养方式的饲养密度偏低。

(2)半阶梯式 该种鸡笼一般为 2~3 层,相邻两层笼有部分重叠,重叠部分占笼深度的 1/3~1/2。为防止上层鸡粪落到下层鸡身上,下层鸡笼后上角做成斜坡形,可以挂自流式承粪板。该种种鸡笼与全阶梯式相比,因增加承粪板,对光照和通风有一定影响。

(3)叠层式 指上、下几层笼全部重叠,笼架垂直于地面,一般为 2~3层。上、下层笼之间留有较大间隙,内装承粪板或鸡粪输送带,以利于清粪机作业。因采用叠层笼具,饲养密度加大,但承粪板影响光照和通风,要特别注意鸡舍环境配套设施,以保证优良的舍内饲养环境,从而保证较高的生产水平。

半阶梯式和叠层式种鸡笼与全阶梯式种鸡笼相比,饲养密度提高 1/4 ~ 1/3,半阶梯式种鸡笼饲养密度一般为 27 ~ 32 只/米²,叠层式种鸡笼饲养密度一般为 30 ~ 36 只/米²,因此对通风、消毒、降温等环境控制设备的要求较高。叠层式和半阶梯式种鸡笼,因需装承粪板而妨碍笼内气体流通,易导致舍内通风不一致,且上下两层全部或部分重叠,所以不仅需要地面除粪设备,还要在重叠处安装承粪板和除粪设备。这两种类型笼具既增加了机械设备,又要求高的笼组精度。

(4)种鸡方笼 优质肉用种鸡采用自然交配方式时一般用此种笼具,这种笼具为一种金属大方笼,只有一层,支架支撑笼底,每只笼笼长 3.90 米、深 1.94 米、高 0.7 米,笼底集蛋网向两侧倾斜,伸到笼外形成蛋槽,倾角 8°。数个或数十个组装成一列,笼外挂上料槽和饮水管,采用乳头饮水器饮水。这种笼养方式公母鸡同笼饲养,操作简单,劳动效率高,受精率高,饲养效果好。

(5)种公鸡笼 为配合人工授精的专用笼具,一般为 1 ~ 2 层全阶梯式,可与母鸡笼连组组装。

6. 鸡笼结构

鸡笼由前、后、顶、底及两侧网组成,可以有不同的几何形状,如直角形、后斜角形、前倾菱形和前倾后直形。每只鸡占用笼前网外放置食槽的长度为采食宽度。鸡体形不同要求的采食宽度也各异,鸡笼的前宽尺寸应大于或等于所容纳鸡要求的采食宽度之和。鸡笼底网与水平面的夹角称为滚蛋角。其作用是使鸡蛋以较平稳的速度,迅速从笼内滚落到蛋槽中。滚蛋角过大使底网过于倾斜,鸡蛋滚出的速度太快,容易产生碰撞形成破蛋;滚蛋角过小,易使鸡蛋不向蛋槽内滚动,长时间滞留在笼中造成脏蛋、破蛋。目前鸡笼的滚蛋角一般采用 7° ~ 10°。笼门有不同的形式,一般采用前开门和前顶角开门,要求进鸡和抓鸡方便且不易跑鸡。

(六)饮水设备

饮水设备分为乳头式、杯式、水槽式、吊塔式和真空式。

1. 槽式饮水器

水槽一般安装于鸡笼食槽上方,是由镀锌板、搪瓷或塑料制成的"V"形或"U"形水槽,每 2 米一根由接头连接而成。水槽一头通入长流动水,使整条水槽保持一定水位,另一头管道将水排出鸡舍,从水源到另一端需 0.06% 的相对斜度。当用水箱使水槽自动保持一定水位时可将水槽水平放置。槽式饮水器取材和制造简单,但易传染疾病,且需定期清洗水槽中的饲料、粪便、灰尘等杂物。

2. 真空式饮水器

真空式饮水器由水筒和水盘两部分组成,多为塑料制品(图 2 - 27)。水筒装满水后反扣过来与水盘固定,水便从小孔中流入水盘,保持一定的水位。真空式饮水器适用于平养鸡舍使用,依鸡龄大小可选择大、中、小型饮水器。

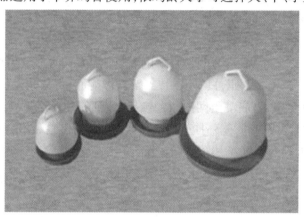

图 2 - 27 真空式饮水器

3. 杯式饮水器

杯式饮水器主要由杯体、顶杆和密封帽等组成。平时水杯在水管内压力下使密封帽紧贴于杯体锥面,阻止水流入杯内,当鸡饮水时啄动杯舌时自动进水入杯内。目前有阀柄式和浮嘴式杯式饮水器,后者供水流量较小。杯式饮水器供水可靠,不易漏水,耗水量少,不易传播疾病,但是鸡在饮水时经常将饲料残渣带进杯内,需要经常清洗。

4. 乳头式饮水器(图 2 - 28)

由铜、不锈钢或塑料制成,有锥面、平面、球面密封型三大类。该设备利用地心引力和毛细管原理,使阀杆底部经常保持挂有一滴水,当鸡啄水滴时便触动阀杆顶开阀门,水便自动流出供其饮用。平时则靠供水系统对阀体顶部的压力防止漏水。乳头式饮水器使用十分广泛,适应鸡仰头饮水的习惯,不易传播疾病,耗水量少,可免除刷洗工作,清洁卫生,工作效率高,适用于笼养和平养鸡舍给成鸡或 2 周龄以上雏鸡供水。要求配有适当的水压和洁净的水源,

图 2 - 28　乳头式饮水器

防止阀杆弯曲造成漏水。

5. 吊塔式饮水器(图 2 - 29)

图 2 - 29　吊塔式饮水器

多为塑料制品,其结构包括阀体、饮水盘、防晃装置(沙袋或水袋)。利用弹簧的调节作用和饮水器自身重量变化启闭阀门控制饮水盘中的水量。盘中水量不足时,由弹簧将饮水盘提起,饮水盘上的凸起将阀杆顶开,水顺着通路流入饮水盘中。当进水达到一定量后与阀杆分开,阀杆在弹簧作用下克服水的压力关闭阀门水便停止流入。该种饮水设备主要适用于平养鸡舍。

上述各种饮水器中乳头式、杯式、吊塔式饮水器要与供水系统配套,供水系统包括过滤器、减压装置和管路等,滤除水中杂质并将供水管压力减至饮水器所需要的压力才能正常供水。雏鸡开始阶段和散养鸡多用真空式、吊塔式和水槽式,平养和笼养鸡舍现在趋向使用乳头饮水器。

(七)喂料设备

肉鸡饲养所用喂料设备包括料盘、料槽、料桶、自动喂料机等。料盘主要用于雏鸡,从育成期开始可用料槽,而成年鸡则用料槽或料桶。在肉鸡饲养管理过程中,喂料耗用的劳动量较大,有条件的鸡场宜采用自动化设备,该设备包括储料塔、输料机、喂料机和饲槽4个部分,其中用得较多的是行车式喂料机,这是一种骑跨在鸡笼上的喂料车。沿鸡笼上或旁边的轨道缓慢行走,将料箱中的饲料分送至各层食槽中,工作人员同时还可进鸡、出鸡或观察鸡群,特别适用于笼养鸡舍。喂料设备见图2-30至图2-33。

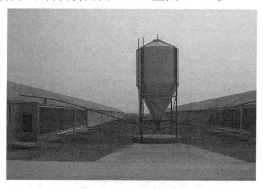

图2-30 储料塔

(八)清粪设备

肉鸡舍清粪方式有人工清粪和机械清粪2种。平养鸡舍多在养鸡结束后人工清粪,笼养和大面积网养则用清粪机。机械清粪常用设备有刮板式清粪机、带式清粪机和抽屉式清粪机。单层笼养多采用除粪小车,而多层笼养和大面积网养则须用刮粪机,目前用得较多的牵引式刮粪机,它主要由牵引机、刮粪板、牵引绳、转角轮、限位器等组成。牵引机牵引绳轮带动刮粪板进行作业,清粪时刮粪板自动落下,返回时自动抬起,往返行程由限位电器系统控制。这种刮粪机适用于笼养或网上平养鸡舍的纵向清粪。这种刮粪板可在一个平面上的几条粪沟同时除粪,也可在一条粪沟里装几个等距的刮板,实现分段接力除粪。有的刮

图 2 - 31　运料车输送饲料

图 2 - 32　螺旋弹簧式喂饲机

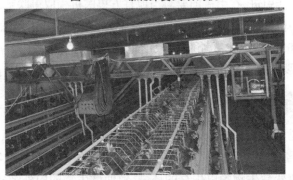

图 2 - 33　轨道式喂饲机

粪机左右 2 个刮粪板在刮粪前处于收拢状态,当刮粪机前进时,它能按已调好的宽度自动张开进行清粪作业,当返回时两刮粪板又自动合拢,灵活方便。自动刮粪机要求粪沟沟底表面平直,对土建要求严格,见图2-34。

图2-34 自动刮粪机

第三节 管理措施

一、隔离措施

肉鸡疾病防疫的总原则是建立安全的隔离条件,防止外界病原传入场内,防止各种传染媒介与鸡体接触或造成危害。减少敏感鸡,消灭可能存在于饲养场内的病原,保持鸡体的抗病能力,保持鸡群的健康。如果所选肉鸡品种需从外地引进,一定要了解种源输出地的疫情情况,应从"无疫区"引进,有些病种应在当地免疫后方能引进,在引进前要与当地官方兽医机构取得联系,并由他们检疫和出具合法的检疫证明。运输肉鸡时中途最好不要上下,不要添加不了解卫生状况的饲料和饮水,运输线路最大限度地不要经过某些重大疫病流行区(疫区)。引进后要认真按规定隔离观察,确定无重大疫病后方可进行生产。

二、消毒技术

消毒就是利用物理、化学或生物学方法,杀灭环境中的病原微生物或使其失去活性,消毒剂是消灭病原体或使其失去活性的一种药剂或物质。消毒的原理主要是改变微生物赖以生存的环境,致使微生物的内外结构发生改变,发生代谢功能障碍、生长发育受阻从而丧失活性,失去致病力。消毒是保证鸡群健康生长和饲养人员安全的重要措施。鸡场应该定期消毒,在疾病高发期或出栏后应对鸡舍内外进行彻底的消毒。

（一）消毒剂的选择

选择适用的消毒剂才能保证消毒的有效和经济。生产中应根据消毒目的,选择高效、低廉、使用方便,对人和鸡安全、无残留毒性的消毒剂。反复消毒时最好选用2种以上化学性质不同的消毒剂,但必须遵守消毒剂配合使用的原则及配伍禁忌。优质消毒剂应符合以下各项要求:消毒力较强,药效迅速,短时间即可达到预定的消毒目标,如灭菌率达99%以上,且药效持续的时间长;消毒作用广泛,可杀灭细菌、病毒、真菌等病原微生物;消毒剂可用各种方法进行消毒,如饮水、喷雾、洗涤、冲刷等;易溶于水,不受水质硬度和环境中pH变化影响药效;性质稳定,不受光、热影响,长期存贮效力不减,对人、鸡安全,无臭、无刺激性、无腐蚀性、无毒性、无不良副作用。

小 知 识

常用消毒剂

氢氧化钠(苛性钠、烧碱):常用1%~2%浓度,用于环境及物品消毒,也可用于消毒坑。对金属有腐蚀性。

福尔马林:即37%~40%甲醛溶液,有较强的杀灭细菌、病毒作用,与高锰酸钾作用常用于熏蒸消毒,也可用0.5%~1%溶液做喷洒消毒。

新洁尔灭:0.1%浓度用于饲养人员手的消毒,手术器械、器具消毒浸泡30分。用于粪便、污水消毒效果不好,新洁尔灭遇肥皂则作用消失。

乙醇(酒精):消毒用70%浓度,主要用于消毒饲养人员手部及皮肤。

碘酒(碘酊):3%~5%碘酒用于注射部位、手术部位消毒。

过氧乙酸:对细菌病毒均有效,0.3%~0.5%溶液可用于各种消毒。现配现用。

除菌净:含氧化剂,对细菌病毒有效。

高锰酸钾:强氧化剂,0.05%~0.1%溶液可用于饮水消毒。

生石灰(氧化钙):遇水生成氢氧化钙起消毒作用。10%~20%石灰乳可用于涂刷墙壁、消毒地面。石灰乳要现用现配。

(二)鸡舍的消毒

鸡舍消毒是清除前一批肉鸡饲养期间累积污染的强有力措施,从而使下一批肉鸡生活在一个洁净的环境。首先应将场地和物品的污物清除清洗干净,然后再进行消毒。在育雏室和鸡舍进鸡之前通常要进行彻底地消毒,鸡舍消毒过程一般如下。

1. 清扫

机械清扫是搞好鸡场环境卫生最基本的一种方法。在清除污物的同时,也可清除掉大量的病原微生物。经过清扫后的鸡舍,其内的细菌数至少可减少21.5%。肉鸡全部出鸡舍后,为了避免尘土及微生物的飞扬,先用消毒液喷洒,再将舍内的鸡粪、垫草、顶棚上的蜘蛛网、尘土等扫出鸡舍,如不彻底扫除会影响消毒效果。扫除的污物应妥善处理,集中进行烧毁或生物发酵。平养地面沾着的鸡粪,可预先洒水等软化后再铲除。为方便第二天冲洗,可先对鸡舍内部喷雾,润湿舍内四壁、顶棚及各种设备的表面。

2. 冲洗

冲洗是将清扫后鸡舍内剩下的有机物去除以提高消毒效果。冲洗前先将非防水灯头的灯用塑料布包严,然后用高压水龙头冲洗舍内所有物体的表面,对笼底的粪便与蛋槽上的污物一定要用板刷边刷边冲,不留残存物,清水冲洗后鸡舍内的细菌可以减少54% ~60%。

3. 干燥

喷洒消毒药一定要在冲洗并充分干燥后再进行。干燥可使鸡舍内冲洗后残留的细菌数进一步减少,同时避免在湿润状态使消毒药浓度变稀,降低灭菌效果。冲洗后每平方厘米地面仍残存数万到数百万细菌,干燥后细菌数显著减少,每平方厘米地面残存数千到数万细菌。

4. 药物消毒

鸡场清洗干净并干燥之后,用药物进行消毒,这样可使鸡舍内的细菌数减少90%。用药物喷洒消毒时,消毒液的用量一般为每平方米1升,泥土地面、运动场可适当增加。消毒的顺序一般是由内到外、从上到下进行。一般从离门远处开始,依次对棚顶、墙壁、地面进行喷洒消毒,喷洒完毕之后应将鸡舍内的门窗关闭2~3小时,然后打开门窗通风换气,再用清水清洗,将残余的消毒剂排出。另外,在进行鸡场消毒的同时,应将鸡场的附属设备及饲养工具同时消毒。常用的消毒液有20%石灰乳、5% ~20%漂白粉溶液、1% ~4%氢氧化钠溶液、3% ~5%来苏儿、4%福尔马林溶液等。雏鸡舍要求在冲洗晾干后用火焰喷枪烧平网、围栏与铁质料槽等,然后再进行药物消毒。

5. 第二次干燥

药物消毒后,鸡舍及其内的用具往往处于湿润状态,须经干燥后再进行消毒,否则其后进行的熏蒸消毒只能对水表面进行消毒,起不到彻底杀灭病原菌的目的。

6. 熏蒸消毒

熏蒸前将舍内所有的孔、缝、洞、隙用纸糊严密闭,使整个鸡舍不透气,如鸡舍不密闭,熏蒸效果不好。每立方米空间用福尔马林溶液 42 毫升、高锰酸钾 21 克,密闭 24 小时,然后打开门窗通风换气。经上述消毒过程后,进行舍内采样细菌培养,灭菌率要求达到 99% 以上,否则再重复进行药物消毒—干燥—福尔马林熏蒸过程。如急需使用鸡舍时,可用氨气来中和甲醛气体。消毒时舍内用具、饲槽、水槽等物品应适当摆开,以利于气体穿过消毒。

(三)设备用具的消毒

1. 料槽、饮水器

塑料制品的料槽与饮水器,可先用水冲刷,洗净晒干后再用0.1%新洁尔灭刷洗消毒。在鸡舍熏蒸前放回,再经熏蒸消毒。

2. 蛋箱、蛋托

反复使用的蛋箱与蛋托,特别是送到销售点又返回的蛋箱,存在传染病原的危险很大,因此,必须严格消毒。用 2% 氢氧化钠热溶液浸泡与洗刷,晾干后再送鸡舍。

3. 运鸡笼

送肉鸡到屠宰厂的运鸡笼,最好在屠宰厂消毒后再运回,否则肉鸡场应在场外设消毒点,将运回的鸡笼冲洗晒干再消毒。

(四)环境消毒

消毒池放 2% 氢氧化钠,池液每天换 1 次,若用 0.2% 新洁尔灭,则应每 3 天换 1 次。大门前通过车辆的消毒池水深在 3 厘米以上。每季度先用小型拖拉机耕翻鸡舍间的空隙地,将表土翻入地下,然后用火焰喷枪对表层喷火,烧去各种有机物。每天用 0.2% 次氯酸钠溶液喷洒生产区的道路 1 次,如当天运鸡则在车辆通过后消毒。

(五)鸡体消毒

鸡体是排出、附着、保存、传播病菌、病毒的根源,是污染源,也会污染环境,如果忽视鸡体消毒,尽管已经对鸡舍进行了彻底的消毒,也不能完全防止病原体的侵入,因此应经常进行鸡体消毒。对鸡体消毒的关键在于选用杀菌作用强但对鸡体无害的药物,即要广谱、高效、低毒,同时对笼具等饲养设备无腐蚀作用,目前常用0.1%新洁尔灭、0.1%过氧乙酸溶液、卫康、农福、百毒杀、特灭杀等。通常采用喷雾消毒,其作用是防止马立克病、传染性法氏囊等病的感染,杀死或减少鸡舍内空气中悬浮的病毒与细菌等,使鸡体体表(羽毛、皮肤)清洁,使鸡舍内较为清洁,沉降鸡舍内飘浮的尘埃,抑制氨气的产生和吸附氨气。喷雾消毒宜每隔1~2天进行1次,还要注意环境及消毒液的温度,对雏鸡喷雾,药物溶液的温度要比育雏器提供的温度高3~4℃。当鸡群发生传染病时,每天消毒1~2次,连用3~5天。喷雾消毒必须与通风换气相配合,便于鸡体表面干燥。另外消毒时喷雾机的喷口不应直射鸡体,以喷湿鸡体表面和器具为宜。

三、"全进全出"的饲养制度

采用"全进全出"的饲养制度是预防肉鸡传染病、提高肉鸡的成活率和经济效益的最有效措施之一。"全进全出"指将同一肉鸡场生产区范围内所有鸡舍和用具进行清洗、消毒和净化,所有肉鸡同一日期进入养殖区,饲养期满生产结束时同时全群一起出场,空场后对场内房舍、设备、用具等彻底清扫、冲洗、消毒,再空闲2周以上,然后进另一批肉鸡,从而有效切断疫病的传播途径,防止病原微生物在群体中形成连续感染和交叉感染。"全进全出"制对鸡场防疫非常有利,可保证场内肉子鸡的健康和生产。从防疫上考虑,必须实施"全进全出"制。

四、扑灭机制

第一,及早发现疫情并尽快确诊。鸡群中出现精神沉郁、减食或不食、缩颈、尾下垂、眼半闭、喜卧不愿运动、腹泻、呼吸困难(伸颈、张口呼吸)等症状的病鸡,应迅速将疑似病鸡隔离观察,并设法迅速确诊。

第二,隔离病鸡并及时将病死鸡从鸡舍取出,对污染的场地、鸡笼进行紧急消毒。严禁饲养人员与工作人员串舍来往,以免扩大传播。

第三,停止向本场引进新鸡,并禁止向外界出售本场的活鸡,待疾病确诊后再根据病的性质决定处理办法。

第四,病死鸡要深埋或焚烧,粪便必须经过发酵处理,垫料可焚烧或做堆肥发酵。

第五,对全场的鸡进行相应疾病的紧急疫苗接种。对病鸡进行合理的治疗,对慢性传染病病鸡要及早淘汰。

第六,若属烈性传染病,必须立即向当地行政主管部门上报疫情。对发病的鸡群一般应全群扑杀,深埋后彻底消毒、隔离。

第四节　废弃物处理

规模化、集约化的肉鸡生产会产生大量的各种废弃物,若处理不当,会对周围环境及鸡场自身生物安全产生不良影响,因此,应加强对鸡场废弃物的管理。

一、肉鸡场废弃物

肉鸡场除了一些带有臭味、含有灰尘的污浊空气,噪声,场内滋生的昆虫等会形成公害,需要预加防范或治理外,还有孵化废弃物、禽粪、死禽与污水等需要管理。

二、肉鸡场废弃物的处理

(一)孵化废弃物的管理

孵化的废弃物有无精蛋、死胚、毛蛋、蛋壳等,这些废弃物很容易招引蝇类,在热天尤甚。有条件的可对其加工处理,未受精蛋常用于加工食品,死胚、毛蛋、死雏等制成干粉,蛋白质含量达22%～32%,可替代肉骨粉与豆饼,蛋壳粉为钙质饲料。这些废弃物利用前必须进行高温灭菌。没有条件做高温灭菌或加工成副产品的小型孵化厂,每次出雏的废弃物必须尽快做深埋处理。

(二)鸡粪的收集与利用

1. 鸡粪的收集

收集分干粪和稀粪。收集干粪时,平时不清粪,淘汰鸡群或转群后一次全部清除积粪。收集干粪对鸡舍内环境影响小,有害气体与臭味发生较少,苍蝇的繁殖也能控制,对鸡场的卫生有利,也很少导致公害的发生,能防止潜在水污染,减轻或消除臭味,不需要经常清粪,粪含水分少,易于干燥,但要求地面能防止水分的渗漏,供水系统不能漏水或溢水,必须设置良好的通风系统,气流能够均匀地通过积粪的表层。收集稀粪须设地沟和刮粪板,且粪便可以通过管道或传送设备运送,需用人力较少,不足之处在于有臭味,鸡舍内易产生氨与硫化氢等有害气体,还可能污染地下水。

2.鸡粪的利用

肉鸡鲜粪的产量相当于其每天采食量的110% ~120%,其中含有固体物25%左右。新鲜禽粪也可直接施撒农田,但用量不可太多,禽粪中有20%的氮、50%的磷能直接为作物利用,其他部分为复杂的有机分子,需经土壤微生物分解后才能逐渐为作物所利用。也可利用微生物将鸡粪发酵,让其充分腐熟,其施用量比新鲜禽粪可多4~5倍。鸡粪也可做饲料,干的鸡粪中含有约1/3的粗蛋白质,22.5%无氮浸出物、26%灰分和10%粗纤维,在各种必需氨基酸中,丝氨酸、色氨酸和蛋氨酸较多,鸡粪可以用于喂牛、羊等反刍家畜,这类家畜可将鸡粪中的非蛋白态氮在瘤胃中经微生物分解利用,合成菌体蛋白,然后再为畜体消化吸收后利用。喂肉牛与奶牛时可在饲料中加入鸡粪与垫料的混合物23% ~25%。

(三)病死鸡尸的处理

对于病死鸡,最简单的处理方法就是挖1米左右深的窄沟,根据需埋死鸡多少确定沟的长度。也可用专用的焚尸炉焚烧死鸡。还可将死鸡进行堆肥,利用嗜气菌与嗜热菌成批分解死鸡尸体。不管用哪种处理方法,运死鸡的容器应便于密封消毒,以防运送过程中污染环境。若鸡死于传染病,则最好焚烧处理。

(四)污水处理

肉鸡场每天会产生大量污水,这些污水中含有固形物10% ~20%。如果任污水流淌,特别是通过阴沟,会臭味四散,污染环境或地下水,因此应对其进行适当的处理。污水经24小时沉淀,80% ~90%的固形物会沉淀下来。有些鸡场将污水通过地沟流淌到鸡场后的污水处理场,经过两级沉淀后,水质变得清澈,可用于浇灌果树或养鱼。污水还可用生物滤塔过滤,生物滤塔是依靠滤过物质附着在多孔性滤料表面所形成的生物膜,来分解污水中的有机物,污水中的有机物经过滤和分解,浓度大大降低,可得到比沉淀更好的净化效果。

第三章　肉鸡标准化品种与育种安全控制技术

　　种鸡的品质和生产性能直接关系到鸡肉产品的数量和质量，是肉鸡安全生产的物质基础。所选肉鸡品种生产性能高、具有较强的抗病害和抵御不良环境的能力，不但可减少病害发生机会、降低养殖风险、增加养殖效益，同时也可避免大量用药对环境可能造成的危害以及对人类健康的影响。只有选择适合当地的优良品种，才能获得大量优质的种蛋、鸡苗，保证肉鸡饲养的高产出和高收益，因此品种的选择是肉鸡安全生产的关键。实现肉鸡安全生产，必须选择适合当地条件、生长快、饲料利用率高、抗病力强的优良肉鸡品种。

第一节 保种与引种

我国肉鸡品种主要有白羽肉鸡和优质肉鸡,白羽肉鸡主要是指快大型肉鸡,也称快大型白羽肉鸡,从国外引进,主要品种有爱拔益加(AA)、艾维茵(Avian)、罗斯、科宝和海波罗等。优质肉鸡最先从广东兴起,最初其羽毛颜色多为黄色,广大消费者称之为"三黄鸡"。优质鸡配套系从羽毛颜色来看,有黄羽和麻羽;从商品代的生长速度来看,有快速型、中速型和慢速型之分。一般来说,生长速度越慢,肉质越优。

(一)快大型白羽肉鸡品种的发展历程

快大型白羽肉鸡的发源地是美国,在20世纪初,美国在家禽业协会和家禽爱好者的推动下,先后育成洛岛红、新汉夏、横斑洛克等兼用品种,最初这些品种主要用于产蛋。20世纪20年代,当时美国德尔马瓦半岛的Steels夫妇开始全年饲养肉鸡,从而使现代肉鸡产业成为一个独立的产业。由于当时只育成了洛岛红、新汉夏、横斑洛克等兼用品种,因此,其也成为肉鸡生产中使用的品种。这些品种用于肉鸡生产,主要问题在于屠宰后屠体不美观,残留的羽毛清晰醒目,因此后来在生产中还使用过白科尼什和白洛克等品种。到了20世纪50年代,美国以白科尼什鸡和白洛克鸡为素材,采用杂交配套先后育成Arbor Acres(AA)、Hubbard等肉鸡配套系,这些配套系在外貌上是白羽,屠体美观,杂种优势的利用使其生活力和生产性能比原有标准品种更优秀,更受生产者和消费者的欢迎,因而逐步取代原有洛岛红等兼用型品种。新的配套系在商业上更有竞争力,大大推动了肉鸡业向前发展。至此,快大型白羽肉鸡品种基本定型,科技工作者一直使用白科尼什和白洛克做育种素材,采用现代育种理论,用白科尼什培育父系,用白洛克培育母系,改进其一些不利于生产的特征,将父系和母系杂交生产出商品代推向市场,充分利用杂种优势,使生产性能逐步提高。目前全世界白羽肉鸡市场以爱拔益加、艾维茵、哈巴德、海波罗等几大品种占据主导地位,其中爱拔益加和艾维茵占据80%市场份额,哈巴德占10%,海波罗占3%,其余占7%。父母代年更换量3.42亿套。

(二)优质肉鸡的发展历程

1. 优质鸡的形成

20世纪50年代，我国的广东省向香港销售石岐鸡，由于历史的原因，在60年代销往香港的石岐鸡数量下降，港农对石岐鸡进行选种、繁殖，但由于其产蛋太少，于是引入新汉夏、狄高、红波罗等外来种进行杂交选育，杂交后称石岐杂。杂交选育而成的肉鸡在生长性能和产蛋性能上优于原有鸡种，但在肉的风味、嫩度和口感上都无法与传统的肉鸡相比，于是提出了优质鸡的概念。其实，从不同的角度出发，肉鸡的优劣也是不同的。邱祥聘(1989)认为，优质鸡应从风味、外观、保存性、纯洁度、嫩度、营养品质和价格等来衡量，其中，风味指肉的气味和滋味，外观主要指鸡的羽色、肤色和屠体组成，保存性主要指在加工、储藏、运输等过程中能承受外界因素的能力，纯洁度指肌肉中不能有任何有毒有害物质、微生物及其他外物(包括吸收水分等)。吴常信(1994)认为，优质鸡是一些地方鸡种经过多年的纯化选育，产蛋性能和生长性能有所提高，在适时屠宰时鸡肉皮薄、肌间脂肪适量、肉味鲜美、肉细嫩软滑的地方鸡种，但我国地域辽阔，不同民族、地区、饮食习惯和烹调方法对鸡的肉质要求不同，难以有统一的标准确定肉质的优劣。我国人口众多，家庭经济实力各不相同，需求也是多元化的，仅用原有地方鸡种生产优质鸡远远不能满足人们对鸡肉的需求。从20世纪80年代末到90年代初开始，我国的优质鸡育种开始采用多元杂交配套体系，使用的品种也不止一个，各种配套组合的生产性能不一致。赵河山(1998)认为，优质鸡除了具有优良的肉质外，还须有较好的符合某地区和民族喜好的体型外貌，如特定的羽色、肤色等，并有较高的生产性能，因此生产成本得到降低，可以满足不同消费层次的需求，例如大多数的地方鸡种(土种鸡)、仿土鸡(或半优质鸡，土种鸡与外种鸡的杂交后代)、三黄鸡、乌骨鸡等，即优质鸡是经选育提高或杂交改良的土种鸡。

综合上述观点，在我国，肉鸡质量的优劣主要包含鸡肉的营养、口感、肉鸡外貌和成本。在营养上，要求优质肉鸡的鸡肉蛋白质含量高，氨基酸平衡且与人体需要相符合，能补充代谢消耗，调节生理功能，脂肪含量适中，胆固醇含量低，不含残留药物和毒物，总之要有益于人体健康。在口感上，要求肌肉与脂肪比例适中，有一定的皮下和肌间脂肪，肌纤维细，肉滑细嫩，肉质鲜美，鸡味浓，口感好。在外貌上，要求优质肉鸡羽毛颜色、外形特征等与地方鸡外貌相似。最后，要以最低成本、最方便工艺手段生产优质肉鸡。这几方面更侧重于感官质量，即指色泽、风味、口感、嫩度和多汁性等方面。据此，可以概括地说，凡具有我国地方品种鸡(即土鸡)的特点,以地方鸡血缘为主,其风味、口感、滋味上乘,羽色、肤色各异,适合我国传统加工工艺加工或烹调方式,受消费市场欢迎的良种鸡,就是优质肉鸡。

2. 优质鸡的类型

我国处于温带和亚热带地区,气候温和,地势、地形和生态环境复杂,各地自然气候和消费习惯不尽相同。由于各地区的消费习惯不同,对优质鸡的体型外貌、肉质和生长速度的要求不一样。从羽毛颜色来看,优质鸡配套系有黄羽、麻羽和麻黄等。从皮肤和胫色上分为黄、青和乌等。从杂交方式来看,有特优型、高档型和普通型。特优型主要是指在优良地方品种基础上进行本品种的选育,各个系的选育方向不同,然后进行品系间杂交,而多数则没有进行多元配套组合。高档型是用地方鸡种做父系,与经杂交选育的母系配套组合而成,其产蛋和生长性能高于特优型。普通型则是用地方鸡种做父系,与快大型隐性白羽肉鸡杂交而成,其含快大型肉鸡血缘不少于25%。从商品代的生长速度来看,有快速型、中速型和慢速型之分。一般来说,生长速度越慢,肉质越优。快速型配套系生长速度快,饲料报酬高,其父母代66周产蛋160~170枚,商品代10周龄体重达1 500~1 600克,料肉比(2.6~2.8):1,如新兴黄鸡、苏禽黄鸡等。中速型配套系父母代种母鸡年饲养日产蛋量160~180枚,商品代公鸡的出栏时间70~80天,出栏体重1 500~1 800克,商品母鸡95~110日龄出栏,出栏体重1 800~2 000克,料肉比3.0:1,如江村黄鸡、康达尔黄鸡等,出栏时已达性成熟,适合供港及广州、深圳等地的消费。慢速型配套系以纯地方鸡种为育种素材,选育出2个或3个品系进行配套,如北京油鸡、石岐鸡、清远麻鸡等。慢速型配套110~120天出栏,母鸡体重1 600~1 800克,售价也较高。

优质肉鸡的消费大多以活鸡为主,且市场区域差异特别大,目前市场上快速型、中速型和慢速型优质鸡市场占有额约50%、30%和20%,两广地区以慢速型和中速型为主,华东地区以快大型为主,云贵川地区以中速型青脚麻鸡为主。

二、我国地方肉鸡种种质资源的保存

目前,全国已有20余个品种的优质肉鸡上市,满足人们对优质鸡肉的消费需求。

1. 北京油鸡

(1)育成概况　北京油鸡原产于北京城北侧安定门和德胜门外一带,以朝阳区所属的大屯和洼里两个乡最为集中,其邻近地区,如海淀、清河等地也有一定数量的分布。其肉质细嫩,肉味鲜美,适合多种传统烹调方法,在活鸡市场上具有良好信誉,是一个优良的地方鸡种。

该品种在清朝初期已出现,距今已有250余年历史,20世纪50年代濒于灭绝,后由中国农业科学院畜牧研究所和北京市农林科学院畜牧兽医研究所收集选育、保种、开发而得以保存并发展壮大,中国农业科学院还在此基础上培育了矮脚油鸡。现主要分布于海淀、朝阳等北京郊区,已销至国内许多省、市,并试销日本、朝鲜。

(2)外貌特征　北京油鸡体躯中等,其中羽毛呈赤褐色(俗称紫红毛)的鸡体型较小,羽毛呈黄色(俗称素黄毛)的鸡体型则略大。初生雏全身披着淡黄或土黄色绒羽。成年鸡冠羽、胫羽、髯羽很明显,体浑圆,羽毛厚密而蓬松。公鸡羽毛色泽鲜艳光亮,头部高昂,尾羽多呈黑色。母鸡头和尾微翘,胫部略短,体态敦实。其尾羽与主、副翼羽中常夹有黑色或以羽轴为中界的半黑半黄羽片。北京油鸡具有冠羽和胫羽,有些个体兼有趾羽。不少个体的颌下或颊部生有髯须,因此,人们常将这"三羽"(凤头、毛腿和胡子嘴)性状看作是北京油鸡的主要外貌特征。冠型为单冠,冠叶小而薄,在冠叶的前段常形成一个小的"S"状褶曲,冠齿不甚整齐。具有髯羽的个体,其肉髯很少或全无。头较小。冠、肉髯、脸、耳叶均呈红色。眼较大,虹彩多呈棕褐色。喙和胫呈黄色,喙的尖部微显褐痕。少数个体有五趾。

(3)生产性能　北京油鸡性成熟较晚,在自然光照条件下,公鸡4月龄打鸣,6月龄后精液品质正常,母鸡7月龄开产,开产体重1 600克。在农村放养的条件下年产蛋110枚,蛋重约56克,保种核心群57周龄平均产蛋108.7枚。就巢性强,种蛋受精率93.2%,受精蛋孵化率82.7%。现保种核心群受精蛋孵化率为84%~85%。生长速度缓慢,平均初生重38.4克,4周龄重220克,8周龄重549.1克,12周龄重959.7克,16周龄重1 228.7克,20周龄公鸡重1 500克、母鸡重1 200克。

中国农业科学院畜牧研究所将矮小基因引入到油鸡中,42日龄平均体重641.9克,102日龄体重平均达1 815.0克,300日龄平均产蛋率53.0%。北京中华宫廷黄鸡育种中心已利用中华矮脚鸡配套杂交推广,完全保持了油鸡的优良特征特性,并获得了良好经济效益。

2.固始鸡

(1)育成概况 固始鸡是我国优良地方鸡种之一,属蛋肉兼用型。原产于河南省固始县,主要分布于沿淮河流域以南、大别山脉北麓的商城、新县、淮滨等10个县、市,安徽省霍邱、金寨等县亦有分布。

(2)外貌特征 固始鸡个体中等,外观清秀灵活,体型细致紧凑,结构匀称,羽毛丰满,尾形独特。初生雏绒羽呈黄色,头顶有深褐色绒羽带,背部沿脊柱有深褐色绒羽带,两侧各有4条黑色绒羽带。成鸡冠型分为单冠与豆冠2种,以单冠者居多。冠直立,冠齿6个,冠后缘冠叶分叉。冠、肉髯、耳叶和脸均呈红色。眼大、略向外突起,虹彩呈浅栗色。喙短,略弯曲,呈青黄色。胫呈靛青色,四趾,无胫羽。尾形分为佛手状尾和直尾2种,佛手状尾是该品种的特征,其尾羽向后上方卷曲,悬空飘摇。皮肤呈暗白色。公鸡羽色呈深红色和黄色,镰羽多带黑色而富青铜光泽。母鸡的羽色以麻黄色和黄色为主,白、黑色很少。该鸡种性情活泼,敏捷善动,觅食能力强。

(3)生产性能 固始鸡平均开产日龄170.5天,开产体重960.7克,年平均产蛋量为150.5枚,开产蛋重40.5克,平均蛋重50.5克,蛋壳质量很好。平均受精率90.4%,受精蛋孵化率83.9%。就巢性能强。雏鸡1月龄成活率81.4%。固始鸡早期增重较慢,60日龄平均体重265.7克,90日龄公鸡体重487.8克、母鸡体重355.1克,180日龄公母鸡体重分别为1 270克、966.7克,5月龄半净膛屠宰率公鸡81.76%、母鸡80.16%,6月龄半净膛屠宰率公鸡81.76%、母鸡80.16%。

目前固始鸡已全面系统保种选育,在此基础上引进中华矮脚鸡进行配套杂交利用,进行产业化生产,固始县三高集团对其进行开发利用,并已取得了良好效果。

3.鹿苑鸡

(1)育成概况 鹿苑鸡为兼用型鸡种,因产于江苏省沙洲县鹿苑镇而得名。鹿苑镇原隶属常熟县,后划归为沙洲县。以鹿苑、塘桥、妙桥、西张和乘航等乡为集中产区。该鸡以屠体美观、肉质鲜嫩肥美而著称,驰名大江南北。

鹿苑鸡远在清代已作为"贡品"供皇室享用,并作为常熟四大特产之一。常熟等地制作的"叫花鸡"就以其做原料,保持了香酥鲜嫩等特点。

(2)外貌特征 鹿苑鸡体型高大,体质结实,胸部较深,背部平直。成年公鸡体重3 000克、母鸡2 000克左右。头部冠小而薄,肉髯、耳叶亦小。眼中等大,瞳孔黑色,虹彩呈粉红色。喙中等长、黄色,有的喙基部呈褐黑色。全身羽毛黄色,紧贴体躯,且使腿羽显得丰满,颈羽、主翼羽和尾羽有黑色斑纹。公鸡羽毛色彩较浓,梳羽、蓑羽和小镰羽呈金黄色,大镰羽呈黑色,皆富有光泽。胫、趾黄色,两腿间距离较宽,无胫羽。雏鸡绒羽黄色。

（3）生产性能　90 日龄鹿苑公母鸡活重分别为 1 475.2 克、1 201.7 克。半净膛屠宰率 3 月龄公、母鸡分别为 84.94%、82.6%。1990 年上海市农业科学院畜牧研究所经选育后,70 日龄平均活重鹿苑 1 系和 2 系公母鸡分别为 1 203.6 克、1 213.4 克。母鸡开产日龄 180 天,开产体重 2 000 克,年产蛋平均 144.72 枚,蛋重 55 克。种蛋受精率 94.3%,受精蛋孵化率 87.23%。经选育后受精率略有下降,30 日龄育雏成活率 96% 以上。

4. 惠阳胡须鸡

（1）育成概况　惠阳胡须鸡是广东省的优良肉用型地方鸡种,它以特有的优良肉质与三黄胡须的外貌特征而驰名中外,在育种、生产和外贸活鸡市场上都具有较高的经济价值,是我国珍贵的家禽品种资源。惠阳胡须鸡主要产区分布于广东省各个县、市,其中惠阳、博罗、紫金、龙门和惠东 5 个县为主产区,河源、东莞、宝安、增城次之。

（2）外貌特征　惠阳胡须鸡属小型肉用品种,体质结实,头大颈粗,胸深背宽,胸肌发达,后躯丰满,体形呈方形。该鸡种有 11 个特点:黄羽、黄嘴、黄脚、胡须、短身、矮身、矮脚、易肥、软骨、白皮和玻璃肉。标准特征为额下发达而张开的胡须状羽,无肉髯或仅有一些痕迹。公鸡喙粗短而黄,虹彩橙黄色,耳叶红色,梳羽、蓑羽和镰羽金黄色而富有光泽。背部羽毛枣红色,尾羽分有主尾羽和无主尾羽 2 种。主尾羽多呈黄色,但也有些内侧是黑色,腹部羽色比背部稍淡。母鸡全身羽毛黄色,主翼羽和尾羽有些黑色,尾羽不发达,脚黄色。

（3）生产性能　惠阳胡须鸡开产日龄 180 天,年平均产蛋量 110 枚,平均蛋重 46 克,蛋壳主要呈浅褐色。就巢性特别强,种蛋受精率为 88.6%,受精孵化率为 84.6%。平均初生雏重 31.6 克,5 周龄重 250 克,12 周龄公鸡重 1 140克,母鸡重 845 克;15 周龄公鸡重 1 410 克,母鸡重 1 015 克。150 日龄半净膛率 87.5%,全净膛率 78.7%。

5. 清远麻鸡

（1）育成概况　清远麻鸡原产于广东省清远县。因母鸡背侧羽毛有细小黑色斑点,故称麻鸡。它以体形小、皮下和肌间脂肪发达、皮薄骨软而著名,是三大供港活鸡品种之一。清远当地畜牧水产局组织有关人员对清远麻鸡进行保种选育,华南农业大学又进一步进行了系统选育,开始杂交利用,目前正在进行产业化生产。

（2）外貌特征　清远麻鸡体形特征可概括为"一楔、二细、三麻身"。"一楔"指母鸡体形呈楔形，前躯紧凑，后躯圆大；"二细"指头细、脚细；"三麻身"指母鸡背羽面主要有麻黄、麻棕、麻褐3种颜色。公鸡体质结实灵活，结构匀称，属肉用体型。出壳雏鸡背部绒羽为灰棕色，两侧各有一条约4毫米宽的白色绒羽带，直至第一次换羽后才消失，这是清远麻鸡雏鸡的独特标志。公鸡单冠直立，颜色鲜红。肉髯、耳叶鲜红。虹彩橙黄色。喙黄。颈部长短适中，头颈、背部羽金黄色，胸羽、腹羽、尾羽及主翼羽黑色，肩羽、蓑羽枣红色。脚短而黄。母鸡单冠直立，冠中等，冠、耳叶呈鲜红色。喙黄而短。虹彩呈黄色。颈长短适中，头部和颈前1/3的羽毛呈深黄色。背部羽毛分黄、棕、褐三色，有黑色斑点，形成麻黄、麻棕、麻褐3种，其中以麻黄、麻棕两色居多。主、副翼羽的内侧呈黑色，外侧呈麻斑，由前至后斑点逐渐消失。胫趾短细、呈黄色。

（3）生产性能　成年公、母鸡体重分别为2 180克、1 750克。35日龄体重309克，84日龄体重951克，105日龄体重1 157克，180日龄体重1 300克，经15天育肥增重250克。

6. 如皋黄鸡

（1）育成概况　如皋黄鸡是江苏省长江流域地区饲养最普遍的黄羽鸡。近年来为加强如皋黄鸡的选育工作，如皋市对如皋黄鸡进行了有计划的选育工作，从而使该鸡种在体型、外貌及生产性能上趋于一致。

（2）外貌特征　如皋黄鸡属于蛋肉兼用型鸡种，体型中等，外貌清秀。该鸡喙黄、脚黄、羽毛黄，项羽、翼羽、尾羽夹有黑色。公鸡羽色金黄，富有光泽，羽毛紧贴身体，显得灵活清秀。母鸡黄羽、黄喙、黄脚，颈、翼、尾羽尖端有黑色斑纹羽，具"三黄三黑"特征。

（3）生产性能　如皋黄鸡育成期成活率97%，产蛋期成活率96%。成年公鸡体重1 750～2 000克，母鸡1 350～1 600克。90日龄体重950克，150日龄体重1 500克。

如皋黄鸡多被作为黄羽肉鸡配套生产的母本，与引入的外来肉用鸡种做父本进行杂交，生产的商品代黄羽肉鸡生活力好、生长速度快、饲料报酬高，目前已成为当地的支柱产业。

7. 石岐杂鸡

（1）育成概况　20世纪60年代中期，香港在广东地方良种石岐鸡的基础上，先后引用外来品种进行杂交，育成石岐杂鸡。1980年，广东省家禽科学研究所引入石岐杂鸡并立题进行系统研究和选育,经选育后基本上保持着三黄鸡的黄羽、黄皮、黄脚、黄脂、短肢、单冠、圆身、薄皮、细骨、脂丰、肉厚、味浓等多个特点,此外还具有适应性好、抗病力强、成活率高、个体发育均匀等优点。在此基础上向全国推广,在相当长的时期内是广东外贸生产基地的当家品种。在 20 世纪 70 年代以后,多家育种单位对石岐杂鸡进行了选育,并已育成多个新品系,其风味成为黄羽肉鸡中的佼佼者,在港、澳地区有一定的市场。

（2）外貌特征　石岐杂鸡体型大,腿矮小,身躯短,呈圆桶形,胸肉厚,公鸡羽毛红黄色,母鸡羽毛麻黄色。

（3）生产性能　石岐杂鸡公鸡 10 周龄重为 1 800 克,母鸡为 1 400 克,料肉比为 2.8:1。母鸡开产期 165 天,高峰期产蛋率 80%,平均蛋重 55 克,500日龄产蛋约 180 枚。

8. 苏禽黄鸡

是江苏省家禽科学研究所培育的优质系列黄羽肉鸡品种,分为快大型、优质型和青脚型 3 个配套系,其生产性能见表 3-1。

表 3-1　苏禽黄鸡生产性能

代次	项目	优质型		快大型		青脚型	
父母代	5% 产蛋率时周龄（周）	20		23		24	
	5% 产蛋时体重（克）	1 800		2 150		2 100	
	产蛋高峰周龄（周）	27		29		30	
	高峰产蛋率（%）	84		86		82	
	68 周龄产蛋数（枚）	180		185		175	
	平均受精率（%）	95		95		95	
	育成期成活率（%）	96		95		97	
	开产至 68 周龄成活率（%）	94		92		94	
商品代	性别	公鸡	母鸡	公鸡	母鸡	公鸡	母鸡
	周龄（周）	8	12	8	8	10	12
	体重（克）	1 200	1 370	1 370	1 370	1 200	1 250
	料肉比	2.25:1	3.30:1	2.17:1	2.44:1	2.45:1	3.49:1
	成活率（%）	97.8	98.3	98	98	98	97.5

（1）快大型　具典型黄鸡特点,羽毛黄色,颈、翅、尾间有黑羽,生长速度

快,快羽,饲料报酬高。父母代产蛋较多,入舍母鸡68周龄所产种蛋可孵雏鸡142只;商品代60日龄体重,公鸡1 700克、母鸡1 400克;料肉比为2.5∶1。四系配套中各系性能特点是:A系,做父本公鸡,由引进国外快大黄鸡品系选育而成,生长速度快,羽毛淡黄色;B系,做父本母鸡,用土种鸡与快大鸡合成选育而成,其优秀的生活力、羽毛等优越性能在配套中起着极其重要的作用;C系,做母系父本,来源于石岐杂鸡,经多年的严格选择,其产蛋率和羽色较好;D系,做母系母本,主要特点是高产蛋率、生命力强和较好的配合力,66周龄产蛋约186枚,可孵出雏鸡143只。

(2)优质型 商品代羽毛麻色,似土种鸡,其抗病力强,生长速度快,快羽,肉质鲜嫩,特别适合于40多天上市、体重在1千克左右的市场需求。优质型苏禽黄鸡三系配套,由地方鸡种的麻鸡引进外血后做第一父本,具有生长快、产蛋率高、肉质鲜嫩等特点;第二父本系国外引进的快大系黄鸡。因而,配套鸡的各项性能表现均处于国内先进水平,尤其父母代耗料少。

(3)青脚型 主要含我国地方鸡种血缘,其羽毛黄麻、浅黄色,脚青色,生长速度中等,肉质风味好,是典型的仿土鸡品系。商品代肉子鸡70日龄左右上市,鸡肉可用于烧、炒、清蒸、白斩等,在河南、安徽、江西等省有较大市场。

9.岭南黄鸡

(1)育成概况 岭南黄鸡是广东省农业科学院畜牧研究所家禽研究室利用现代遗传育种技术选育成功的优质、节粮、高效黄羽肉鸡新品种,主要包括优质黄羽矮小型肉鸡品系4个、优质黄羽正常型肉鸡品系5个,均不含隐性白羽鸡血缘。

岭南黄鸡第一个明显特点是生产配套种类多样化,适合我国黄鸡市场要求多元化的发展趋势。为达到节粮高效的目的,岭南黄鸡生产配套的基本模式是父本生长快、母本产蛋性能优异。第二个特点是科技含量高,突出表现为生产性能优异,饲养成本低。如伴性快慢羽自别雌雄配套系的建立,初生雏雌雄鉴别准确率达到99%以上;更重要的是将矮小型基因成功导入到优质黄羽肉鸡,给黄羽肉鸡育种和生产带来巨大影响,矮小型基因在黄羽肉鸡配套系中的成功应用,使肉鸡综合生产效益提高15%~25%。

(2)生产性能 目前,向市场推出的岭南黄鸡配套系有:Ⅰ号中速型、Ⅱ号快大型、Ⅲ号优质型,其主要生产性能见表3-2。其中,岭南黄鸡Ⅱ号快大型经国家家禽生产性能测定站检测,42日龄公母鸡平均体重为1 302克,饲料转化比为1.83∶1,成活率为98.5%,在全国同批参加检测的14个黄羽肉鸡品种中,其生长速度、饲料转化比均列于首位,性能优秀,达到国内先进水平,适合北方地区市场。

表3-2　岭南黄鸡生产性能

代次	项目	I（中速型）		II（快大型）		III（优质型）	
父母代	开产周龄（周）	23		24		23	
	开产体重（克）	2 100		2 350		1 500	
	高峰期周均产蛋率（%）	83		83		85	
	68周入舍母鸡产种蛋数（枚）	175		174		180	
	68周入舍母鸡产苗鸡数（只）	145		140		147	
	育雏育成期成活率（%）	96		96		95	
	20~68周龄成活率（%）	96		95		95	
商品代	性别	公鸡	母鸡	公鸡	母鸡	公鸡	母鸡
	周龄（周）	9	9	6	6	10	14
	体重（克）	1 950	1 450	1 431	1 174	1 500	1 250
	饲料转化比	2.40	2.70	1.65	2.01	2.80	3.10

10. 康达尔黄鸡

是由深圳康达尔(集团)家禽育种中心培育而成的优质黄鸡配套系。根据不同品系之间的配套组合,分康达尔黄鸡"128"和康达尔黄鸡"132"两大系列。

(1)康达尔黄鸡"128"　属快大型黄鸡配套品系,由于父母代母本采用了隐性白羽鸡的杂交后代,在生产性能方面,无论是产蛋率、均匀度、生长速度还是蛋形都有了较大的改善。

父母代种鸡的生产性能:20周龄体重1 660~1 770克,24周龄体重2 000~2 100克,64周龄体重2 500~2 550克,5%产蛋周龄为25周,产蛋高峰周龄30~31周,68周平均产蛋数164枚,饲养日产蛋数170枚,健雏数127只,平均种蛋合格率95%,平均受精率92%,平均孵化率84.2%,育成期死亡率5%,产蛋期死亡率8%,饲料消耗49千克。

商品代肉鸡的主要生产性能:肉鸡出栏日龄70~95天,活重1 500~1 800克,料肉比(2.5~3.0):1,白羽率2.5%~3.2%。

(2)康达尔黄鸡"132"　引入矮脚基因,用矮脚鸡做母本生产快大鸡,可使父母代种鸡较正常型节省25%~30%的生产成本,用来生产仿土鸡,可极大地提高种鸡的繁殖性能,降低生产成本。

1)快大型黄鸡　利用矮脚鸡作父本、隐性白母鸡作母本,生产矮脚型的父母代母本,再以快大型黄鸡品系或品系之间的杂交后代做父本,生产快大型的黄鸡品种,使商品代的生长速度达到市场上的主要快大黄鸡品种的性能。

主要生产性能:肉鸡出栏日龄 70 ~ 95 天,活重 1 500 ~ 1 800 克,料肉比(2.5 ~ 3.2):1,白羽率2.5% ~ 3.2%。

2)仿土鸡　利用地方黄羽肉鸡(土鸡)做父本、矮脚母鸡做母本的杂交生产方式,在外观上和肉质上具有地方种鸡的特色。种母鸡的生产性能较地方鸡有较大的提高,可极大地提高地方鸡生产的经济效益。这种配套的商品代,公鸡为黄羽快大型,母鸡为具有黄羽的矮脚型,肉质鲜美,胸肌发达,并较一些地方品种的生产速度快。

父母代种鸡的主要生产性能:20 周龄体重 1 450 ~ 1 550 克,24 周龄体重 1 700 ~ 1 800 克,64 周龄体重 2 150 ~ 2 250 克,5% 产蛋周龄为 24 周,产蛋高峰周龄29 ~ 30 周,68 周平均产蛋数 164 枚,饲养日产蛋数 170 枚,健雏数 127 只,平均种蛋合格率95%,平均受精率92%,平均孵化率81.2%,育成期死亡率5%,产蛋期死亡率8%,饲料消耗 39 千克。

11. 江村黄鸡

(1)育成概况　江村黄鸡是广州市江村家禽企业发展公司为适合香港特区市场要求,利用不同产地的石岐鸡杂交培育的黄鸡配套系,分优质型、快速型和中速型。该鸡种具有香港石岐杂鸡和本地土种鸡的优点,生长速度快,饲料转化率高,抗逆性好,既适合于大规模集约化笼养或平养,也适合于个体户小群放养。江村黄鸡种鸡繁殖率高,商品肉鸡整齐度好,群体变异系数小于10%,白羽率小于0.1%。

(2)外貌特征　江村黄鸡头部较小,鸡冠鲜红直立,嘴黄而短,全身羽毛浅黄色,被毛紧实,色泽鲜艳,体型短而宽,肌肉丰满,脚较矮,肉质鲜嫩,肉味鲜美,皮下脂肪较佳,宜制作白斩鸡。

(3)生产性能　见表 3 - 3。江村黄鸡父母代母鸡22 周龄开产,5% 产蛋率周龄为 25 周龄,高峰期在 27 ~ 29 周龄,产蛋率达 75% ~ 80%,66 周龄时平均产种蛋 150 枚,平均受精率92%,入孵蛋出雏率85%,66 周龄入舍母鸡平均产雏鸡 127 只。

表 3-3　江村黄鸡的生产性能

项目	祖代		父母代			
	隐性白 JF-W	矮小黄 JF-Y	江村黄 JH-1	江村黄 JH-2	江村黄 JH-3	节粮型
开产周龄(周)	24	22	22	24	23	22
高峰周龄(周)	27	25	27	29	28	27
高峰期耗料(克)	155	105	120	140	135	95
68周产种蛋(枚)	185	195	165	170	168	190
68周产健雏(只)	156	162	138	142	140	161

商品代	公鸡	饲养天数	63	63	63	
		体重(克)	1 250	1 850	1 600	
		料肉比	2.3:1	2.2:1	2.3:1	
	母鸡	饲养天数	90	90	90	
		体重(克)	1 450	2 050	1 850	
		料肉比	2.9:1	2.8:1	3.0:1	

　　商品代优质型肉用公鸡63日龄体重达1 250克,料肉比2.3:1;母鸡90日龄体重1 450克,料肉比2.9:1。快速型公鸡63日龄体重1 850克,料肉比2.2:1,母鸡90日龄体重2 050克,料肉比2.8:1。中速型公鸡63日龄体重1 600克,料肉比2.3:1,母鸡90日龄体重1 850克,料肉比3.0:1。

　　12.新兴黄鸡

　　(1)育成概况　新兴黄鸡系列是广东温氏食品集团南方家禽育种公司与华南农业大学动物科学系合作,运用现代育种学原理及技术,经过几年时间培育出的黄羽肉用型鸡。品系内毛色体形一致,生长速度快,均匀度高,饲料报酬高,三黄特征显著,肉质好,香味浓郁,适合不同地区、不同层次的消费要求。

　　(2)外貌特征　新兴黄鸡公鸡红色单冠、金黄色羽毛、尾羽和主翼羽处有轻度黑羽、胸宽、体形团圆、皮黄、胫黄。母鸡红色单冠、三黄特征明显,体形团圆,在尾羽、鞍羽、颈羽、主翼羽处有轻度黑羽。

　　(3)生产性能　见表3-4。

第三章　肉鸡标准化品种与育种安全控制技术

081

表 3 - 4　新兴黄鸡生产性能

生产指标	快大黄鸡	快大麻鸡	生产指标	公鸡	母鸡
开产周龄(周)	23	23	出栏时间	60 天	72 天
开产体重(克)	2 210	2 040	出栏体重(克)	1 500	1 500
产蛋高峰周龄(周)	29	30	出栏成活率(%)	98	98
高峰产蛋率(%)	85	82	出栏耗料比	1:2.1	1:3.0
高峰母鸡日耗料(克)	135	130	56 日龄屠宰率(%)	90.57	90.78
入舍母鸡产蛋数(枚)	135~155	150	56 日龄腹脂率(%)	2.39	4.38
入舍母鸡种蛋合格率(%)	91	92	56 日龄肉骨比(%)	21.83	17.83
入舍母鸡种蛋受精率(%)	85~90	90	91 日龄屠宰率(%)		90.35
产蛋期死淘率(%)	8	8	91 日龄腹脂率(%)		5.53
			91 日龄肉骨比(%)		14.86

　　除上述几个培育品系与配套系外,我国还育成了广源鸡、粤黄羽肉鸡、广黄肉鸡、福星黄羽肉鸡、佛山黄羽肉鸡、墟岗黄羽肉鸡、京海黄鸡等配套系,各地也根据当地市场的需求,培育出适合当地环境条件的配套系,同时体形外貌和生产性能也逐步完善和提高。

三、主要外来肉鸡种

　　我国还没有自己的快大型白羽肉鸡品种,自 20 世纪 60 年代中期以来先后从国外引进肉鸡配套系近 20 个,目前生产中所使用的品种皆是从国外引进父母代或祖代鸡,再生产商品肉子鸡供给广大农户饲养。世界上有几十家家禽育种公司培育快大型白羽肉鸡,其中美国占绝大多数(表 3 - 5)。我国曾引进过多个白羽肉鸡配套系,目前在生产中所使用的主要是爱拔益加、罗斯和艾维茵,占白羽肉鸡市场份额的 95% 左右,其他还有科宝、海波罗和哈巴德等。

表3－5　世界主要快大型白羽肉鸡配套系

国家	公司	肉鸡品种(配套系)	羽色
美国	爱拔益加(Abor Aerec)	爱拔益加(Arbor Acres)	白羽
美国	艾维茵(Avian)	艾维茵(Avian)	白羽
美国	皮特森(Peterson)	皮特森(Peterson)	白羽
美国	哈巴德(Habad)	哈巴德(Habad)	白羽
美国	辉瑞(Ptizer)	辉瑞(Ptizer)	白羽
美国	塔特姆(Tatm)	塔特姆(Tatm)	白羽
美国	科宝(Cobb)	科宝(Cobb)	白羽自别雌雄
美国	印地安河(Indian River)	印地安河(Indian River)	白羽
法国	伊萨(ISA)	明星	白羽矮小型
德国	罗曼(Lohmann)	罗曼(Lohmann)	白羽
荷兰	尤里布里德(Euriburid)	海波罗(Hybro)	白羽

1.爱拔益加肉鸡(AA 肉鸡)

AA 肉鸡是美国爱拔益加育种公司培育的四系配套白羽肉鸡品种,羽毛白色,单冠。我国从 20 世纪 80 年代开始引入山东、江苏、上海、广东、辽宁等省、直辖市,目前已有十多个祖代和父母代种鸡场。该鸡可在我国绝大部分地区饲养,适于集约化养鸡场、规模化养鸡场、专业户和农户饲养,是我国白羽肉鸡中饲养较普遍的品种。

AA 肉鸡具有生产性能稳定、增重快、胸肉产肉率高、成活率高、饲料报酬高、抗逆性强的优良特点。

AA 肉鸡父母代生产性能:全群平均成活率 90%,入舍母鸡 66 周龄产蛋数 193 枚,入舍母鸡产种蛋数 185 枚,入舍母鸡产健雏数 159 只,种蛋受精率 94%,入孵种蛋平均孵化率 80%,36 周龄蛋重 63 克。

在公母混养条件下,AA 肉鸡商品代生产性能:35 日龄体重1 800 ~ 1 810克,成活率 96.5% ~ 97.0%,饲料利用率 1.56;42 日龄体重 2 395 ~ 2 440 克,成活率 96% ~ 96.5%,料肉比(1.72 ~ 1.73):1,胸肉产肉率 16.1% ~ 17.4%;49 日龄体重 2 985 ~ 3 040 克,成活率 95.5% ~ 95.8%,料肉比(1.89 ~ 1.90):1,胸肉产肉率 16.8% ~ 18.1%。

2.艾维茵

艾维茵肉鸡是美国艾维茵国际禽业有限公司培育的三系配套白羽肉鸡品

种。我国从 20 世纪 80 年代开始引进并进行选育,目前在我国建有祖代和父母代种鸡场。该鸡可在我国绝大部分地区饲养,适于集约化养鸡场、规模化鸡场、专业户和农户饲养,是白羽肉鸡中饲养较普遍的品种。

艾维茵肉鸡由增重快、成活率高的父系和产蛋量高的母系杂交而成,其体型饱满、胸宽、腿短、黄皮肤,具有繁殖力强、抗逆性强、死淘率低,商品代肉子鸡增重快、成活率高、饲料报酬高的优良特点。

艾维茵肉鸡祖代生产性能:入舍母鸡平均产蛋率母系 60%、父系 52%,累计产蛋数母系 163 枚、父系 138 枚,产蛋合格率平均为 91%;平均孵化率母系为 82%、父系为 77%,母系生产雏鸡 122 只,父系为 94 只,母系生产可售父母代雏鸡 58 只,父系为 45 只;41 周产蛋期母鸡成活率母系 90%、父系 85%。

艾维茵肉鸡父母代生产性能:入舍母鸡产蛋 5% 时成活率不低于 95%,产蛋期死淘率不高于 10%;高峰期产蛋率 86.9%,41 周可产蛋 187 枚,产种蛋数 177 枚,入舍母鸡产健雏数 154 只,入孵种蛋孵化率最高达 91% 以上。

公、母混养条件下,艾维茵肉鸡商品代生产性能:35 日龄体重 1 670 ~ 1 970 克,料肉比 1.68:1;42 日龄体重 2 180 ~ 2 380 克,料肉比(1.81 ~ 1.84):1;49 日龄体重 2 660 ~ 2 920 克,料肉比(1.96 ~ 1.98):1,成活率 97% 以上;56 日龄体重 3 150 ~ 3 770 克,料肉比 2.12:1。

3. 罗斯肉鸡

罗斯 1 号肉鸡是英国罗斯育种公司育成的四系配套肉用鸡品种。20 世纪 80 年代引入祖代鸡,生产性能表现较好,含快慢羽伴性遗传基因,商品代肉子鸡可自别雌雄。父母代种鸡 64 周龄产蛋量 170 枚,入舍母鸡可孵种蛋数 161 枚,入孵蛋孵化率 84%,23 ~ 24 周产蛋率达 5% ~ 10%,产蛋期死亡率 7%。商品代肉子鸡 42 日龄平均体重 1 670 克,料肉比 1.89:1;49 日龄平均体重 2 090 克,料肉比 2.01:1;56 日龄平均体重 2 500 克,料肉比 2.15:1;63 日龄平均体重 2 630 克,料肉比 2.28:1。

罗斯 Pm3 肉鸡为英国罗斯育种公司培育的四系配套白羽肉鸡,母鸡具有矮小型基因,可节约饲料 20%,节省空间 15%,降低雏鸡成本。其商品代鸡生产性能:8 周龄平均体重 2 630 克,料肉比 2.16:1。

罗斯 308 肉鸡是美国安伟捷公司培育的肉鸡新品种,具有生长快、抗病能力强、饲料报酬高、产肉量高等优点,特别适合东亚环境特点。父母代育雏期成活率 95%,产蛋期成活率 95%,64 周龄产蛋量 180 枚,64 周龄可产种蛋 171 枚,高峰产蛋率 84.3%,孵化率 85%,23 周入舍母鸡可提供健雏 145 只。商品肉鸡可以混养,也可通过羽速自别将公母分开饲养,出栏均匀度好,成品率高。公母混养,35 日龄平均体重 1 800 克,料肉比 1.59∶1;42 日龄平均体重为 2 400 克,料肉比为 1.72∶1;49 日龄平均体重为 3 050 克,料肉比为 1.85∶1。

第二节 肉鸡品种的利用与育种

一、肉鸡的种用价值

优质肉鸡广泛分布于我国大部分地区,品种资源极为丰富,全国鸡地方品种有 81 个,被列入国家级重点保护品种名录的地方鸡有 23 个品种。最初的优质鸡育种停留在本品种选育或简单杂交阶段,种鸡的产蛋量和肉子鸡的生长速度还比较低。从 20 世纪 80 年代末到 90 年代初开始,我国的优质鸡育种开始采用多元杂交配套体系,将现代家禽的优良特性如生长快、产蛋多、矮小基因、隐性白羽等引入地方鸡种中,得到生长速度较快、肉质优良的优质鸡。现代育种技术为我国黄羽肉鸡产业发展注入了新的活力。通过企业与大学、科研院所的合作,充分利用国内丰富的品种资源,以市场为导向,培育了一批适合我国国情的优质肉鸡配套系,如新兴黄鸡、江村黄鸡和岭南黄鸡等 10 多个配套系。目前最大的 10 家黄羽肉鸡育种公司,每年可提供父母代种鸡约 3 000万套,约占全国需求量的 75%。

(一)地方鸡种间的简单杂交

地方鸡种间的杂交不会明显改进生长速度,但可增强杂交鸡的生活力,而且有利于保持优质鸡的肉质风味,还能提高成活率。如肖智远(1998)利用杏花鸡、胡须鸡、清远麻鸡等土种鸡进行杂交,后代羽色具有原广东地方鸡种的特征,丰富了产品类型,较受生产者欢迎。江宵兵(1998)也报道过福建省利用狼山鸡、萧山鸡、浦东鸡、仙居鸡、寿光鸡等杂交组合生产优质鸡。

(二)地方鸡种与褐壳蛋鸡杂交

褐壳蛋鸡比白壳蛋鸡和快大型白羽肉鸡的肉质好,生长速度也比许多地方鸡种快,而且产蛋多、蛋重大,将其作为优质鸡生产中的母系,能在一定程度上保持优良的肉质,又能提供数量较多、初生重较大的商品雏鸡。肖智远(1998)利用杏花鸡做父系,以自行培育的福星黄鸡做母系杂交,效果较佳。

(三)地方鸡种与快大型有色羽鸡杂交

为保持地方鸡种的羽色外貌,将地方鸡种与快大型肉鸡如红宝、荻高等有

085

色羽鸡杂交生产肉鸡。用地方鸡种做父系、有色羽鸡做母系生产的肉子鸡肉质较好，但种鸡的繁殖性能欠佳，如四川山地乌骨鸡做父系、红宝黄羽肉鸡父母代做母系配套杂交。也可用地方鸡种做母系、有色羽鸡做父系生产肉子鸡，如苏禽F系公鸡与当地土种母鸡杂交，后代羽毛黄色，体型似土种鸡，很受市场欢迎。

（四）隐性白羽基因的利用

用地方鸡种与快大型肉鸡中的隐性白羽鸡杂交，能够较快提高商品鸡的早期生长速度，并能基本保持地方鸡种的体型外貌。将第二次交配的公鸡换为合成系，或用地方鸡公鸡与快速型黄羽肉鸡母鸡的杂交后代，则生长速度提高更多。

（五）矮小基因（dw）的应用

矮小基因降低鸡的增重、成年体重和体型，但对鸡的产蛋、繁殖和饲料转化效率影响不太大，优质鸡生产中将该基因引入父母代母系，减少了父母代母系鸡的饲养费用，而对商品代的体重和增重影响不大。

二、种肉鸡销售及引种

（一）种肉鸡的销售

肉鸡整个产业链巨大的高额利润回报，实现了企业和农民利益的双赢。但这同时也是一种信号，给所有从业者敲响警钟，必须要有理性思维，不能盲目发展，尤其是肉种鸡市场，处于整个链条的顶端，牵一点而动全身，从祖代、父母代到商品代是肉鸡业的一个产业链，源头祖代肉种鸡的年投放量将直接影响到父母代和商品代的产出量，进而可以影响整个产业的市场走势，这一点已是所有肉鸡从业者的共识。

1.适度经营，控制祖代投放总量是关键

一方面各企业要以大局为重，在行业协会的协调下，建立有效的沟通机制，达成行业自律，从源头上遏制祖代种鸡进口规模，保持市场稳定健康有序发展；另一方面，农业主管部门和行业协会要从宏观上加以调控，下达一定的配额。同时，严格控制所建祖代场的审批，提高祖代场准入门槛，积极主动地为整个行业的有序发展保驾护航。这样，确保全国的祖代种鸡规模的稳定。

2.强练内功，提高生产经营水平是核心

从祖代和父母代种鸡场看，表现出饲养管理水平的差距很大。祖代每套入舍母鸡提供合格父母代数，管理差的只有35～40套，好的达50～60套，这样单位父母代种雏的生产成本相差 2 元左右。父母代种鸡场同样有这种情况,差的场生产的合格种蛋数还达不到好的场提供的合格苗鸡数,生产水平相差 20% 左右,甚至高达 30%,在行情较好时都可以赢利,行情一般时,生产经营差的鸡场就会亏本。在肉鸡市场竞争激烈的今天,只有通过标准化、程序化、科学化管理,改善饲养设施和条件,引进人才,提高肉鸡产业经营管理水平,才能提高企业核心竞争力,降低单位苗鸡的成本。

3. 推广保险,稳定肉鸡产业链条是保障

肉鸡业面临疫病、自然灾害等多种风险,畜禽保险不失为一个规避风险、保障肉鸡业健康稳定发展的一条重要途径。政府可以参考上海安信农业保险公司的做法,给予 35% 的基本保险,企业再缴纳 65% 的补充保险,一旦出险,由保险公司共同化解肉鸡企业由于天灾人祸带来的巨额损失,为在有灾之年抢先恢复生产提供保障。

4. 政府引导,加大政策倾斜扶持力度是平台

建议政府有关部门对西北和苏北带动作用大、能显著提高农民收益的肉鸡企业,在专项资金、贷款贴息、基地用地、税收政策、用水用电和优惠政策等方面加大扶持力度;对培育地方家禽品种、提升产业品牌优势的龙头企业应在农业项目资金渠道中优先立项;对家禽用饲料粮,粮食部门应给予政策倾斜。总之,政府部门要为肉鸡业搭建宽松的优惠政策环境和良好的发展平台,有利于肉鸡业的良性循环和可持续发展。

5. 未雨绸缪,积聚抵抗风险资金是良策

丰年不忘灾年,牢记市场经济规律,行情复苏必定催生行业发展,一定要居安思危,准确评估自身的经济实力。不盲目跟风扩张,只有开源节流,降本增收,积聚财力,有足够的抗御各种市场风险的资金后盾,才能使企业立于不败之地。

(二)引种

随着畜牧业的发展和内部产业结构的调整优化,畜禽品种更替较快,引种频繁。为提高引种质量,避免不必要的损失,畜禽引种应注意以下几个方面:

1. 做好市场调查研究,确定饲养品种

养殖场户计划引种前,需要对计划引进的品种做好必要的市场调研工作,摸清市场行情和销售区域以及价格、市场需求量等,并结合当地气候、地形、水质等自然条件,确定饲养品种、代次、饲养规模。切忌一哄而上,盲目引种。

2. 全面了解，心中有数

对饲养的家禽品种的生物学特性及饲养管理技术、卫生防疫技术有一个全面的了解，做到心中有数，如在饲养过程中，生长性能等方面出现问题，不慌张，才能对症下药。

3. 谨慎引种，减少损失

引种必须到具有省级畜牧主管部门颁发的种畜禽经营许可证的上一级种禽场。品种必须来自非疫情区，并向引种单位索要引种证明及发票，否则，一旦出现质量问题，引起纠纷，将不能得到法律的保护，给养殖场户带来不必要的经济损失。

4. 做好进雏前的准备工作

注意运雏过程的环境条件，适宜的温度是雏禽生长的重要条件。季节的变化会对雏禽的生长环境有一定的影响，因此，引种在冬季要采取保暖措施，夏季做好降温防暑工作，将应激降到最小限度，确保雏禽健康生长。另外，雏禽从出壳到目的地最好不要超过 12 小时。

做好禽舍清扫、消毒工作，并准备好充足的饮用水、葡萄糖、多维饲料以及必要的饲养用具。雏禽到达禽舍后，应先饮水，后饲喂饲料，以补充因长途运输的缺水。按照场家提供的饲养管理手册及防疫免疫程序进行饲养及定期注射疫苗。

小 知 识

转基因育种

（一）转基因育种的概念

转基因育种，即通过转基因技术将外源基因导入动物受精卵内组成一个新的融合基因，使其在动物体内整合与表达，产生具有新遗传特性的动物。转基因技术育种可以避开物种间杂交不育的生殖隔离，在较短时期内培育出常规方法不能育成或难以育成的动物品种，从而加快动物改良进程，使选择效率提高，改良机会增多，因而极具研究价值。

所谓转基因就是将目的基因导入到受体细胞的过程。1997 年，克隆羊 Dolly 的诞生，开创了哺乳动物体细胞核移植技术的先河；随后，乳腺中表达人凝血因子Ⅸ的转基因克隆羊 Polly 培育成功；2005 年，抗乳腺炎转基因牛诞生；2006 年，多不饱和脂肪酸转基因克隆猪的培育成功,标志着转基因动物育种进入了新的发展历程。随着基因工程技术的不断发展,转基因动物技术将会不断得到改善,从而在未来的动物育种中发挥巨大的作用。

(二)转基因动物育种技术的主要方法

1.反转录病毒载体导入法

反转录病毒法是最早用于生产转基因动物的方法,由于在转染过程中不能准确控制整合时间,得到的转基因动物大都是嵌合体,所以没有得到更深入的发展。1974年,Jaenisch和Mintz将SV40 DNA注入小鼠囊胚腔中,发现获得的小鼠肝、肾组织中有SV40 DNA整合。此后,Jaenisch等成功地用反转录病毒法获得了转基因小鼠。随后,转基因鸡和牛也相继产生。

2.显微注射法

显微注射法是指通过显微操作仪把外源基因注入受体动物的受精卵,外源基因整合到受体细胞染色体组上,发育成转基因动物的技术。这是发展最早、目前使用最为广泛,也是最有效的方法,已经生产出了转基因小鼠及兔、绵羊、猪、牛、鱼和鸡等各种转基因动物。

显微注射法的优点是外源基因的转移率和整合效率都较高,小鼠为6%～40%,猪和羊分别为0.98%和0.1%,鱼类可达10%～75%,外源基因的长度不受限制,可向动物原核胚导入DNA片段。但该方法操作技术复杂,设备昂贵,导入外源基因的拷贝数无法控制,外源基因随机整合到基因组内,常导致宿主DNA染色体序列丢失或重排,造成严重的生理缺陷。

3.精子载体法

精子载体法是用精子作为基因转移的载体生产转基因动物。大多数物种的精子都有一定的摄取外源DNA的能力,可以通过受精过程把外源基因导入到受精卵中。精子载体法获得转基因动物的效率能达到30%左右。1989年,意大利的Lavitrano等通过精子载体法成功获得转氯霉素乙酰转移酶基因的转基因小鼠。

4.转基因克隆技术

体细胞克隆是将分化的体细胞核导入去核的卵母细胞中,并重新发育成个体的过程。体细胞核移植技术的建立,宣告了动物分化的体细胞可以被逆转为全能型的胚胎,并发育成完整的动物个体。转基因克隆技术是以体细胞核移植技术及细胞转染技术为基础,将外源基因导入到体细胞核内,再以此转基因细胞为核供体进行动物克隆的方法。体细胞核移植技术使得大批量的生产相同遗传背景的动物成为可能,在很大程度上提高了转基因动物生产的效率和稳定性,为培育大规模的有育种价值的群体提供了技术条件。

5. 基因打靶技术

基因打靶技术包括去除致病或不利基因座位的基因敲除技术,以及将目的基因定点整合到基因组特定位点的基因敲入技术。2000 年,Mcgreath 等首次应用基因打靶技术,用人的基因替换了羊的基因,生产了转基因克隆羊,证实了基因打靶技术可用于生产转基因家畜。2002 年及 2003 年,Lai 等和 Sendai 等利用基因敲除的方法分别获得了 $\alpha-1,3-$ 半乳糖苷转移酶基因灭活的转基因猪和转基因牛。

6. 慢病毒载体法

慢病毒载体技术是一种高效的转基因动物制备技术,其转染效率可达 60% 以上。2003 年,Clark 等利用慢病毒载体制备转基因动物的效率可达 80% ~100%,生产 1 只转基因绵羊只需 5 只受体母羊,而传统的纤维注射法则需 70 只受体母羊。目前的转基因鸡生产也主要采用慢病毒载体技术。

7. 胚胎干细胞法

胚胎干细胞是高度未分化的全能干细胞,通过人工培养和定向诱导,可分化为多种组织细胞。将外源基因导入胚胎干细胞后进行必要的筛选,筛选出的细胞转移到原肠时期的胚胎中便会得到带有目的基因的嵌合体动物,再通过杂交的方法得到一个品系。目前这种方法仅用于转基因小鼠的基础研究。

(三)转基因技术在家禽遗传育种中的应用

转基因技术在家禽品种改良、疾病控制等方面具有广阔的应用前景,并能带来可观的经济效益,在家禽生产中具有潜在的、巨大的影响。

1. 家禽的抗病育种

利用 DNA 重组技术在体外构建编码,按人们期望的遗传性状嵌合基因,导入受精卵,使之在染色体上正确整合,在组织细胞中适当表达,获得抗病表型并能遗传的个体,通过常规育种方法育成家禽抗病品系。1989 年,美国生物学家用重组 ALV 病毒为载体,将有抗 A 型白血病肉瘤显示基因的外源片段转入机体内,获得抗 ALV 鸡的新品系。随着生物学家对禽类马立克病,传染性支气管炎、新城疫、传染性法氏囊炎等疾病病原体基因克隆的成功,我们可以通过反义技术来抑制禽病病毒的复制。所谓反义技术是指利用病毒致病基因的反义基因或反义寡核苷酸(即与病毒致病基因互补的基因或寡核苷酸,具有抑制病原体所产生的 mRNA 表达的作用),与禽类细胞中的靶基因(DNA 或 RNA)互补结合,从而控制靶基因的功能。反义技术包括反义核酸(RNA 或 DNA)技术,核酶(ribozyme)技术及反义核酶技术(antizyme)。Kamamura 等(1991)用与马立克病 mRNA 互补的一段寡核苷酸(反义 RNA)抑制转化淋巴细胞的增殖,因而将反义 RNA 片段转至鸡染色体中,使鸡获得抗病性。从其他动物引入抗病基因也获得了成功,如导入小鼠的 $M_x I$ 基因,能有效抵抗禽流感的发生。这些技术将为我们从基因水平控制禽病提供良好思路。

2. 生产性能的改良

随着 RLFP、RAPD、小卫星、微卫星等分子标记技术的发展与应用,已有 400 多个位点得到定位,为家禽的早期选育和生产性能的改良奠定了基础。而且有关生长、繁殖的激素和生长因子基因已被克隆,对生长激素 cDNA 序列的测定,Lamb 等(1997)、李宁等(1997)均有报道。研究表明,生长激素对鸡胚正常发育有重要作用,肉用鸡注射外源生长激素,上市体重明显增加,且不会导致屠体蛋白质及脂肪成分的变化。1996 年,Faster、章岩等建立了携带鸡生长激素 GH 基因 5 调控的基因小鼠模型,开始利用转基因小鼠研究 GH 基因的表达调控,并证明鸡 GH 基因转录起始位点上游 500bp 内包含了表达调控的主要元素和 GHRF、SRIF、TRH 可能影响 GH 基因 mRNA 的表达量。但 3 种因子如何影响火鸡 GH 基因的表达调控,禽类 GH 启动区含有哪些调控元件目前尚未见报道。用外源生长激素注入2～42日龄的肉用鸡,对增重和饲料转化率有一定的影响,但不显著。而用外源生长激素注入蛋用鸡(特别是40周龄后)增重效果显著。利用复制竞争性病毒载体对鸡基因组导入生长激素基因后,转基因鸡血清中生长激素含量显著提高。总之,利用生长激素改良品种的研究还很不全面,但其加速提高鸡的生产性能则是肯定无疑的。

3. 培育家禽新品系

常规育种改良家禽品种等方面遗传进展较慢,而且现今商品鸡的生产性能已达相当高的水平,很难获得较大的进展。利用家禽转基因技术,将所需的优良基因直接转入待改良群体中,形成优良的转基因家禽,并制订一套将基因渗入到一个群体的计划,培育具有优良品质的转基因品系。吴常信等(1997)报道,对每个转基因家禽相对转基因座位来说只是半合子(hemizygote),无论通过何种手段,都不能培育出孟德尔概念的纯合子个体。但只要在转基因半合子间交配,大约1/4后代双亲染色体上都将有转基因座位存在,对转基因来说可以认为是纯合子。利用转基因技术将家禽品种改良和培育新品系,特别在改良我国部分地方优良品种方面具有广阔的应用前景。

4. 生物制剂的基因工程

国外很多公司已经利用转基因动物生产一些人类药用蛋白、动物药用蛋白。随着家禽转基因技术的发展,在药用蛋白生产上已取得了较大的进展。胡清林等(1997)报道,禽类卵黄中Ig(免疫球蛋白)含量接近或超过血清,一枚鸡蛋中提取的抗体超过一只兔血清所制备的抗体量,适宜于大规模的生产。而且禽卵黄中仅含IgG抗体,便于抗体纯化和避免其他类型抗体混入而引起错误的结果。IgG(IgY)具有高度的稳定性,Lansson等证明其耐酸、耐热、口服不易被溶解。提取方法简单,可用水稀释法(WD)、PEG法、硫酸葡聚糖法(DS)和黄原胶法(Xan)等,但Akifn(1993)综合比较几种方法的提取效果,结果证明WD法效率最高,适合规模生产。IgY用于家禽疫病防治的报道已很多,如用于紧急预防和治疗IBD、ND等疫病的卵黄效果较好。Yok-oyame及Iremori等证明,用抗产肠毒素性大肠杆菌ETEC抗体IgY喂饲新生子猪和犊牛,均可防治 ETEC 引起的腹泻。具有高滴度病毒性 IgY 可望用于新生儿及免疫力低下的老人某些疾病的防治。利用卵黄蛋白和清蛋白基因来指导外源基因的表达,生产珍稀蛋白,可满足人们不断变化的需要。总之,用禽卵大量制备多克隆抗体的方法,为多克隆抗体的制备开辟了新途径。

5. 作为研究癌发生、遗传病和基因治疗的动物模型

将人类癌症及遗传病的致癌基因转入动物,就能更好地探索发病机制和治疗途径。如禽类劳氏肉瘤病的转基因研究,为人类癌症研究提供了良好的动物模型。

6. 改变家禽的营养需求,促进生长

通过转基因技术使受体动物自身可以合成某些必需氨基酸,在羊和猪中已有成功的例子,禽类正在研究中。

7. 性别鉴定和调控基因工程

在商业生产中,饲养蛋鸡的需要更多的母鸡,饲养肉鸡的需要更多的公鸡,因此可用转基因的方法改变鸡的性别,以提高经济效益,这方面的工作已在进行中。

综上所述,随着分子标记技术的快速发展和应用,家禽转基因技术的应用研究已取得了令人鼓舞的进展。虽然目前还存在诸多亟待解决的问题,但由于家禽具有世代间隔短、繁殖快、成本相对较低等优点,使我们有理由相信,家禽转基因技术将对家禽业的发展,甚至对未来基因工程领域的发展产生不可估量的作用。

(四)家禽转基因技术存在的问题

家禽转基因技术目前已取得较大进展,研究也不断深入,但仍然存在着许多关键问题尚待解决。

1. 成本高、效率低

转基因技术除需要常规的生物工程设备之外,还需基因的分割、培养、重组等高新技术。另外,由于转基因的表达率不高,则需大量的受体家禽。这些均需要大量的资金投入。

2. 外源基因的整合率和表达率低

外源基因在受体禽染色体中的定位整合,以及在特定组织和发

育阶段中的可控表达目前仍无法有效控制,导致被转移的基因很难稳定遗传,这在某种程度上限制了转基因技术的发展。同时要求对基因定位和基因在受体染色体的特异区域进行大量研究,以提高外源基因的整合率和表达力。

3.家禽多数经济性状受多基因控制,而现在还不能同时进行大批基因的转移

在寻找控制数量性状的主效(major effect)基因研究方面也还未取得突破性的进展。另外,基因的鉴定、克隆、切割等技术的研究均有待进一步的深入。

4.转基因的整合可能导致宿主细胞的基因突变

转基因过度表达也可能使禽体表型异常。另外,转基因产物的安全性问题还有待进一步的研究。

第四章　肉鸡场饲料与兽医用品安全应用技术

　　饲料安全是肉鸡产品安全的保证和前提,如果在养殖生产中使用了受污染的饲料及各种添加剂,则不能保证肉鸡产品的安全。饲料为鸡提供营养,鸡依赖从饲料中摄取的营养物质而生长发育、生产和提高抵抗力,从而维持健康和较高的生产性能。肉鸡业的规模化、集约化发展与饲料营养、疾病的关系越来越密切,对疾病发生的影响越来越明显,成为控制疾病发生的最基础的一个重要环节。加强对饲料的控制,对于减少鸡场疾病的发生,具有重要意义。

第一节 饲料安全控制

一、饲料安全的重要性

肉鸡在生长和生产过程中,需要各种各样的营养物质,主要包括能量、粗蛋白质、维生素、矿物质和水。每一种营养物质都有其特定的生理功能,各种营养物质相互联系、相互作用,对鸡的生长、生产、繁殖和健康产生影响。

能量对鸡具有重要的营养作用,肉鸡的生存、生长和生产等一切生命活动都离不开能量,能量主要来源于饲料中的碳水化合物、脂肪和蛋白质等营养物质。能量的不足和过多摄入,不仅会严重影响到肉鸡的生长,而且也影响肉鸡抵抗力,诱发许多疾病的发生,危害健康。

蛋白质是构成鸡体的基本物质,是鸡体最重要的营养物质。日粮中如果缺少蛋白质,会影响肉鸡的生长、生产和健康,甚至引起死亡。相反,日粮中蛋白质过多也是不利的,不仅造成浪费,而且会引起鸡体代谢紊乱,出现中毒等,所以日粮中蛋白质含量必须适宜。

矿物质是构成骨骼、蛋壳、羽毛、血液等组织不可缺少的成分,对鸡的生长发育、生理功能及繁殖系统具有重要作用。鸡需要的矿物质元素有钙、磷、钠、钾、氯、镁、硫、铁、铜、钴、碘、锰、锌、硒等,其中前7种是常量元素(占体重0.01%以上),后7种是微量元素。饲料中矿物质元素含量过多或缺乏都可能产生不良的后果。

维生素是一组化学结构不同,营养作用、生理功能各异的低分子有机化合物,鸡对其需要量虽然很少,但生物作用很大,主要以辅酶和催化剂的形式广泛参与体内代谢的多种化学作用,从而保证机体组织器官的细胞结构和功能正常,调控物质代谢,以维持鸡体健康和各种生产活动。缺乏时,可影响正常的代谢,出现代谢紊乱,危害鸡体健康和正常生产。过去散养条件下,鸡可以采食到各种饲料,特别是青绿饲料,加之生产性能较低,一般较少出现维生素缺乏。而在集约化、高密度饲养条件下,鸡的生产性能较高,同时鸡的正常生理特性和行为表现被限制,环境条件被恶化,对维生素的需要量大幅增加,加之缺乏青饲料的供应和阳光的照射,容易发生维生素缺乏症。维生素的种类很多,但归纳起来分为两大类,一类是脂溶性维生素,包括维生素 A、维生素 D、维生素 E 及维生素 K 等,另一类维生素是水溶性维生素,主要包括 B 族维生素和维生素 C。生产中必须注意添加各种维生素来满足生存、生长、生产和抗病需要。

水是鸡体的主要组成部分(鸡体内含水量在 50% ~ 60%,主要分布于体液、淋巴液、肌肉等组织中),对鸡体内正常的物质代谢有着特殊作用,是鸡体生命活动过程不可缺少的。它是各种营养物质的溶剂,在鸡体内各种营养物质的消化、吸收、代谢废物的排出、血液循环、体温调节等都离不开水。鸡和其他动物一样,失去所有的脂肪和一半蛋白质仍能存活,但失去体内水分 10% 则多数会死亡(雏鸡含水 85%、成鸡含水 55%)。鸡所需要的水分 6% 来自饲料,19% 来自代谢水,其余的 75% 则靠饮水获得,所以水是鸡体必需的营养物质。如果饮水不足,饲料消化率和鸡的生产力就会下降,严重时会影响鸡体健康,甚至引起死亡。高温环境下缺水,后果更为严重。

(一)饲料营养对健康的直接影响

畜禽获得的营养物质不足、过量或不平衡,能直接引起营养性疾病。营养性疾病大致可分为营养缺乏症和中毒症。一般认为畜禽对某营养素的需要量是有一定范围的,以便根据不同生理阶段和环境条件而维持其正常生理和生长繁殖的需要。供给量低于这个范围则可表现为缺乏症,高于这个范围则没有必要,如超出最大安全量则会导致中毒,表现为生理机能严重紊乱,甚至死亡。鸡的营养性疾病的种类较多,如大家都熟知的缺钙、缺磷或钙磷不平衡所造成的佝偻病、产蛋疲劳综合征等;摄取的能量过多可引起种鸡脂肪肝综合征及肉鸡腹水综合征;维生素和微量元素不足引起的腿病以及某些微量元素和维生素过量引起的中毒症,如硒、氟中毒等(表 4 - 1)。

表 4 - 1　常见的营养素对鸡的影响

营养素	需要量	中毒量	缺乏病与症状	中毒症状、损伤与不良效应
代谢能	10.5 ~ 13.5 兆焦/千克	16.8 兆焦/千克	饲料利用率与生长速度下降,皮下脂肪多	耗料量下降,其他营养素的需要量增加,脂肪肝

营养素	需要量	中毒量	缺乏病与症状	中毒症状、损伤与不良效应
蛋白质	15%～23%	30%	生长速度、产蛋量与饲料报酬下降、羽毛生长不良	痛风症,肾脏损害
亚麻酸	1%	5%	饲料报酬降低,蛋小、黄少、孵化率低、雏鸡体小	酸败,破坏脂溶性维生素
赖氨酸	0.5%～1.2%	1.5%	生长速度、血红蛋白与血细胞比容下降,羽毛生长不良,饲料利用率低	干扰精氨酸的利用率,肝脏与肾脏损伤
蛋氨酸	0.25%～1.2%	2%	生长速度、产蛋与蛋重下降,羽毛生长不良,饲料利用率差	肾炎与肝炎,增加其他氨基酸的需要
维生素A	8 000～10 000国际单位/千克	25 000国际单位/千克	生长速度与产蛋量下降,孵化48小时的胚胎死亡率升高,免疫抑制,失明。公鸡性机能减退等	肝炎,皮肤褪色,干扰维生素E的利用。器官变性,生长缓慢,易骨折,皮肤易致损伤等。急性中毒可致死亡
维生素C（抗坏血酸）	0.1毫克/千克		免疫抑制,耐热性降低,对非营养物质的抗毒性减弱	营养失衡,增加了其他营养素的需要量

营养素	需要量	中毒量	缺乏病与症状	中毒症状、损伤与不良效应
维生素 D₃	1 200 ~ 1 600 国际单位/千克	5 000 国际单位/千克	后期胚胎死亡,骨骼畸形,佝偻病,肋骨串珠、橡胶样;成年鸡则表现为鸡爪弯曲变形、关节肿大,腿骨和胸骨变形,母鸡产薄壳蛋或软壳蛋等	肾小管和输尿管上皮发生营养不良和钙化、喙软、软组织钙化,干扰维生素 A、维生素 E 与维生素 K 的利用,脚腿脆弱。动脉发生钙化
维生素 E	10 ~ 20 毫克/千克	100 毫克/千克	早期胚胎死亡,种公鸡则生殖机能减退。渗出性素质病,肌肉营养不良,白肌,脑软化症,心肌病,胃肌病,免疫抑制	干扰维生素 A 的利用
维生素 K	1 毫克/千克	25 毫克/千克	晚期胚胎死亡,肠道出血,主动脉破裂	营养失衡,增加脂溶性维生素需要量
维生素 B₁（硫胺素）	2 ~ 6 毫克/千克		出壳时胚胎死亡,多发性神经炎(颈部麻痹与痉挛),高度兴奋	营养失衡,增加了其他营养素的需要量,干扰抗球虫药安普洛里的活性

第四章 肉鸡场饲料与兽医用品安全应用技术

099

营养素	需要量	中毒量	缺乏病与症状	中毒症状、损伤与不良效应
维生素 B$_2$（核黄素）	5～8 毫克/千克		孵化第 3 天、第 4 天与第 20 天的胚胎死亡，胚胎矮小，结节状绒毛，卷爪，下痢	
维生素 B$_3$（烟酸）	20～40 毫克/千克		脱腱症，跗关节肿大，皮肤发炎，黑舌病（口腔炎），腿内弧，下痢	
维生素 B$_5$（泛酸）	10～20 毫克/千克		孵化第 14 天的胚胎死亡，皮肤损伤、发炎，结痂	
维生素 B$_6$（吡哆醇）	3～5 毫克/千克		早期胚胎死亡，过度兴奋，超应激，贫血。种用鸡所产种蛋孵化率降低	营养失衡，增加了其他营养素的需要量
维生素 B$_7$（生物素）	0.15～0.2 毫克/千克		后期胚胎死亡，上喙外突，脚趾蹼化，皮炎，脂肪肝与肾综合征，下痢	
维生素 B$_{11}$（叶酸）	（2～4）毫克/千克		后期胚胎死亡，羽毛褪色，痉挛性瘫痪，贫血，脱腱症	
维生素 B$_{12}$（钴胺素）	10～20 毫克/千克		后期胚胎死亡，贫血，脱腱症，生长速度与饲料利用率下降	

肉鸡标准化安全生产关键技术

营养素	需要量	中毒量	缺乏病与症状	中毒症状、损伤与不良效应
钙	1%～3%	5%	佝偻病,骨骼软而易弯曲,产软壳蛋,笼养蛋鸡瘫痪	痛风症,软组织钙化,干扰磷、镁与锰的利用
磷	0.3%～0.5%	1.5%	佝偻病,骨骼软,易弯曲,产软壳蛋,笼养蛋鸡瘫痪	植酸中毒,降低了钙、镁、锰与锌的利用率
锰	50～100毫克/千克	4 800毫克/千克	出壳期间胚胎死亡,脱腱症,畸形	生长抑制,食欲减退,贫血
锌	30～60毫克/千克	1 500毫克/千克	出壳期间胚胎死亡,脱腱症,畸形,皮肤损伤(皮炎),跗关节肿大	生长抑制,食欲减退,贫血,渗出性素质病,骨中矿物质含量减少,肌肉营养不良
铜	5～10毫克/千克	300毫克/千克	早期胚胎死亡,羽毛褪色,贫血,心脏肥大	黑粪,渗出性素质病,肌肉营养不良,肌胃糜烂
铁	50～80毫克/千克	4 500毫克/千克	血红蛋白与血细胞比容降低,羽毛褪色,贫血	佝偻病,脱腱症,骨骼畸形
碘	1毫克/千克	300毫克/千克	孵化期延长,甲状腺肿大,孵化率与生长率降低	产蛋量、蛋重与孵化率下降
硒	0.05～0.1毫克/千克	5毫克/千克	后期胚胎死亡,节约维生素E,渗出性素质病,肌肉营养不良(白肌病)	受精率、孵化率与生长速度下降,贫血,死亡

第四章 肉鸡场饲料与兽医用品安全应用技术

101

营养素	需要量	中毒量	缺乏病与症状	中毒症状、损伤与不良效应
氯化钠	0.3%~0.5%	0.7%	过度兴奋,超应激,痉挛,血细胞凝集,啄癖,生长速度与产蛋下降,肾上腺肿大	腹水综合征,痛风症,心包积水,死亡,生长速度与产蛋下降
钾	0.15%~0.3%	1%	生长受阻,产蛋量下降	钠利用率降低,血细胞凝集
镁	500~600毫克/千克	6 000毫克/千克	超应激,骨骼钙化差;蛋壳薄;下痢,生长受阻,增加了钙与钾的需要量	食欲减退,舌肌发育差
胆碱	1 000~1 500毫克/千克		脱腱症,脂肪肝,生长速度与饲料利用率下降	
氟		500毫克/千克		生长受阻,骨骼畸形,骨斑
钼		100毫克/千克		贫血,生长抑制,孵化率与产蛋量下降,跛行,下痢
铅		60毫克/千克		脑病,神经紊乱,贫血
汞		5毫克/千克		神经紊乱,下痢,超应激
砷		10毫克/千克		痢疾,神经紊乱,皮肤褪色

(二)饲料营养对免疫的影响

营养物质不但是维持动物免疫器官、生长发育所必需，而且是维持免疫系统功能、使免疫活性得到充分发挥的决定因素。多种营养素(如能量、脂类、蛋白质、氨基酸、矿物质、微量元素、维生素)及有益微生物等几乎都直接或间接地参与了免疫过程。营养素的缺乏、不足或过量均会影响免疫力，增加机体对疾病的易感性。在生产实践中考虑动物免疫失败和发病率上升的原因时，只考虑疫苗接种、病原感染等直观因素，往往忽视生产过程中饲料营养所可能引起的动物机体免疫力下降、免疫失败的因素。

1. 蛋白质与免疫功能的关系

目前的观点还不一致。一般认为，动物蛋白质缺乏时，抗体合成受阻，因而免疫机能下降。有报道给鸡饲喂缺乏蛋白质的日粮，鸡对绵羊红细胞的反应减弱，T 细胞免疫功能受抑制。饲喂缺乏蛋白质日粮的鸡，接种巴氏杆菌后其抗体生成量减少。

2. 氨基酸与免疫功能的关系

氨基酸(尤其是必需氨基酸)对机体免疫功能的影响，近年来有不少学者进行了研究。蛋氨酸缺乏将抑制动物免疫功能，引起胸腺退化，并降低脾脏淋巴细胞对细胞分裂素的反应；在相同蛋白质进食量的情况下，随着日粮蛋氨酸水平的提高，鸡对绵羊红细胞的免疫反应增强；苏氨酸是生成 IgG 的第一限制性氨基酸，当其缺乏时会抑制免疫球蛋白的合成及 T、B 淋巴细胞的产生，从而影响免疫功能。给雏鸡饲喂缺乏苏氨酸的日粮时，其体内新城疫病毒的抗体量减少；精氨酸能活化巨噬细胞、抑制肿瘤细胞形成、生长和转移；雏鸡缺乏缬氨酸时，机体对新城疫病毒的免疫反应降低；苯丙氨酸过量，抑制抗体合成，进而影响机体正常免疫功能。

3. 脂肪与免疫功能的关系

日粮中的脂肪对机体具有免疫调节作用。动物缺乏必需脂肪酸可降低对 T 淋巴细胞依赖性和非依赖性抗原的初次和 2 次抗体应答；过多则引起广泛的免疫缺陷，造成淋巴组织萎缩，T 淋巴细胞对抗原刺激的免疫应答降低，所以必需脂肪酸过多或不足，都会降低免疫接种的作用和对感染的抵抗力。

4. 维生素与免疫功能的关系

维生素 A 是维持机体正常免疫功能的重要营养物质，严重缺乏和亚临床缺乏均会导致一系列免疫机能紊乱。维生素 A 参与免疫器官的生长发育，缺乏时，将造成免疫器官的损害。如鸡维生素 A 缺乏时，淋巴器官的淋巴细胞衰竭,胸腺和法氏囊的重量减轻,新城疫的发病率升高。维生素 A 参与细胞免疫过程,它能增强 T 细胞的抗原特异性反应,改变细胞膜和免疫细胞溶菌膜的稳定性,提高免疫力。维生素 A 还参与体液免疫。缺乏维生素 A,可导致呼吸道黏膜纤毛机能降低和黏液分泌减少,从而导致细菌定居、增殖和侵入增强。

维生素 E 具有抗氧化作用,机体缺乏时,免疫器官正常结构遭到破坏,免疫功能降低,抗病力减弱。研究表明,日粮中高水平的维生素 E(80 毫克/千克)可提高 28 日龄的肉子鸡血液淋巴细胞转化率和血清中新城疫抗体效价。肌内注射维生素 E 能使来航鸡的凝集抗体效价显著提高,增强了机体的免疫抗病力。维生素 E 作为免疫佐剂,在疫苗中含量为 29% 和 30% 时能提高鸡对减蛋综合征病毒和传染性法氏囊病毒的体液免疫。

维生素 C 具有抗应激和抗感染的作用,与机体的免疫功能密切相关。日粮中添加维生素 C 可降低一些应激因子产生的免疫抑制作用。嗜中性白细胞起作用时也需要维生素 C,为维持胸腺网状细胞的功能所必需。维生素 C 缺乏可妨碍嗜中性白细胞的趋化性和运动性,动物血液中颗粒白细胞减少,吞噬能力下降。另外,维生素 C 的血液浓度与补体滴度密切相关。维生素 C 具有抗应激作用,动物在应激状态时,肾上腺皮质激素分泌增加,血清皮质醇含量增高,血清皮质醇是一种免疫抑制剂。维生素 C 作为一种抗氧化剂,可以保护淋巴细胞膜避免受脂质过氧化作用,以维持免疫系统的完整性。此外,维生素 C 还能增加干扰素的合成,提高机体的免疫力。

此外,还有其他维生素,如维生素 D 具有刺激单核细胞的增殖和活化作用以及干扰 T 细胞介导的免疫力;缺乏维生素 B_6 能够引起胸腺发育受阻,淋巴细胞数量减少,降低免疫球蛋白 IgA 和 IgG 的含量;维生素 B_{11} 缺乏,动物对细菌的敏感性增强,T 细胞和 B 细胞发育受阻;维生素 B_2 缺乏时,机体抗氧化能力降低,细胞膜受损,免疫功能下降。

5. 矿物质元素与免疫功能的关系

硒与动物的免疫功能密切相关。硒能增强免疫细胞的功能和免疫球蛋白及抗体的生成,日粮中添加硒能显著提高雏鸡在新城疫疫苗免疫后的抗体滴度和血清 IgG 水平,而且日粮中加硒(0.8 毫克/千克)可显著降低人工感染马立克病的发生;锌是机体必需的微量元素之一,参与机体重要的物质代谢过程。缺锌时会引起机体的代谢功能紊乱,使机体生长缓慢,免疫器官萎缩、免疫细胞减少和抗体水平下降;铜在机体内可以通过一些含铜酶(如超氧化物歧化酶和铜蓝蛋白等)调节炎症反应细胞和抗氧化能力,增强机体的免疫反应和乳腺的防御能力;铁是影响机体免疫系统功能和防卫功能的最重要的微量元素之一。铁过多或缺乏都可产生不良影响。缺铁引起免疫器官发育受阻和免疫细胞受损。缺镁能引起动物白细胞增殖,也可使胸腺增生,但有报道,镁能使 IgG、IgA、IgG2 值减少;钙是补体的激活剂,对免疫系统具有激活作用。锰缺乏或过多,都会抑制抗体的生成,钙和镁在激活淋巴细胞作用上具有协同作用。

(三)饲料污染对健康的影响

1. 饲料污染

(1)饲料被霉菌污染 饲料被霉菌污染,可以导致饲料霉变。霉变饲料可导致人畜的急性和慢性中毒或癌症等,许多不明原因的疾病被认为与饲料或者食品的霉菌污染有关,因此,霉菌和霉菌毒素成为饲料卫生中的一类主要污染因素。

饲料污染霉菌后主要引起发热、变色、发霉、生化变化、重量减轻以及毒素生成等。霉菌可破坏饲料蛋白质,使饲料中所有氨基酸含量减少,而赖氨酸和精氨酸的减少比其他氨基酸更加明显。同时,由于霉菌生长需要大量维生素,所以霉菌大量生长可使饲料中这些维生素含量大大减少。生长霉菌除破坏饲料中营养成分外,还可引起饲料结块,使饲料保管更加困难。采食发霉饲料容易发生曲霉菌病和黄曲霉菌毒素中毒。

(2)饲料被沙门菌污染 肉鸡感染沙门菌后可以垂直传播。肉鸡采食被沙门菌污染的饲料后,沙门菌在体内繁殖滋生,引起鸡发生副伤寒等传染病。另外,种鸡可以把沙门菌传给种蛋和雏鸡,代代传播,而且呈现放大趋势,给鸡场带来巨大损失,还危害人类。

(3)被有毒有害物质污染 饲料被农药污染(饲料作物从污染的土壤、水体和空气中吸收;对作物直接喷洒农药以及饲料仓库用农药防虫、运输饲料工具被农药污染等),肉鸡采食后可能引起中毒。

2. 饲料脂肪酸败

现在,油脂在饲料工业中得到了广泛的使用,但是油脂的易氧化性往往被饲料生产者所忽视。饲料脂肪氧化酸败,可能给养殖户和生产厂家带来严重的经济损失。油脂酸败后,油脂的适口性降低,油脂中的营养成分遭到破坏。而添加到饲料中的酸败油脂,不仅能破坏饲料中的营养素,其氧化产物还会干扰动物机体的酶系统,引起动物机体的代谢紊乱,生长发育迟缓。

此外,酸败油脂还能影响动物的免疫机能、消化功能,高度氧化后的油脂还能引起癌症。油脂氧化产物本身具有毒性,比如亚油酸,其过氧化物在过氧化物值达到最高后的下降期,生成量最多,因而对机体造成不良影响。

3. 饲料中的抗营养因子

根据抗营养因子对饲料营养价值的影响和动物的生物学反应,可以将抗营养因子分为如下几类:对蛋白质的消化和利用有不良影响的抗营养因子,如胰蛋白酶和凝乳蛋白酶抑制因子、植物凝集素、酚类化合物等;对碳水化合物消化有不良影响的抗营养因子,如淀粉酶抑制剂、酚类化合物等;对矿物元素利用有不良影响的抗营养因子,如植酸、草酸、棉酚、硫葡萄糖苷等;维生素拮抗物或引起维生素需要量增加的抗营养因子,如双香豆素、硫胺素酶等;刺激免疫系统的抗营养因子,如抗原蛋白等;综合性抗营养因子,对多种营养成分利用产生影响,如水溶性非淀粉多糖、单宁等。

二、饲料原料安全控制

安全放心的肉品来源于安全规范的饲料,安全饲料是生产安全鸡肉产品的必要条件之一,不得使用无产品质量标准、无产品质量合格证、无生产许可证和产品批准文号的饲料、饲料添加剂。在饲料生产前,应选用安全的饲料原料,原料应来源于生态环境良好、没有工业"三废"污染的种植基地,饲料原料还应绿色无污染(主要是无农药污染)。饲料生产企业应弄清饲料产地环境,建立供应商准入制度,建立和健全对饲料原料供应商的评定,对饲料生产中所需的玉米、豆粕、酵母等所有饲料原料,坚持每批原料入库前都进行质量检测,确保饲料的安全。

三、饲料添加剂安全控制

饲料中使用饲料添加剂,主要是为了补充饲料的营养成分,防止饲料品质劣化,提高饲料适口性和利用率,增强抗病力,促进生长发育,提高生产性能,满足饲料加工过程中某些工艺的特殊需要。饲料添加剂使用剂量极小,而作用效果显著,近年来取得了长足的发展。但是,由于部分饲料添加剂具有毒副作用,加之过量地、无标准地使用,不仅不能达到预期的饲养效果,反而会造成鸡中毒,轻则造成生产性能下降,重则造成动物大批死亡。特别是抗生素和化学合成药的滥用和一些违禁及淘汰药的非法使用,不仅危害鸡的健康,也危害人的健康。所以一定要控制饲料添加剂的安全。

(一)添加剂的选择

1.根据饲养对象和条件选用合适的饲料添加剂

例如:卫生防疫条件比较差,畜禽死亡是生产经营的主要威胁,就宜选用一些在防治疾病上有针对性、有确实效果的药物添加剂。

2.选用添加剂不能光看广告所说的效果

要了解清楚它的性质、成分、特点等,这是结合饲养对象和条件进行合理使用的主要根据。

(二)添加剂的添加

1.灵活掌握添加量

同一种添加剂的添加量并非是一成不变的,具体的使用剂量还应因地区、气候、饲养条件、生产水平和经济效益等不同方面灵活掌握,在饲养实践中应根据鸡的生长规律确定最佳添加量。

2.添加剂加入饲料中要混合均匀

这对于自购添加剂,自配饲料应尤其注意。一般应先将添加剂掺在比添加剂多5倍的饲料中混匀,然后再按1~2倍稀释,逐次混合均匀,最后使这种预混合料中的成分含量浓度达到饲料中添加规定量的10倍,用时按10%加入饲料混合均匀即可。

(三)添加剂使用注意事项

第一,购买和使用添加剂时要注意该添加剂的保存期、有效期、出厂日期、储存条件。

第二,对于有些易在畜产品中积累残留,影响消费者的食用安全的制剂如某些抗生素、激素类添加剂等,要严格按照相关说明和规定使用,严禁超剂量和超范围使用。

第三,饲料添加剂只能和干粉料混合饲喂,不能加水放置或发酵,更不能与饲料一起煮焖等。

四、饲料加工与流通安全控制

(一)饲料加工安全控制

概括地说,饲料加工过程可由以下工艺原理来表达:原料处理—粉碎—混合—制粒—包装。但从实际生产的产品质量来看,尽管所用的工艺流程相似,不同的设计、不同的操作参数对饲料产品质量有很大的影响。

1. 原料处理

为了保证成品的纯度，保证加工设备的正常运转，首先必须对原料进行清除杂物的操作，除此之外，对饲料原料进行膨化的效果已逐渐被我国饲料加工厂所认识。饲料原料中存在着许多不良因子，有抑制动物生长的如大豆或豆饼中的抗胰蛋白酶、大豆血细胞凝聚素和沙门杆菌等，有影响饲料加工、储存的氧化酶、解脂酶。但这些不良因子对热敏感，通过对原料的膨化，促使淀粉糊化，蛋白质变性，纤维降价等，从而提高营养素的效价，提高饲料转化率。原料在膨化过程中，经受高温、高压、高剪切力作用，大部分活性菌类或酶类被杀死，淀粉的糊化程度可达 90% 以上；蛋白质分子间的化学键和相互作用力的构成及分布发生改变，从而使饲料的安全性和营养价值得到改良。原料预处理中采取膨化加工优点很多，但亦有缺点，较为明显的是能耗高、产量低、产品多孔、克重小，加工时某些有效成分损失大。

2. 粉碎

几乎所有的饲料原料都需要粉碎，粉碎后的饲料颗粒度降低，表面积增大，有更多的机会同消化酶反应，从而提高消化率。同时，粉碎后便于混合均匀和挤压成型。但是，如果颗粒太小，粉碎过细，不仅会增加能耗，粉尘过多造成成分损失，同时还会导致鸡胃溃疡，蛋鸡摄食量降低及蛋壳强度的下降等。因此，控制合适的粉碎粒度，对于提高饲料的质量十分关键。传统的粉碎工艺为一次性开放式粉碎工艺，稍做改进即变为单一循环粉碎工艺，可节约粉碎能耗 30% 以上。采用单一循环粉碎除节能外还可提高产量，并具有产品粒度均匀、粉尘少的特点。粉碎后的一组筛又起到保险筛的作用，在粉碎机筛板意外破损时，同样能保证产品的粒度质量。但是采用单一循环粉碎后，提升设备和水平输送设备必须有相应的输送能力。

目前，在我国制定的配合饲料质量标准中，已将粉碎后成品的粒度作为评定的指标之一。饲料加工厂应定期检查粉碎粒度，严格控制粉碎粒度，以提高产品质量。

3. 混合

混合机是一个饲料加工厂的心脏，混合工艺的关键是保证配合饲料的混合均匀度。所有的原料都要经过混合机混合均匀，配合饲料的混合均匀度直接影响利用效率，有些物质每吨只含几克，甚至几毫克，除在混合之前做预混物外，与其他原料的混合程度，也会影响畜禽采食某些营养物质的数量，而且，采食营养物质不均衡的饲料后利用效率也必然受影响。混合时间是混合工艺的主要参数之一。在混合过程中,均匀度随着混合时间而提高,一直达到最佳混合均匀状态,当物料已充分混合时,若再延长混合时间,就有分离倾向,混合均匀度反而降低。因此,控制好混合时间是保证混合均匀、提高混合质量的关键。饲料加工厂应测定混合机出口处样品的混合均匀度,以便确定最佳混合时间。

为保证配合饲料的混合均匀度,还应充分考虑混合物料在输送过程中的分级问题。因为用于饲料的组分粒度不同、比重不同,混合后不可避免会产生重新分级现象。为减少分级,混合卸料后应缩短输送距离,禁止采用气力输送的方式运料,另外物料进仓的速度不能太快。据此,饲料加工厂应定期测定配合饲料的混合均匀度,及时发现问题,从而采取相应的解决措施。此外,预混合饲料的混合质量也直接影响着配合饲料的混合均匀度,饲料加工厂同样应对预混合饲料的混合均匀度进行严格把关。

4. 制作颗粒

制粒工艺是饲料加工厂重要的工序之一,随着饲料工业的发展,制粒工艺不断得到普及和发展,采用该工艺对产品质量有许多影响。与粉状饲料相比较,颗粒料可以改善饲料利用效率,水分、温度、压力结合起来,使饲料营养成分糊化,破碎饲料中的某些物理结构,使饲料的利用率提高。制成颗粒后,可大大减少成品料的分级现象,保证畜禽采食均衡的营养成分,并可防止粉料在储存过程中吸湿结块,造成产品质量下降。还使饲料容量增加,减少存放体积。制成颗粒后,可以减少畜禽采食过程中的浪费,不仅可以减少畜禽选择适口性好的成分而将适口性差的饲料剩于槽中,还可减少抛撒造成的浪费。因此,制粒工艺的应用和普及,对于饲料产品质量的提高和稳定具有很大意义。在实际操作过程中,饲料颗粒度的大小也不是一成不变的,应根据不同的饲养对象及不同的生长阶段来确定。

总之,饲料产品的质量控制是一个十分复杂的系统工程。从整体上看,某一产品或某项工艺不仅仅是动物营养学或饲料加工学在生产上的简单应用,而是许多学科相结合的系统工程。从理论上讲,根据动物营养学可以设计出全价、高效、低成本的科学饲料配方,但因原料质量、生产工艺包装、运输、仓储、货架时间等客观条件的不同,往往经过精心设计的科学配方会变成面目全非的产品。因此,为有效提高饲料产品的质量,还必须全方位地进行质量管理。

(二)饲料流通过程中安全控制

饲料在储存、运输、销售和使用过程中,极易发生霉变。大量生长和繁殖的霉菌污染饲料,不仅消耗、分解饲料中的营养物质,使饲料质量下降、报酬降低,而且畜禽食用后会引起腹泻、肠炎而出现消化能力降低、淋巴功能下降等症状,严重的可造成死亡。因此应十分重视饲料在流通过程中的安全控制问题。

1. 饲料在储藏期间的安全控制

(1)注意储藏室的清洁卫生 腾空储藏室就应尽快全面清理,清扫后用水冲洗。储藏室的地面和墙壁可采用气溶硅胶对水配成悬浊液(6克/米²)处理,或者使用杀虫剂处理。

(2)注意控制水分,低温储藏 高温、高湿对一些维生素有不利影响,如含维生素 A 的预混合饲料在低温低湿下经过 3 个月储存后仍有 88% 的有效性,经高温、低湿则有 86% 的有效性,但在高温、高湿下仅有 2% 的有效性。在常温储藏室内储存饲料,一般要求相对湿度在 70% 以下,饲料的水分含量不应超过 12.5%;如果把环境温度控制在 15℃ 以下,相对湿度在 80% 以下,长期储藏也是有可能的。为了控制储藏室的温度和湿度,可以安装通风机,利用通风均衡储藏室的温度和湿度。

(3)注意防霉治菌,避免变质 应重视饲料的防霉治菌问题。实践证明,除了改善储存环境之外,最有效的方法就是采取物理或化学的手段防霉治菌,如在饲料中添加脱霉剂等。

(4)注意储藏时间 配合型的颗粒状饲料储藏期一般为 1~3 个月;粉状配合饲料的储存期不宜超过 10 天;浓缩粉状饲料一般加入了适量抗氧化剂,储藏期为 3~4 周;添加剂预混合饲料一般加入抗氧化剂后,储藏期可达 3~6 个月。

另外,要防止老鼠污染饲料。

2. 饲料在运输过程中的安全控制

第一,饲料在运输中要防止雨淋或人为弄湿,以免营养成分溶解散失。

第二,饲料在运输中不要与其他有毒物品堆放在一起,以防饲料受到污染。

第三,饲料在运输中注意不要受到高温的影响,因为高温容易引起饲料质量下降,而影响肉鸡安全生产。

3. 饲料在使用中的安全控制

配合饲料要注意保质期。饲料应现购现用,力求在保质期内用完,自产饲料应有计划。不可图便宜使用过期的或低劣的配合饲料,因其营养成分达不到要求,且可能变质,进而影响肉鸡安全生产。

第一,饲料在使用中,饲喂者要注意观察饲料的外观形状等,以确保饲料安全。

第二,饲料在使用中,注意不要被鸡粪、污水和其他有害物质污染,影响肉鸡安全。

五、转基因饲料原料问题

转基因饲料原料,即以转基因作物作为饲料原料。20 世纪 90 年代以来,转基因生物技术在农业上的应用,加快了农作物和畜禽的改良速度,特别是转基因作物已经产业化,在世界各地有大规模的种植。一些抗病虫、抗逆性作物品种的出现对减少农业生产中农药化肥的使用,促进农作物的高产、稳产和优质具有积极意义。通过提供丰富、优质和无毒残留的玉米、大豆等饲料原料,将有利于饲料工业的发展,有利于绿色食品畜禽产品的生产。转基因作物种植面积大的国家有美国、加拿大和阿根廷,可用作饲料的转基因作物主要有抗虫害的玉米、大豆。我国目前的转基因大豆和玉米多数来自美国。

由于转基因饲料大量为动物所食用,对其安全性进行全面评价迫在眉睫。我国对转基因问题一直持谨慎态度,已于 2001 年颁布了相应法规,这些法规一般都是针对转基因作物以及直接以转基因作物作为原料而生产的非动物性食品。但是,对于转基因作物作为饲料原料生产动物性食品的安全性评价方面,还缺乏具体的标准。目前,欧盟只是对直接食用的商品做了转基因成分标识的规定,即要求对食品中含量超过 1% 的转基因原料做标识,但对动物饲料中含有转基因物质的标准及标识,至今尚未出台统一的规定。鉴于此,绿色和平组织呼吁欧盟要填补这一制度上的漏洞。该事情引起了世界的关注,而对转基因饲料原料生产动物性食品进行安全性评价的工作也显得尤为重要。

转基因饲料原料争论的热点主要有 5 点:一是抗除草剂转基因作物的推广是否会导致除草剂在环境中残留量增高,进而污染食品和饲料;二是转基因作物中的抗性基因是否会转移;三是抗虫转基因作物产品中的杀虫蛋白、蛋白酶活性抑制剂和残留的抗昆虫内毒素是否会危害人和动物的健康;四是转基因作物中的外源基因是否能整合进入动物和人的基因组;五是抗病毒转基因作物中导入的病毒外壳蛋白基因是否会对人和动物的健康产生危害。

转基因技术在饲料原料的生产中得到广泛的应用。但是,转基因生物打破了物种之间的界限,可能会对上万年才形成的生态平衡造成意想不到的负面影响。同时,转基因生物作为食品是否会对动物性食品安全和人体健康产生不利影响,很多人对此提出疑虑。主要有以下几个方面:

(一)过敏源

导致过敏反应的食物主要包括8类:蛋、鱼、贝类、奶、花生、大豆、坚果和小麦。这8类食物中含有多种蛋白质,但只有几种蛋白质是过敏源。如果将这些蛋白质的基因导入作物中,可能使转基因食物产生过敏性。例如:为增加大豆含硫氨基酸的含量,研究人员将巴西坚果中的2S清蛋白基因转入大豆中,而2S清蛋白具有过敏性,导致原本没有过敏性的大豆对某些人群产生过敏反应,最终该转基因大豆被禁止商品化生产。

(二)毒素和抗营养因子

生物本身能产生大量的毒性物质和抗营养因子,以抵抗病原菌和害虫的入侵。如许多豆类含有蛋白酶抑制因子、凝集素、生氰糖苷等。普通食品中这类毒性物质和抗营养因子的含量较低,或者在加工过程中可以除去,因此,并不影响动物体健康。但转基因饲料原料,特别是抗虫转基因作物的产品,则有可能增加这类物质的含量或改变这类物质的结构,使其在加工过程中很难破坏,造成对动物体的危害。

(三)抗生素标记基因

抗生素标记基因可能产生的不安全因素包括两个方面:一是标记基因的表达产物是否有毒或有过敏性,以及表达产物进入肠道内是否继续保持稳定的催化活性。由于对标记基因表达产物的结构和功能了解得比较详细,一般不存在毒性和过敏性,在正常的肠道环境下,这类蛋白质也很易分解,不会继续保留催化活性。二是基因的水平转移。由于微生物之间可能会通过转导、转化或接合等形式进行基因水平转移。因此,在构建转基因微生物时,要求不能使用目前治疗中有效的抗生素的抗性基因做标记基因,并应修饰载体,以减少基因转移至其他微生物的可能性,同时提倡发展无标记基因技术,以减少标记基因可能带来的危害。不过,有学者认为,动物肠道菌从转基因作物中获得并开启了耐受抗生素的基因,也不是什么大问题。因为在正常情况下,微生物的耐药突变率就非常高,对于现在众多耐药菌来说,从转基因食品中获得耐药基因是微不足道的。

(四)基因漂移到动物体

外源基因漂移到动物体,出现在动物性产品中,是人们较为关心的问题。但是"转基因饲料原料"并不能以核酸大分子的形式直接被人体吸收,而是在胃肠道中便被分解为核苷酸、核苷和各种碱基,而这些物质在动物体中是正常存在的并且是必需的。虽然外源基因可以漂移到动物体肠道细菌中,但是并不等于可以漂移到动物体细胞中和进入蛋和奶中。因为细菌与动物肠道细胞是有区别的,首先细菌内无胰核酸酶,不能把核酸大分子分解为核苷酸、核苷和各种碱基,而往往通过胞吞作用把较大的核酸分子片段摄入细胞内;并且细菌基因组本身具有不稳定性,基因组上有较多的重组热点区域,很容易发生基因结构的一些变化,在自然条件下,突变发生的频率远远高于动物基因组。而动物基因组就要稳定得多,转基因动物的产业化水平远低于转基因植物与微生物的事实,在某种程度上就说明了这一点。

(五)基因漂移到人体

外源基因漂移到人体也许是人们最为关心的问题。人体和动物体,对营养物质的吸收、消化和代谢过程是很相似的,动物体不太可能摄入外源基因,人体就更不可能通过吃动物性食品而使外源基因漂移到人体了。因为作为饲料原料的转基因作物的外源基因被动物食入的时候就被破坏了,外源基因不能进入动物体细胞和蛋奶中,而我们吃的是动物的肉蛋奶,是"转化过"一次的产品,这是一方面;另一方面,人类本身就能够破坏转基因作物中的外源基因。

小 知 识

非法添加物问题

饲料添加剂在预防肉鸡疾病、促进肉鸡生长等方面起着十分重要的作用,但随着二噁英、瘦肉精、三聚氰胺等事件的发生,畜禽产品的质量安全问题引起了人们的高度关注,这也给肉鸡生产提出了更高的要求。目前,非法使用违禁药物、滥用抗菌药和药物性添加剂、不遵守停药期的规定等是造成肉鸡药物残留超标的主要原因。药物残留直接危害人的健康,现已发现许多药物具有致畸、致突变或致癌作用,许多抗菌药会引起人的过敏反应和破坏人类胃肠道的正常菌群。这类危害对人类的身体健康影响较大。

此外,饲料中高剂量添加微量元素(铜、锌、硒等)对动物也有害,可以引起动物中毒。高剂量的铜中毒,表现为精神抑郁,肌胃、腺胃糜烂,腹泻等症状。锌中毒,表现为生长缓慢,饲料转化率低,精神沉郁,羽毛蓬乱,肝、肾、脾脏肿大,肌胃糜烂。硒中毒有两种情况,一是急性中毒,表现为腹泻、脉搏加快、衰竭死亡;二是慢性中毒,表现为生产性能下降、羽毛脱落、精神萎靡和贫血。

非法使用违禁添加剂,如瘦肉精、三聚氰胺等,这些化学药品严重危害人们的生命安全,饲料添加剂的非法使用已经引起国家质检部门的高度关注,必须严厉禁止。

为了控制鸡肉中的药物残留,在饲料中不得使用违禁药物,如β-兴奋剂、己烯雌酚、敌百虫等;一些合法药物可按规定严格控制用量且在肉鸡生产末期要有停药期;可用中草药作为添加剂以预防肉鸡疫病,如金银花、连翘、黄芩、黄连等;推广使用肉鸡环保型日粮配方,减少对养殖环境的污染,如粪便中氮、磷的污染。

第二节　安全高效日粮的配制与使用

一、饲料配方设计原则

饲料配方是根据肉鸡的营养需要、饲料的营养价值、原料的现状和价格等条件合理地确定各种饲料的配合比例。

(一)确定适宜的营养需要

以肉鸡饲养标准为依据,考虑肉鸡对主要营养物质的需要,即能量、蛋白质、钙、磷、食盐,结合鸡群生产水平和生产实践经验,对饲料标准某些营养指标可采取10%上下的调整。在确定适宜的能量水平时,要以饲养标准为依据,不可与标准差别太大,因为肉子鸡日粮多要求高能量高蛋白,当能量水平过低时会影响日增重,降低饲料报酬。

(二)饲料原料多样化

要注重多种饲料搭配使用,充分发挥各种营养成分的互补作用,提高营养物质的利用率。各类饲料在肉子鸡日粮中比例大致如下:谷物饲料50%～

70%,糠麸类5%以下,植物性蛋白质饲料15%～25%,矿物质饲料1%～2%,添加剂1%,油脂为1%～4%。

(三)配方安全性

注重选择新鲜、无霉变、适口性好、无异味的饲料作为日粮的原料。各种饲料原料,包括饲料添加剂在内,必须注意安全,保证质量,最好对其品质和等级进行检测。

(四)降低原料成本

饲料配方必须注重原料成本,以获得较高的市场竞争力。因此,选择饲料要因地制宜,充分利用当地的饲料资源,选用营养价值较高而价格低廉的饲料,尽量降低饲料成本。

二、饲料配方制作

饲料配方制作的方法很多,比如试差法、对角线法、公式法等。但总的来说,公认试差法比较好,因为此法简单易学,容易掌握,不需特殊的计算工具,用笔、算盘、普通的计算器等都可进行,使用较为广泛。但对于初学者来说由于配方经验不足,使用此法时最初拟定配方的盲目性较大,导致计算量也较大,需要经过一段时间的饲料配方设计实践,待积累了一定的配方设计经验后,才有可能减少拟定配方的盲目性,最终提高配方设计的速度。

在生产中若所用饲料种类太多,营养指标也多,借助于电子计算机更容易选择出营养全面、价格最低的饲粮配方,而目前生产中养鸡户或乡镇饲料厂多不具备此条件时,只能用传统的试差法配合日粮,下面以试差法为例说明配合饲粮的方法。配合饲粮时,首先是选择饲养标准,然后根据饲料营养价值及其在配合饲粮中的大致比例配合出初试饲粮,用各自的比例去乘原料所含的各种养分的百分含量,再将各种原料的同种养分之积相加,得到每种养分的总量。将所得结果与营养标准进行对照,若有一种养分超过或不足时,可通过增加或减少相应的原料比例进行调整和重新计算,直至所有的营养指标都基本满足营养标准的要求。调整的顺序为能量、蛋白质、磷(有效磷)、钙、蛋氨酸、赖氨酸、食盐等。

下面以0～4周龄肉鸡为例设计一饲料配方。

第一步:确定所需肉鸡营养标准及使用的饲料原料。列出营养标准(表4-2)。

表 4 - 2 0 ~ 4 周龄肉鸡饲粮营养需要量

代谢能 (兆焦/千克)	粗蛋白质 (克/千克)	钙 (克/千克)	总磷 (克/千克)	有效磷 (克/千克)	食盐 (克/千克)
12.2	200	10	6.5	4.5	3

第二步:根据饲料成分表查出所用各种饲料的养分含量(表 4 - 3)。

表 4 - 3 饲料原料营养成分

原料名称	代谢能 (兆焦/千克)	粗蛋白质 (克/千克)	钙 (克/千克)	总磷 (克/千克)	粗纤维 (克/千克)
玉米	14.06	86	0.4	2.1	20
麸皮	*6.57	144	1.8	7.8	91
豆粕	9.62	430	3.2	6.1	51
鱼粉	12.13	605	39.1	29	
骨粉			364	164	
石粉			350		

*本表数据为实际测得,生产中可参考相应的国家标准。

第三步:按能量和蛋白质的需求量初步拟定配方。参考其他配方,初步拟定日粮中各种饲料的比例,能量饲料60% ~70%,蛋白质饲料25% ~35%,矿物质饲料等2% ~3%(其中维生素和微量元素预混料一般各为0.1% ~0.5%)。据此,先拟定蛋白质饲料用量,豆粕可拟定20% ~23%,矿物质饲料2% ~3%,能量饲料如麸皮为8% ~10%,则玉米约60%。

第四步:计算能量、蛋白质的含量,与标准进行比较(表 4 - 4)。对草拟的饲料配方进行主要营养素能量和蛋白质两项营养指标的试算,此时不必进行钙、磷及其他营养成分含量的试算。将各饲料在配方中所占的百分比与各自的能量和蛋白质含量相乘,不同饲料相同养分的结果相加,得到草拟配方的试算结果。

表 4 - 4 草拟配方计算能量和蛋白质的过程

饲料原料	草拟比例 (%)	代谢能 (兆焦/千克)	粗蛋白质 (克/千克)
玉米	61	8.58	52.46
麸皮	10	0.66	14.40

肉鸡标准化安全生产关键技术

饲料原料	草拟比例 （%）	代谢能 （兆焦/千克）	粗蛋白质 （克/千克）
豆粕	23	2.21	98.90
鱼粉	3	0.36	18.15
合计	97	11.81	183.91
配方要求		12.20	200.00
比较结果		−0.39	−16.09

第五步：根据对照比较结果，视需要调整相应饲料原料的配合比例，进行重复的试算与比较，即降低配方中某一饲料的比例，同时增加另一饲料的比例，两者的增减数相同，即用一定比例的某一饲料代替另一种饲料。直到调整后的配方中所提供的能量和粗蛋白质与动物营养需要量标准一致或接近为止。一般以相差为 ±5% 为满足要求（表4-5）。

表4-5　配方调整后的计算结果

饲料原料	草拟比例 （%）	代谢能 （兆焦/千克）	粗蛋白质 （克/千克）	钙 （克/千克）	磷 （克/千克）	粗纤维 （克/千克）
玉米	60	8.44	51.60	0.24	1.26	12.00
麸皮	6	0.39	8.64	0.11	0.47	5.46
豆粕	27.5	2.65	118.25	0.88	1.68	14.03
鱼粉	3.5	0.42	21.18	1.37	1.02	0.00
合计	97	11.9	199.67	2.6	4.43	
配方要求		12.20	200.00	10.00	6.50	
比较结果		−0.30	−0.33	−7.40	−2.07	

第六步：计算矿物质和氨基酸用量。根据上述调整好的配方，计算钙、非植酸磷、蛋氨酸、赖氨酸的含量。用预留的比例平衡欲配饲料中钙、磷等养分（表4-6）。在平衡钙、磷时，应当首先考虑补磷。补足了磷之后，再用单纯补钙的饲料原料补钙。食盐的添加量一般按营养需要量计算，并不考虑饲料各原料中的钠和氯的含量。在使用各种饲料添加剂时，应保证按产品要求加足量，饲料添加剂的用量一般在配合饲料中的比例为 0.1% ~0.5%，若饲料剩余的比例不够，对饲粮中能量、粗蛋白质等指标引起变化不大的所缺部分可加在玉米上。

表4-6　平衡钙、磷

饲料原料	草拟比例（%）	代谢能（兆焦/千克）	粗蛋白质（克/千克）	钙（克/千克）	磷（克/千克）	粗纤维（克/千克）
基础	97	11.90	199.67	2.60	4.42	31.49
骨粉	1.40			5.10	2.30	
石粉	0.80			2.80	0.00	
食盐	0.30					
添加剂	0.50					
合计	100.00	11.90	199.67	10.49	6.72	
配方要求		12.20	200.00	10.00	6.50	
比较			-0.30	-0.33	0.49	0.22

第七步：列出最终的饲料配方及主要营养指标(表4-7)。维生素、微量元素添加剂、食盐及氨基酸计算添加量可不考虑。检验核算各种营养物质的总量,同时根据各种原料的价格计算出此饲料配方的原料成本。

表4-7　最终配方

饲料原料	草拟比例（%）	代谢能（兆焦/千克）	粗蛋白质（克/千克）	钙（克/千克）	磷（克/千克）	粗纤维（克/千克）
玉米	60	8.44	51.60	0.24	1.26	12.00
麸皮	6	0.39	8.64	0.11	0.47	5.46
豆粕	27.5	2.65	118.25	0.88	1.68	14.03
鱼粉	3.5	0.42	21.18	1.37	1.02	0.00
骨粉	1.40			5.10	2.30	
石粉	0.80			2.80	0.00	
食盐	0.30					
添加剂	0.50					
合计	100.00	11.90	199.67	10.50	6.73	31.49

三、典型饲料配方示例

黄羽肉鸡饲料配方可参考表4-8、表4-9。

表4-8 0~4周龄黄羽肉鸡饲料参考配方

表4-8 0~4周龄黄羽肉鸡饲料参考配方

饲料名称	比例（%）	添加物	剂量（毫克/千克）	营养水平	含量
黄玉米	61	合成蛋氨酸（日本产）	1 500	代谢能	2.91 兆焦/千克
小麦麸	4	多种维生素（上海兽药厂）	200	粗蛋白质	20.9%
黄豆饼（40%）	17	硫酸锰	182	钙	0.93%
鱼粉（62%）	10	硫酸锌	161	总磷	1.68%
菜子饼（36%）	7	亚硒酸钠	0.2	有效磷	0.42%
石粉	0.8	硫酸亚铁	227	赖氨酸	1.13%
食盐	0.2	硫酸铜	8	蛋氨酸	0.39%
合计	100			蛋+胱氨酸	0.73%

表4-9 5~8周龄黄羽肉鸡饲料参考配方

饲料名称	比例（%）	添加物	剂量（毫克/千克）	营养水平	含量
黄玉米	70.5	合成蛋氨酸（日本产）	800	代谢能	2.97 兆焦/千克
黄豆饼（40%）	14	多种维生素（上海兽药厂）	200	粗蛋白质	18.2%
鱼粉（62%）	8	硫酸锰	182	钙	0.95%
菜子饼（38%）	6	硫酸锌	161	总磷	0.64%
骨粉	0.4	亚硒酸钠	0.2	有效磷	0.4%
石粉	0.9	硫酸亚铁	227	赖氨酸	0.95%
食盐	0.2	硫酸铜	8	蛋氨酸	0.34%
合计	100			蛋+胱氨酸	0.63%

四、饲料的选择与使用

（一）肉鸡常用的饲料种类及特点

肉鸡常用饲料主要有能量饲料、蛋白质饲料、矿物质饲料及微量元素添加剂、维生素、其他类饲料添加剂5大类。

1. 能量饲料

凡干物质中粗纤维含量不足18%、粗蛋白质含量低于20%的饲料均属能量饲料（表4-10），能量饲料是富含碳水化合物和脂肪的饲料。这类饲料主要包括禾本科的谷实饲料以及它们加工后的副产品，块根块茎类、动植物油脂和糖蜜等，是鸡用量最多的一种饲料，占日粮的50%～80%，其功能主要是供给鸡所需要的能量。能量饲料的种类和特性见表4-10。

表4-10 能量饲料的种类和特性

饲料	种类	特性	使用说明
谷实类	玉米	能量水平高，纤维含量少（2%），无氮浸出物含量高（74%～80%），含易消化的淀粉，其消化率高达90%，适口性好，价格适中，是主要的能量饲料；但蛋白质含量较低（8.6%），蛋白质中的几种必需氨基酸含量少，特别是赖氨酸和色氨酸；玉米中脂肪含量高（3.5%～4.5%），是小麦、大麦的2倍，主要是不饱和脂肪酸，粉碎后易酸败变质。玉米中含有较多的胡萝卜素，有益于蛋黄和鸡的皮肤着色	是鸡的主要能量饲料，在饲料中占50%～70%。使用中注意补充赖氨酸、色氨酸等必需氨基酸；高蛋白质等饲用玉米，营养价值更高，饲喂效果更好。饲料要现配现用，可使用防霉剂
	小麦	能量水平与玉米相近，粗蛋白质含量高（13%），且氨基酸比其他谷实类饲料完全，氨基酸组成中较为突出的问题是赖氨酸和苏氨酸不足；B族维生素丰富，不含胡萝卜素。用量过大，会引起消化障碍，影响鸡的生产性能，因为小麦内含有较多的非淀粉多糖	一般在配合饲料中用量可占10%～20%。添加葡聚糖酶和木聚糖酶的情况下，可占30%～40%。但小麦价格高
	高粱	能量水平和玉米相近，蛋白质含量高于玉米。高粱中钙多磷多，B族维生素与玉米相当，不含胡萝卜素。含有较多单宁（鞣酸），味道发涩，适口性差	一般在鸡配合饲料中用量不超过15%

饲料	种类	特性	使用说明
谷实类	大麦	大麦的能值低,约为玉米的75%,二者含能量比小麦低,但B族维生素含量丰富	因其皮壳粗硬,需破碎或发芽后少量搭配饲喂
	小米	能量水平与玉米相近,粗蛋白质含量高于玉米,为10%左右,维生素 B_2 含量高(1.8毫克/千克),而且适口性好	在配合饲料中用量一般以15% ~20%为宜
糠麸类	麦麸	包括小麦麸和大麦麸,含能量低,但蛋白质含量较高,各种成分比较均匀,且适口性好,是鸡的常用饲料;麦麸的粗纤维含量高,容积大,具有轻泻作用	用量不宜过多。配合饲料中,育雏期占5% ~15%,肉鸡育肥期3% ~8%,肉用种鸡5% ~20%
	米糠	米糠成分随加工大米精白的程度而有显著差异。含能量低,粗蛋白质含量高,富含B族维生素,含磷、镁和锰多,含钙少,粗纤维含量高	由于米糠含油脂较多,故久贮易变质。一般在配合饲料中用量可占8% ~12%
	高粱糠	粗蛋白质含量略高于玉米,B族维生素含量丰富,粗纤维含量高、能量水平低,且含有较多单宁,适口性差	一般在配合饲料中不宜超过5%
块根块茎类	包括马铃薯、甘薯、木薯、胡萝卜、南瓜等	种类不同,营养成分差异很大,其共同的饲用价值:新鲜时含水量高,多为75% ~90%,干物质含量相对较低,能值低,粗蛋白质含量仅1% ~2%,且一半为非蛋白质含氮物,蛋白质品质较差。干物质中粗纤维含量低(2% ~4%)。含粗蛋白质7% ~15%,粗脂肪低于9%,无氮浸出物高达67.5% ~88.15%,且主要是易消化的淀粉和戊聚糖。经晾晒和烘干后能值高(代谢能9.2 ~11.29兆焦/千克),近似于谷物类籽实饲料。有机物消化率高达85% ~90%。钙、磷含量少,钾、氯含量丰富	由于含水量高,能值低,除少数散养鸡外,使用较少。饲料中适量添加,有利于降低饲料成本,提高生产性能和维护鸡体健康

饲料	种类	特性	使用说明
油脂饲料	油脂和脂肪含量高的原料	油脂含量高,其发热量为碳水化合物或蛋白质的 2.25 倍。包括各种油脂(如豆油、玉米油、菜子油、棕榈油等)和脂肪含量高的原料,如膨化大豆、大豆磷脂等。脂肪饲料可作为脂溶性维生素的载体,还能提高日粮中的能量浓度,能减少料末飞扬和饲料浪费。添加大豆磷脂还能保护肝脏,提高肝脏的解毒功能,保护黏膜的完整性,提高鸡体免疫系统活力和抵抗力	日粮中添加 3% ~ 5% 的脂肪,可以提高雏鸡的日增重,保证蛋鸡夏季能量的摄入量和减少体增热,降低饲料消耗。但添加脂肪同时要相应提高其他营养素的水平。同时脂肪易氧化、酸败和变质

2. 蛋白质饲料

凡饲料干物质中粗蛋白质含量在 20% 以上,粗纤维含量低于 18% 的饲料均属蛋白质饲料(表 4 - 11)。根据其来源可分为植物性蛋白质饲料和动物性蛋白质饲料两大类。

表 4 - 11　蛋白质饲料的种类及特性

种类	特性	使用说明
大豆粕(饼)	含粗蛋白质 40% ~ 45%,赖氨酸含量高,适口性好。大豆粕(饼)的蛋白质和氨基酸的利用率受加工温度和加工工艺的影响,加热不足或加热过度都会影响利用率。生的大豆中含有抗胰蛋白酶、皂苷、尿素酶等有害物质,榨油过程中,加热不良的饼粕中会含有这些物质,影响蛋白质利用率	经加热处理的豆粕(饼)是鸡最好的植物性蛋白质饲料;一般在配合饲料中用量可占 15% ~ 25%。由于豆粕(饼)的蛋氨酸含量低,故与其他饼粕类或鱼粉等配合使用效果更好
花生粕(饼)	粗蛋白质含量略高于豆饼,为 42% ~ 48%,精氨酸和组氨酸含量高,赖氨酸含量低,适口性好于豆饼。花生饼脂肪含量高,不耐储藏,易染上黄曲霉而产生黄曲霉毒素	一般在配合饲料中用量可占 15% ~ 20%。与豆饼配合使用效果较好。生长黄曲霉的花生饼不能使用

种类	特性	使用说明
棉子粕(饼)	带壳榨油的称棉子饼,脱壳榨油的称棉仁饼,前者含粗蛋白质17%～28%,后者含粗蛋白质39%～40%。在棉子内,含有棉酚和环丙烯脂肪酸,对家禽有害	喂前应采取脱毒措施,未经脱毒的棉子饼喂量不能超过配合饲料的3%～5%
菜子粕(饼)	含粗蛋白质35%～40%,赖氨酸比豆粕低50%,含硫氨基酸14%(高于豆粕),粗纤维含量为12%,有机质消化率为70%。可代替部分豆饼喂鸡。但菜子饼中含有毒物质(芥子酶)	未经脱毒处理的菜子饼蛋鸡用量不超过5%,用到10%时,蛋鸡的死亡率增加,产蛋率、蛋重下降,甲状腺肿大。菜子饼饲喂褐壳蛋鸡会使蛋带鱼腥味
芝麻饼	含粗蛋白质40%左右,蛋氨酸含量高,适当与豆饼搭配喂鸡,能提高蛋白质的利用率	配合饲料中用量为5%～10%。芝麻饼含脂肪多而不宜久储,最好现粉碎现喂
葵花饼	优质的脱壳葵花饼含粗蛋白质40%以上、粗脂肪5%以下、粗纤维10%以下,B族维生素含量比豆饼高。可代替部分豆饼喂鸡	一般在配合饲料中用量可占10%～20%。带壳的葵花饼不宜饲喂蛋鸡
鱼粉	最理想的动物性蛋白质饲料,其蛋白质含量高达45%～60%,而且在氨基酸组成方面,赖氨酸、蛋氨酸、胱氨酸和色氨酸含量高,鱼粉中含有丰富的维生素A和B族维生素,特别是维生素B_{12}。另外,鱼粉中还含有钙、磷、铁等。用它来补充植物性饲料中限制性氨基酸不足,效果很好	配合饲料中用量可占5%～15%。由于鱼粉的价格较高,掺假现象较多,使用时应仔细辨别和化验。为了降低饲料成本,无鱼粉配方的应用也取得较好效果
血粉	含粗蛋白质在80%以上,赖氨酸含量为6%～7%,但蛋氨酸和异亮氨酸含量较少	血粉的适口性差,日粮中用量过多,易引起腹泻,一般占日粮1%～3%

种类	特性	使用说明
肉骨粉	肉骨粉粗蛋白质含量达40%以上,蛋白质消化率高达80%,赖氨酸含量丰富,蛋氨酸和色氨酸含量较少,钙、磷含量高,比例适宜	肉骨粉易变质,不易保存,一般在配合饲料中用量在5%左右
蚕蛹粉	含粗蛋白质68%左右,蛋白质品质好,限制性氨基酸含量高,是鸡的良好蛋白质饲料	脂肪含量高,不耐储藏,配合饲料中用量可占5%～10%
羽毛粉	水解羽毛粉含粗蛋白质近80%,但蛋氨酸、赖氨酸、色氨酸和组氨酸含量低,使用时要注意氨基酸平衡问题,应该与其他动物性饲料配合使用	一般在配合饲料中用量为2%～3%,过多会影响鸡的生长和生产。在蛋鸡饲料中添加羽毛粉可以预防和减少啄癖

3. 矿物质饲料及微量元素添加剂

矿物质饲料是为了补充植物性和动物性饲料中某种矿物质元素的不足而利用的一类饲料(表4-12)。大部分饲料中都含有一定量矿物质,在散养和低产的情况下,看不出明显的矿物质缺乏症,但在舍饲、笼养、高产的情况下矿物质需要量增多,必须在饲料中补加。

表4-12　矿物质饲料种类及特性

种类	特性	使用说明
骨粉或磷酸氢钙	含有大量的钙和磷,而且比例合适,主要用于磷含量不足的饲料	在配合饲料中用量可占1.5%～2.5%
贝壳粉、石粉、蛋壳粉	属于钙质饲料。贝壳粉是最好的钙质矿物质饲料,含钙量高,又容易吸收;石粉价格便宜,含钙量高,但鸡吸收能力差;蛋壳粉可以自制,将各种蛋壳经水洗、煮沸和晒干后粉碎即成,吸收率也较好	一般在鸡配合饲料中用量,育雏及育成阶段1%～2%。肉用种鸡6%～7%。使用蛋壳粉注意严防传播疾病

续表

种类	特性	使用说明
食盐	食盐主要用于补充鸡体内的钠和氯,保证鸡体正常新陈代谢,还可以增进鸡的食欲	用量占日粮的3%~3.5%
沙砾	有助于肌胃中饲料的研磨,起到"牙齿"的作用。沙砾不溶于盐酸	舍饲或笼养鸡要注意补给。鸡吃不到沙砾,饲料消化率要降20%~30%
沸石	一种含水的硅酸盐矿物,在自然界中多达40多种。沸石中含有磷、铁、铜、钠、钾、镁、钙、银、钡等20多种矿物质元素,是一种质优价廉的矿物质饲料	配合饲料中用量可占1%~3%。可以降低鸡舍内有害气体含量,保持舍内干燥

在日粮中除了补加钙、磷、食盐之外,在全价平衡日粮中尚须补充铁、铜、锌、锰、钴、硒、碘等元素。微量元素添加剂一般可分为无机微量元素添加剂、有机微量元素添加剂和生物微量元素添加剂三大类。无机微量元素添加剂一般有硫酸盐类、碳酸盐类、氧化物和氯化物等;有机微量元素添加剂一般为金属氨基酸络合物、金属氨基酸螯合物、金属多糖络合物和金属蛋白盐;生物微量元素添加剂有酵母铁、酵母锌、酵母铜、酵母硒、酵母铬和酵母锰等。

在日粮中添加的微量元素,都以它们相应的盐类、氧化物等化合物形式作为微量元素的来源,各种化合物的有效率差别很大。目前,我国经常使用的微量元素添加剂主要是无机微量元素添加剂。其化合物的微量元素含量及生物学价值见表4-13,同一种原料或同一种微量元素,对于不同种类的动物,其生物学价值是不同的。作为饲料添加剂的微量元素,必须是动物可以吸收和利用的。一般来说,水溶性好的,吸收也好,但是具有吸湿性,会给添加剂的生产及产品的储存带来困难。

第四章 肉鸡场饲料与兽医用品安全应用技术

125

表 4 - 13　常用化合物的微量元素含量及利用效率(%)

元素	化合物	化学式	微量元素含量	鸡的利用率
铁	七水硫酸亚铁	$FeSO_4 \cdot 7H_2O$	Fe:20.1	100
	一水硫酸亚铁	$FeSO_4 \cdot H_2O$	Fe:32.9	100
	无水硫酸亚铁	$FeSO_4$	Fe:41.7	100
锌	七水硫酸锌	$ZnSO_4 \cdot 7H_2O$	Zn:22.75	100
	一水硫酸锌	$ZnSO_4 \cdot H_2O$	Zn:36.45	100
	无水碳酸锌	$ZnCO_3$	Zn:52.15	100
	氧化锌	ZnO	Zn:80.3	92
锰	四水硫酸锰	$MnSO_4 \cdot 4H_2O$	Mn:22.8	100
	一水硫酸锰	$MnSO_4 \cdot H_2O$	Mn:32.5	100
	碳酸锰	$MnCO_3$	Mn:47.8	100
	氧化锰	MnO	Mn:77.4	90
铜	五水硫酸铜	$CuSO_4 \cdot 5H_2O$	Cu:25.5	较好
	一水硫酸铜	$CuSO_4 \cdot H_2O$	Cu:35.8	较好
	硫酸铜	$CuSO_4$	Cu:51.4	一般
碘	碘化钙	CaI	I:65.10	100
	碘化钾	KI	I:76.45	100
硒	硒酸钠	$NaSeO_4$	Se:44.77	89
	亚硒酸钠	$NaSeO_3$	Se:45.60	100
钴	七水硫酸钴	$CoSO_4 \cdot 7H_2O$	Co:20.48	三者相同
	一水硫酸钴	$CoSO_4 \cdot H_2O$	Co:34.08	
	碳酸钴	$CoCO_3$	Co:49.55	

　　在日粮配方中除考虑选用适合的微量元素化合物形式外,还要考虑各种微量元素之间的相互关系。进入动物体内的微量元素存在着相互制约协同或拮抗作用,这种作用可在日粮中、消化道内或代谢过程中发生。因此,必须重视微量元素之间的平衡。常用微量元素的相互关系及适宜比例见表4-14。

表4-14 常用微量元素的相互关系及适宜比例

元素	干扰元素	影响机制	适宜比例
钙	磷	吸收	钙:磷 = 2:1
镁	钾	吸收	镁:钾 = 0.15:1
磷	钙	吸收	磷:钙 = 0.5:1
	铜	排泄	磷:铜 = 1 000:1
	钼	排泄	磷:钼 = 7 000:1
	锌	吸收	磷:锌 = 100:1
铜	硫	吸收、排泄	铜与硫,有干扰作用
	钼	吸收、排泄	铜:钼≥4:1
	锌	吸收、排泄	铜:锌 = 0.1:1
钼	硫	吸收、排泄	钼与硫,有干扰作用
锌	钙	吸收	锌:钙≥0.01:1
	铜	吸收	锌:铜 = 10:1
	镉	细胞结合	锌与镉,有干扰作用

微量元素用量甚微,一般是按配合饲料最终产品的百万分之一计量。如果直接向饲料中添加,很难保证其使用效果。为便于安全使用,确保使用效果,通常都是将微量元素添加剂加入载体中做成各种预混合饲料,再使用于配合饲料中。

微量元素添加剂品质的优劣和成本的高低,不仅取决于添加剂的配方和加工工艺,还取决于是否使用安全、有害杂质多少和生物利用率的高低。作为饲用微量元素添加剂的原料,必须满足以下几项基本要求:一要具较高的生物效价,即能被动物消化、吸收和利用;二要含杂质少,所含有毒、有害物质在允许范围内,饲喂安全;三要物理和化学稳定性良好,方便加工、储藏和使用;四要货源稳定可靠,价格低,以保证生产、供应和降低成本。

4. 维生素

维生素又称维他命,它是维持动物生命活动,促进新陈代谢、生长发育和生产性能所必不可少的营养要素之一。在集约化饲养条件下若不注意,极易造成动物维生素的不足或缺乏。因此,在现代化畜牧业中,维生素作为饲料添加剂成分,用来补充饲料中含量不足,来满足动物生长发育和生产性能的需要,增强抗病和抗各种应激的能力,提高产品质量和增加产品数量。现在已经发现的维生素有23种,其中有16种为家禽所需要。目前,我国常用作饲料添加剂的有13种。维生素根据其溶解性,可分为脂溶性维生素(包括维生素A、维生素D、维生素E、维生素K)和水溶性维生素(包括B族维生素、维生素C和维生素H等)两大类。

(1)维生素A 维生素A具有维持黏膜上皮和视觉上皮正常机能,提高动物繁殖能力和免疫功能的作用。正常情况下,每千克日粮中的添加量,雏鸡为14 000国际单位,生长鸡9 000国际单位,产蛋鸡和种鸡10 000国际单位。当发生维生素A缺乏时可按正常添加量的2～3倍添加喂服。

(2)维生素D 维生素D有多种同分异构体,如维生素D_2、维生素D_3、维生素D_4和维生素D_5等,其中最重要的是维生素D_2和维生素D_3两种。对鸡来说,维生素D_2的生物效价仅为维生素D_3的1/50～1/30,因此在鸡饲料中常用维生素D_3,而不用维生素D_2。维生素D_3可调节鸡的钙、磷代谢,促进钙、磷的吸收和利用。正常情况下,每千克饲料中维生素D_3的添加量:雏鸡为3 000国际单位,生长鸡为2 000国际单位,产蛋鸡和种鸡为2 000国际单位。当发生维生素D缺乏时,可按正常添加量的2～3倍添加。

(3)维生素E(生育酚) 维生素E包括α、β、γ等一系列化合物,它们具有不同的生理效价,其中以α-生育醇的活性最高。维生素E的主要生理功能是抗氧化,它是各种脂肪酸、维生素A、维生素C、含硫酶等生物活性物质保护剂。一般情况下,维生素E在每千克日粮中的添加量:雏鸡为30毫克,生长鸡30毫克,产蛋鸡和种鸡25毫克。当发生维生素E缺乏时,可按正常量的2～3倍添加于饲料中喂给。如饲料中使用不稳定的过氧化脂肪时,维生素E的添加量应增加1倍。

(4)维生素K 维生素K是甲萘醌衍生物的总称,有维生素K_1、维生素K_2、维生素K_3和维生素K_4等一系列化合物。维生素K_1主要存在于苜蓿、甘蓝等绿色植物中;维生素K_2主要存在于鱼粉等动物性饲料中,鸡肠道微生物也可合成;维生素K_3为人工合成品,具有很高的生物活性,常用作饲料添加剂。维生素K的主要生理功能是促进肝脏合成凝血酶原,凝血因子Ⅷ、凝血因子Ⅸ和凝血因子Ⅹ等,从而参与鸡体正常血液凝固性的维持。一般情况下,每千克饲料中维生素K_3的添加量:雏鸡为2.5毫克,生长鸡为1.5毫克,产蛋鸡和种鸡为2.0毫克。当发生维生素K缺乏症时或长期使用抗生素时可加大用量至5～8毫克/千克。

(5)维生素 B_1　又称硫胺素。维生素 B_1 的生理功能是促进动物机体正常的糖代谢,维持鸡正常的神经传导、心脏和胃肠道功能。一般情况下,每千克饲料中维生素 B_1 的添加量:肉鸡和雏鸡为 2.0 毫克,育成鸡为 1.5 毫克,产蛋鸡和种鸡为 1.3 毫克。当发生维生素 B_1 缺乏时,每千克饲料中维生素 B_1 的添加量可增加至 50～100 毫克,连续喂 5～7 天。

维生素 B_1 在麸皮、谷物、饼粕中含量比较丰富。常用于饲料添加剂的有盐酸硫胺素和硝酸硫胺素两种,均为白色结晶粉末,易溶于水,味苦,应避免光照,密闭保存。维生素 B_1 与抗球虫药有拮抗作用,在投喂抗球虫药时应注意。

(6)维生素 B_2　又称核黄素。维生素 B_2 在谷物中含量少,在干草粉、大豆和动物性蛋白质饲料中含量较多。维生素 B_2 为动物体内许多氧化还原酶类的辅基,这些酶统称黄酶。黄酶参与能量代谢,在生物氧化过程中传递氢原子,具有促进生物氧化的作用。一般情况下,每千克饲料中维生素 B_2 的添加量:雏鸡为 7.0 毫克,育成鸡为 4.5 毫克,产蛋鸡和种鸡为 5.0 毫克。当发生维生素 B_2 缺乏时,每千克饲料中维生素 B_2 的添加量可增至 50～80 毫克,连续饲喂 5～7 天。

(7)维生素 B_3　又称烟酸、尼克酸、抗癞皮病维生素。维生素 B_3 在动物体内并非直接发挥作用,而是以其衍生物——烟酰胺的形式参与代谢过程。维生素 B_3 广泛存在于麸皮、米糠、麦类、饼粕、动物体组织和青绿饲料中。动物体内的维生素 B_3 可由色氨酸合成,但在以玉米作为饲料主要成分时,因其色氨酸含量较少应考虑补充。

维生素 B_3 在体内转化为烟酰胺后,与核糖、磷酸、腺嘌呤构成辅酶Ⅰ和辅酶Ⅱ,作为许多脱氢酶的辅酶,在生物氧化过程中起着传递氢的作用。当动物体内缺乏维生素 B_3 时,辅酶Ⅰ和辅酶Ⅱ的合成受阻,生物氧化过程不能顺利进行。一般情况下,每千克饲料中维生素 B_3 的添加量:雏鸡为 24 毫克,育成鸡为 15 毫克,产蛋鸡和种鸡为 17 毫克。当发生缺乏症时,维生素 B_3 的添加量可增至 1～2 倍,连续喂 5～7 天。

(8)维生素 B_5　维生素 B_5 广泛存在于动、植物体中,故又名泛酸。饲料用维生素 B_5 是人工合成的钙盐,一种为 D-泛酸钙,生物活性较高;另一种为 D-泛酸钙与 L-泛酸钙的混合物,其生物活性仅有 D-泛酸钙的 40%～50%。维生素 B_5 是动物体内辅酶 A 的组成成分,参与蛋白质、脂肪和碳水化合物的代谢。一般情况下,每千克饲料中维生素 D-泛酸钙的添加量:雏鸡、肉鸡为 5～10 毫克,育成鸡 5.0 毫克,蛋鸡和种鸡为 2.5 毫克。鸡较少发生维生素 B_5

缺乏症,如发生缺乏症时,可按正常添加量的 2 倍添加 D –泛酸钙,连续饲喂 5～7 天。

(9)维生素 B_6 天然维生素 B_6 有吡哆醇、吡哆醛、吡哆胺 3 种形式,它们可以互相转化,生物活性也无大差别。吡哆醇在谷物类及青绿饲料中较丰富,吡哆醛和吡哆胺在动物性蛋白质饲料中比较丰富。用作饲料添加剂的多为人工合成的盐酸吡哆醇,为白色结晶,无臭,味微苦,易溶于水,在酸性溶液中和空气中较稳定,对碱性溶液和光较敏感。维生素 B_6 是某些氨基酸(如色氨酸、含硫氨基酸等)代谢过程所需酶类(如转氨酶、脱羟酶及消旋酶)的辅酶,可促进氨基酸的吸收和蛋白质的合成。另外,维生素 B_6 还参与脂肪代谢和糖原代谢,参与神经抑制性递质 γ–氨基丁酸和 5–羟色胺的合成。由于维生素 B_6 在饲料中含量较丰富,一般很少发生维生素 B_6 缺乏症,所以在许多厂家生产的多维中均不含维生素 B_6。一般情况下,每千克饲料中维生素 B_6 的添加量:雏鸡为 2.5 毫克,育成鸡为 1.5 毫克,产蛋鸡和种鸡为 1.7 毫克。

(10)维生素 B_7 常称生物素,又称维生素 H。维生素 B_7 在鱼粉、豆粕、花生粕、芝麻粕和绿色饲料中含量丰富。目前,市售的维生素 B_7 为罗维素 H – 2(含生物素 2%),是由维生素 B_7 加山梨酸、糊精等辅料制成。维生素 B_7 为白色针状结晶,可溶于水和乙醇,稳定性较好。维生素 B_7 是动物体内许多羧化酶的辅酶,具有结合和传递二氧化碳的作用,所以可参与体内多种物质的代谢过程。各种动物都很少发生维生素 B_7 缺乏症,故我国的许多维生素预混料配方中都不包含维生素 B_7。饲料中不添加维生素 B_7,虽不致发生缺乏症,但对动物生产性能的充分发挥却有不利影响。一般情况下,每千克日粮中生物素的添加量:雏鸡为 0.25 毫克,育成鸡为 0.1～0.25 毫克。当长期喂给缺乏维生素 B_7 的玉米和小麦等谷物饲料时应注意添加维生素 B_7。

(11)维生素 B_{11} 维生素 B_{11} 还有其他一些名称,如维生素 M、维生素 U、抗贫血因子和 R 因子等。维生素 B_{11} 广泛存在于豆饼粕、麸皮、苜蓿草粉、动物性蛋白质饲料等,但在玉米中含量较少。维生素 B_{11} 为黄色或橙黄色结晶粉末,无臭、无味,难溶于水。在中性和碱性环境中对热稳定,对光敏感,遇光照则失效。

维生素 B_{11} 在小肠被吸收后,在辅酶 Ⅱ(还原型)、维生素 C 和维生素 B_{11} 还原酶的协同作用下,转变为四氢叶酸(FH₄)才具有生物活性,以载体的形式参与嘌呤的合成和某些氨基酸(如组氨酸、丝氨酸、蛋氨酸等)的代谢,并与维生素 B_1 共同促进红细胞的生成与成熟。

家禽由饲料中获得的维生素 B_{11} 加上肠道微生物合成的维生素 B_{11},其量基本能够满足需要。正常情况下不会发生维生素 B_{11} 缺乏症,但在长期饲喂抗生素和磺胺类药物或长期患消化道慢性疾病时,有可能出现维生素 B_{11} 缺乏症。一般情况下,每千克饲料中的添加量:肉鸡、雏鸡为 0.6 毫克,育成鸡为 0.4 毫克,种鸡为 0.42 毫克。当长期饲喂抗生素和磺胺类药物后,维生素 B_{11} 的添加量应提高到正常添加量的 1 ~ 2 倍。磺胺类药物是维生素 B_{11} 的拮抗剂,并且可致母鸡产蛋率大幅度下降,故在鸡饲料中应避免使用。

(12)维生素 B_{12} 又叫钴胺素,是维生素中唯一含有金属元素的维生素。它有多种形式,如氰钴胺素、羟钴胺素、硝钴胺素等,而一般所称的维生素 B_{12} 在苜蓿和动物性蛋白质饲料中含量丰富,在谷物类饲料中则含量很少。

维生素 B_{12} 为深红色结晶粉末,可溶于水,但溶解度较差。对热和空气比较稳定,对光敏感,遇光线则分解失效。维生素 B_{12} 及维生素 B_{11} 为细胞合成核酸过程中的重要辅酶,直接关系到细胞的生长和繁殖,缺乏时常影响红细胞的生成和成熟。维生素 B_{12} 尚具有促进植物性蛋白质的利用,维持上皮的再生和完整性等多种功能。鸡的饲料中只要有一定比例的动物性蛋白质饲料,就不会发生维生素 B_{12} 缺乏症。如为无鱼粉饲料,一定要补充维生素 B_{12}。一般情况下,每千克饲料中维生素 B_{12} 的添加量:雏鸡为 20 微克,育成鸡为 11.2 微克,种鸡为 14 微克。当发生维生素 B_{12} 缺乏症时,每千克饲料维生素 B_{12} 的添加量可增至 200 微克,连续喂 5 ~ 7 天。

(13)维生素 C 维生素 C 为六碳糖的衍生物。有 L 型和 D 型两种异构体,仅 L 型维生素 C 对动物具有生理功能。

维生素 C 为白色或微带黄色的结晶性粉末,易溶于水,水溶液呈酸性,较稳定,在碱性环境中易分解失效。维生素 C 具有极强的还原性,故极易被氧化而破坏。维生素 C 在体内参与许多生物化学过程,每 1 千克鸡饲料中添加 300 ~ 500 毫克维生素 C 可有效地缓解应激条件下鸡的生产性能、饲料报酬、成活率、产蛋率、受精率低以及蛋壳质量差等问题。

鸡饲料中含有丰富的维生素 C,鸡在肾脏内还可合成维生素 C。因此,在一般情况下,鸡饲料中无须添加维生素 C。但为保持鸡的健康和高生产性能,或有应激因素存在时,应考虑添加维生素 C。

(14)胆碱 胆碱有人将其作为 B 族维生素的一种,称为维生素 B_4。但大多数学者认为胆碱既不构成酶的辅酶,也不构成酶的辅基,并且需要量比一般维生素要多得多,故不宜列为维生素。

胆碱广泛存在于动、植物饲料中,在鱼粉、豆粕、花生粕中含量尤其丰富,而在谷物类饲料中的含量相对较少。饲料用胆碱为氯化胆碱,氯化胆碱为白色结晶,性质稳定,有咸苦味。溶于水,极易潮解,潮解后可使水溶性维生素效价降低,故不宜与维生素混合保存。胆碱是机体合成乙酰胆碱和磷脂的必需物质。乙酰胆碱是传导神经冲动的化学递质,机体内缺乏胆碱则乙酰胆碱合成受阻,神经冲动的传递障碍,共济运动失调,磷脂是构成细胞膜的主要物质,缺乏胆碱则磷脂不能大量合成,细胞的生长发育和分殖增殖受阻。一般情况下,每千克饲料中 50% 氯化胆碱的添加量:雏鸡为 1.3 克,育成鸡为 0.5 克,产蛋鸡和种鸡为 1.5 克。当饲料中蛋氨酸、维生素 B_{11} 和维生素 B_{12} 含量不足时,应提高氯化胆碱的用量。

5. 其他饲料添加剂

为了满足鸡的营养需要,完善日粮的全价性,需要在饲料中添加原来含量不足或不含有的营养物质和非营养物质,以提高饲料利用率,促进鸡生长发育,防治某些疾病,减少饲料储藏期间营养物质的损失或改进产品品质等,这类物质称为饲料添加剂。饲料添加剂可分为营养性添加剂(包括微量元素添加剂、维生素添加剂、工业合成的各种氨基酸添加剂等)和非营养性添加剂两大类。我国允许在饲料中添加的添加剂种类可参见附录 10:中华人民共和国农业部公告第 1126 号《饲料添加剂品种目录(2008)》。

第三节 兽药安全控制

一、饮水给药

饮水给药指将药物溶解在饮水中,让鸡群在饮水的过程中同时饮入药物,从而起到预防治疗的作用。常用于预防和治疗鸡病,尤其在鸡群发病,食欲降低但能饮水的情况下更为适用。使用饮水给药应了解药物的溶解度,掌握药物的浓度,按着给水调配药液,且药物要充分溶解并搅拌均匀。保证绝大部分鸡在一定时间内喝到一定量的药物水,一般药水以在 1 小时内饮完为宜,防止剩水过多、饮水不够、饮水不均,造成吸入鸡体内的药物剂量不够或不均。根据肉鸡日龄及鸡群大小估算肉鸡的可能饮水量,据此计算所需药液量。用药前应停水,以确保药效,一般寒冷季节停水 4 小时左右,气温较高季节停水2 ~ 3 小时。

二、拌料给药

拌料给药指将药物均匀地混入饲料中,通过采食将药物吃入鸡体内。适用于长期投药和不溶于水的药物。如一般的抗球虫药及抗组织滴虫药,只有在一定时间内连续使用才有效,因此多采用拌料给药。抗生素用于控制某些传染病时,也可混于饲料中给药。进行拌料给药时应特别注意所给药物与饲料混合充分,拌药时坚持做到:从小堆到大堆,反复多次搅拌,避免个别鸡中毒的发生。加入饲料中的药量越小,越要先用少量饲料混匀,切忌把全部药量一次加入所需饲料中简单混合,造成部分鸡药物中毒和部分鸡吃不到药,达不到防治目的。有些药物如呋喃类、磺胺类和某些抗寄生虫药物如果混合不均匀,或服用过量极易引起中毒等不良反应。

三、气雾给药

气雾给药指将液体药物用喷雾的形式通过肉鸡呼吸道吸入体内的给药方法。该方法药物吸收快,药效出现迅速,不仅能起到局部作用,也能经肺部吸收后作用于全身。此给药方法要求鸡场有喷雾设备。

四、体内注射

体内注射适用于逐只防治,尤其是紧急治疗。对于难被消化道吸收的药物,为了获得最佳的效果常用注射法给药。

五、药物常用剂量单位及浓度的换算

固体型药物剂量单位有千克、克和毫克等[1 克 = 1 000 毫克 = 1 000 000 微克,1 千克 = 1 000 克,1 市斤(已不用) = 500 克,1 两 = 50 克],液体剂型药物剂量单位有毫升、升(1 升 = 1 000 毫升)。部分抗生素、激素、维生素及抗毒素(抗毒血清)等用国际单位(IU)表示。浓度常用百分比与百万分比表示,百分比的小数点向左移 4 位即可换算为百万分比。肉鸡给药常用剂量"只"(表示每只鸡用药 1 次的量),也有的用剂量"千克体重"(表示每千克体重的用药量)。如卡那霉素肌内注射用量为 10 ~ 15 毫克/千克体重,体重 2 千克的鸡 1 次肌内注射量为 20 ~ 30 毫克。药物制剂的百分含量指药物的实际浓度,例如,10% 磺胺嘧啶钠注射液是指 100 毫升注射液内含 10 克磺胺嘧啶钠。用药过程中还应注意内服给药剂量与饲料添加给药量的换算,内服剂量通常以每千克体重使用药物剂量来表示,饲料添加剂量以单位饲料重量中添加药物的重量来表示。鸡1次内服剂量的多少与鸡体重成正比关系,而饲料添加给药剂量与每天所耗饲料量相关,消耗饲料多,药物在饲料中的比例减少;若每天消耗饲料减少,则药物在饲料中的比例应增大。

第四节 疫苗安全控制技术

一、疫苗安全的重要性

免疫预防是疫苗经一定的途径进入鸡体,以激发机体产生相应的免疫应答,使其原本对某一传染性疾病易感而变为不易感,即对该种传染病具有抵抗力,避免传染病的发生和流行。免疫接种是肉鸡安全生产中疫病防治的重要措施。免疫预防的意义在于用最少的人力、物力收到最理想的防病效果,全面提高鸡群抗传染病的水平,达到预防、控制传染病的传播、流行的目的,使肉鸡生产得以顺利进行。特别是目前大多数病毒性传染病尚无有效的治疗药物可供选择使用,免疫预防就显得更为重要。所以疫苗的安全尤为重要。

（一）应选用正规生物制品厂、质量有保证的疫苗

不购买以下疫苗:瓶上无标签或字迹不清、没有说明书的;没有常规疫苗保存设施的单位出售的;过期、瓶塞破损和变质的;有残渣、异物的。在购买、储存过程中应保持低温、避光。

（二）正确掌握疫苗的接种途径和接种方法

在肉鸡生产中常用点眼、滴鼻、饮水、刺种、气雾、注射等接种途径,如新城疫Ⅱ系疫苗滴鼻,要等家禽将疫苗吸入后才可放开;鸡痘刺种不可将翅膀刺透,要选择肌肉丰满处;接种马立克病疫苗要刺入皮下;用饮水法时要先用清水洗净水槽,然后稀释,且接种前应停止饮水2~3小时。

（三）剂量要严格控制按说明剂量使用,不得随意改动

对有条件的鸡场在免疫前后要做抗体监测,确保免疫的效果。

（四）严格技术操作

接种疫苗要树立无菌操作意识,对所有接种工具按规定进行消毒,注射部位要用碘酒消毒。注射前应将液体疫苗或稀释好的疫苗充分振荡均匀。

（五）妥善处理废弃物

对用完的疫苗瓶,不能乱扔乱放,防止残留弱毒扩散,成为新的传染源,要进行无害化处理或深埋。

二、免疫监测与疫苗安全使用技术

(一)免疫方法

免疫方法可分为群体免疫和个体免疫。群体免疫针对群体进行,主要有饲料免疫、饮水免疫、气雾免疫等。其最大优点是省时、省工,但有时效果不够理想,免疫效果参差不齐。个体免疫针对每只鸡逐个地进行,包括滴鼻、点眼、涂擦、刺种、注射等。其最大优点是免疫效果确定,但费时、费力,劳动强度大。

不同种类的疫苗接种途径有所不同,究竟采用哪一种途径,要按照疫苗说明书进行,不要擅自改变。一种疫苗有多种接种方法时,应根据具体情况决定免疫方法,既要考虑操作简单,经济合算,更要考虑疫苗的特性和免疫效果。总的来说,无论何种疫苗、何种接种方法,只有正确地、科学地使用和操作,才能获得预期的免疫预防效果。

1. 滴鼻与点眼

是先将疫苗用稀释液稀释好,用消毒滴管或专用滴鼻滴眼瓶吸取稀释好的疫苗,准确无误地将 1~2 滴疫苗滴入鼻孔或眼球上。滴鼻时,应一手握鸡,使其一侧鼻孔朝上,另一手拿滴管,对准鼻孔滴入疫苗,若鼻孔不吸入,则用小手指按压住一侧鼻孔使疫苗从另一侧鼻孔被吸入。点眼时,将疫苗点入眼内,也可两侧各点 1 滴,要等待疫苗扩散确定被鸡吸进鼻孔或眼内后才能放开鸡。滴鼻与点眼多用于雏鸡的免疫。为了免疫效果,一般滴鼻与点眼结合,常用于新城疫Ⅰ系、Ⅱ系、Ⅳ系疫苗,传染性支气管炎疫苗和传染性喉气管炎弱毒疫苗的接种。

2. 刺种免疫

常用于鸡痘疫苗、新城疫Ⅰ系疫苗的接种。接种时,先按规定剂量将疫苗稀释,用接种针在鸡翅膀内侧无血管处的翼膜刺种,每只鸡刺种 1~2 下。接种后 1 周左右,可见刺种部位的皮肤上产生绿豆大小的小疱,以后逐渐干燥结痂脱落。若接种部位不发生这种反应,表明接种不成功,可重新接种。

3. 注射免疫

根据疫苗注入的组织部位不同,其又有皮下注射、肌内注射之分,多用于灭活疫苗和某些弱毒疫苗的接种。先将注射器、针头、镊子等煮沸消毒 15 分。肌内注射时在胸肌或腿肌肌肉丰满处、肩关节附近或尾部两侧,胸肌注射时由上至下进针,顺着胸骨侧 45°斜向刺入,不能将针对胸部垂直刺入,以免刺入胸腔。胸肌注射法适用于大禽。禽霍乱弱菌苗、鸡新城疫Ⅰ系苗等免疫多用此法。皮下注射时将鸡头颈后皮肤用左手拇指和食指捏起,针头顺着两指中间刺入。现在广泛使用的马立克病疫苗宜用颈部皮下注射法接种,用左手拇指和食指将头顶后的皮肤捏起,局部消毒后,针头近于水平刺入,按量注入即可。

4. 饮水免疫

适用于大群免疫,具有简便易行、不惊扰鸡群的效果,常用于新城疫疫苗、传染性支气管炎疫苗以及传染性法氏囊弱毒苗等的免疫接种。按照常规,饮水免疫前,鸡群必须断水2~4小时,夏季停水2小时左右,冬季停水4小时左右,使鸡产生渴感,夏季最好夜间停水,清晨饮水免疫,以便使全部鸡能尽快而又一致地饮到足量的疫苗。疫苗稀释好后应迅速饮水,最好在1小时内饮完。由于鸡的饮水量有多有少,所以疫苗的用量应加倍,饮水免疫用水量可参考如下:4日龄至2周龄每只鸡8~10毫升,2~4周龄12~15毫升,4~8周龄20毫升,8周龄以上40毫升。为使饮水免疫达到应有的效果,用于饮水免疫的疫苗必须是高效价的,在饮水免疫前后的24小时不得饮用任何消毒药液,稀释疫苗用的水最好是井水或蒸馏水,也可用冷开水,不可使用含有漂白粉等消毒剂的自来水,如能在饮水中加入0.2%脱脂奶粉或2%鲜奶作为稳定剂就更理想。饮水器具必须洁净,无任何铁锈、脏物,并且数量充足,以保证每只鸡都能在短时间内饮到足够的疫苗,大群免疫要在第二天用同样方法补饮1次。

5. 拌料免疫

应在免疫前停喂半天,以保证每只鸡都能摄入一定量的疫苗。稀释疫苗的水不要超过室温为宜,然后将稀释好的疫苗均匀地拌入饲料,鸡通过采食而获得免疫。已经稀释好的疫苗进入鸡体内的时间越短越好,因此,必须有充足的饲具并放置均匀,保证每只鸡都能吃到。

6. 气雾免疫

指使用特制的专用气雾喷枪,将稀释好的疫苗气化喷洒在高度密集的鸡舍内,雾化粒子均匀地悬浮于空气中,在鸡自然呼吸时,将疫苗吸入体内而使鸡获得免疫。气雾免疫一般选择能关闭门窗的鸡舍进行,黎明、傍晚、阴天多云时是气雾免疫的良好时机。雏鸡气雾免疫易发生应激反应,最好在1月龄以上鸡群中进行。

(二)免疫注意事项

根据本地传染病发生和流行情况,结合本场实际,制定出切实可行的免疫程序。中小型鸡场和养殖户可以使用兽医防疫部门推荐的程序,大型饲养场应在免疫接种前对预定接种的鸡群健康状况做深入细致的了解,并根据本地当时疫病流行情况、鸡体母源抗体水平、饲养管理条件、饲养季节、鸡群状态等拟定适合本场的免疫程序,并加强监控,使鸡群抗体水平始终保持在安全线以上。免疫程序制定好后,要选用质量可靠的正规厂家生产并在有效期内的疫苗。不要选用下列疫苗:没有标签或标签模糊,特别是成分和有效期不清;药瓶破裂或瓶塞松动;疫苗质量与说明书不符,如色泽、沉淀等有变化,制剂内有异物或发霉变质;没有批号,非正规厂家生产,或不按规定保存。不要盲目相信进口疫苗,因为其可能污染本场没有的病原体。对各种疫苗一定要按说明书的要求进行运输、保管和使用,以确保免疫效果。正确处理用完的疫苗瓶,不得乱扔乱放,防止残留弱毒扩散,成为新的传染源。根据疫苗要求和鸡场情况灵活选择可靠的免疫方法,如滴鼻、点眼、饮水、气雾以及肌内注射或皮下注射等。也可利用免疫增强剂来提高免疫效果,常用的免疫增强剂有左旋咪唑、脂质体和中草药等。免疫接种时要做好记录。

一个鸡场要接种多种疫苗,因此必须考虑各种疫苗的相互作用和间隔接种时间,以减少疫苗相互之间的干扰,保证免疫效果。免疫接种用的注射器、针头和镊子等用具及器械,应严格消毒。疫苗稀释或开瓶后,须在当天 $3 \sim 6$ 小时用完。马立克病疫苗要求在稀释后 1 小时内用完,超过 1 小时则剂量加倍,2 小时以上应废弃不用。不能将疫苗尤其是稀释后的疫苗放在阳光下照射,以免失效。接种疫苗后,要注意观察鸡群的接种反应,在接种一定时间(15 天左右)后,应检查免疫效果,尤其是改用新的免疫程序及疫苗种类时更应检查。

鸡群在免疫后往往会出现一些不良反应,最常见的是发生呼吸道症状,在接种新城疫弱毒菌、传染性支气管炎疫苗后,特别是在冬季,通风不好、空气污浊时,鸡群表现为摇头、甩鼻、有呼吸音。反应轻者 $2 \sim 3$ 天症状消失,重症则宜饮用红霉素或电解多维,并适当升高舍温、加强通风。

此外,疫苗接种期间要停止在饮水中加消毒剂和带鸡消毒,还应加强饲养管理,特别是增加蛋白质和各种维生素饲料的供给,以满足机体产生免疫力(抗体)的营养需求。同时,应尽量减少和避免各种应激因素,以保证机体产生足够的免疫力。

(三)免疫程序的制定

根据鸡群抗体消长规律,制订科学、合理的免疫程序,适时对鸡群进行免疫接种,才能使鸡群产生足够的特异性抗体,增强鸡群对传染病的抵抗力。

　　鸡场疫病的免疫计划应根据本地区、本场疫病发生情况(疫病流行的种类、发病季节、易感日龄等),制订适合本场的免疫计划。对本地区从未发生过的传染病可不做预防,对本地区以前未发生过、刚开始发生且危害严重的必须预防,对常发生、危害重的重点预防。另外,只有健康的鸡群,才能对疫苗做出免疫应答并产生足够数量的抗体。鸡群在应激或疾病状态下免疫的效果较差,特别是当鸡群患有某些免疫抑制性疾病如传染性法氏囊病、马立克病等时,接种后机体只能产生低水平抗体,且不良反应多。

　　实际生产中,应在传染病常发日龄前 1 周做好有效免疫,目前在快大型白羽肉子鸡生产中主要免疫新城疫、传染性法氏囊病、肾型传染性支气管炎等疫苗。而对黄羽肉子鸡,因饲养时间延长,则接种的疫苗种类要多些,肉种鸡则更多。免疫程序可参考表4-15 至表4-18。

表4-15　快大型白羽肉子鸡免疫参考程序

接种日期	疫苗种类	接种方法
1 日龄	马立克病疫苗	皮下或肌内注射
3 日龄	新城疫疫苗	滴鼻或点眼
7 日龄	肾型传染性支气管炎疫苗	按说明书
12 日龄	传染性法氏囊病油苗(弱毒)	滴鼻或点眼
18 日龄	新城疫Ⅳ系苗 新城疫油乳剂苗	饮水 肌内注射
26 日龄	传染性法氏囊病油乳剂苗(中毒)	滴鼻或点眼

　　注:疫苗分灭活苗和活苗。灭活苗指用物理或化学方法对病原微生物进行灭活,去除致病力,保留其免疫原性而制备的疫苗。活苗通常为减毒活疫苗,注入机体后和感染野生型毒株基本一致,但致病力丧失,依据其毒性强弱又分为弱毒苗和中毒苗。

表4-16　快大型白羽肉种鸡免疫程序

接种日期	疫苗种类	接种方法
1 日龄	马立克病疫苗	皮下或肌内注射
3 日龄	新城疫Ⅱ系苗	滴鼻或点眼

接种日期	疫苗种类	接种方法
7 日龄	新城疫-传染性支气管炎二联苗	滴鼻或饮水
12 日龄	新城疫Ⅳ系苗 新城疫油乳剂苗	滴鼻或点眼 肌内注射
16 日龄	病毒性关节炎疫苗	饮水
20 日龄	传染性法氏囊病疫苗（中毒）	滴鼻或点眼
25 日龄	鸡瘟疫苗 鸡传染性鼻炎油乳剂苗	翅下刺种 肌内注射
30 日龄	新城疫-传染性支气管炎二联苗	点眼或饮水
35 日龄	鸡传染性喉气管炎疫苗（发病区）	点眼
41 日龄	传染性法氏囊病疫苗（中毒）	饮水
60 日龄	新城疫Ⅰ系苗	肌内注射
70 日龄	鸡痘疫苗	翅下刺种
80 日龄	传染性脑脊髓炎疫苗	饮水
90 日龄	鸡传染性喉气管炎疫苗（发病区）	点眼
120 日龄	新城疫-减蛋综合征二联油乳剂苗	肌内注射
130 日龄	病毒性关节炎油乳剂苗	肌内注射
140 日龄	传染性法氏囊病油乳剂苗	肌内注射
300 日龄	传染性法氏囊病油乳剂苗	肌内注射

表 4-17　黄羽肉子鸡免疫程序

接种日期	疫苗种类	接种方法
1 日龄	马立克病疫苗	皮下注射
7 日龄	新城疫-传染性支气管炎二联苗 鸡痘疫苗	滴鼻或点眼 刺种
12 日龄	传染性法氏囊病油乳剂苗（弱毒）	饮水
21 日龄	新城疫Ⅰ系苗	肌内注射
24 日龄	传染性法氏囊病油乳剂苗（中毒）	饮水

接种日期	疫苗种类	接种方法
30 日龄	鸡传染性喉气管炎疫苗	滴眼
42 日龄	新城疫Ⅰ系苗	饮水或肌内注射

表 4-18　黄羽肉种鸡免疫程序

接种日期	疫苗种类	接种方法
1 日龄	马立克病疫苗	皮下注射
1~3 日龄	新城疫-传染性支气管炎二联苗 鸡痘疫苗	滴鼻或点眼 刺种
7 日龄	传染性法氏囊病油乳剂苗（弱毒）	滴鼻、点眼
14 日龄	新城疫Ⅰ系苗	肌内注射
24 日龄	传染性法氏囊病油乳剂苗（中毒）	饮水
28 日龄	新城疫Ⅰ系苗	肌内注射
35 日龄	鸡传染性喉气管炎疫苗	滴鼻、点眼
90~100 日龄	新城疫Ⅰ系苗 传染性支气管炎疫苗	肌内注射 滴鼻、点眼
140 日龄	新城疫-传染性支气管炎-传染性法氏囊病-减蛋综合征四联油乳剂灭活苗	肌内注射

(四)免疫监测

免疫监测工作是考核免疫是否成功的重要依据。

1.考核免疫效果

利用抗体(HI)来评价疫苗计划是否成功,抗体是凝血抑制反应之简称,是快速测定抗体(HI)力价方法,抗体力价愈高,则表示抗体浓度愈高,抗体力价和免疫程度有正相关关系。一般鸡群疫苗计划之目标是保持所有鸡抗体效价在 1:40 以上,最好抗体(HI)分布力价应大多数在 1:(80~320),才有成功之保证。根据多年免疫监测经验认定雏鸡首次免疫 10 天后,血清中凝抑滴度应该比接种前上升 1~2 个滴度,达 2(右上为 4)和 2(右上为 5)以上,如果达不到这个标准,应立即再进行接种。第一次接种后血凝抑滴度一般经 10 天左右会降到 2(右上为 3)以下,此时又应进行第二次接种。第二次接种 10 天后,雏鸡血清中的凝抑滴度应上升到2(右上为5)至2(右上为6)以上,如果达不到此目标应马上再接种。以后鸡的血凝抑滴度应保持在2(右上为5)以上,如果低于此标准,应重复进行接种。

2. 测定移行抗体,确定免疫时机

雏鸡母源抗体是免疫母鸡体内所产生的,通过卵黄传给雏鸡的被动抗体,是干扰疫苗计划最厉害的因子。正如雏鸡的母源抗体水平2(右上为3)以下时,雏鸡则易受野毒感染而发病,此时接种疫苗又易刺激机体获得良好的免疫应答反应。雏鸡的母源抗体在2(右上为4)以上时,对雏鸡具有免疫保护作用。此时接种疫苗易被母源抗体所中和不能产生足够数量的抗体,往往不能获得良好的免疫效果。但是雏鸡母源抗体的消长规律因不同鸡场不同鸡群产生力价不同。即使同鸡场同亲代母鸡群所产生种蛋,不同批次的雏鸡群也有较大的差异。因此不能机械地效仿现成的免疫程序来确定首次免疫时间,而只有以所测得到实际抗体水平为依据来制定适合本场鸡群免疫程序。

3. 发现疫情动态

免疫监测不仅可考核免疫效果,确定免疫时机,而且还可以随时发现本地区鸡场内潜在疫情,由于许多鸡病具有多型性,加之鸡群的个体差异,感染鸡的临床表现也是多型性。临床型具有明显的症状,而隐性感染则不具备明显的临床表现,不易被发现。因此隐性感染带毒鸡的存在将对鸡群有潜在的危险。

第五章　肉鸡标准化饲养技术

　　肉鸡标准化饲养改变了以往肉鸡养殖分散、饲养规模小、从业人员文化素质低、滥用抗生素及饲料添加剂等缺点,标准化鸡场具有规模化、标准化、工业化、高产、高效、优质、低消耗、低污染等特点。肉鸡标准化管理技术主要包括温度管理、湿度管理、通风管理、光照管理以及密度管理等内容。

第一节 肉种鸡的标准化饲养

（一）优质黄羽肉种鸡养育阶段划分

优质黄羽肉鸡有快速型、中速型和慢速型，慢速型多为我国地方鸡种，品种繁多，用途有肉用、兼用、药用等，其生长速度慢而性成熟早。不同生长速度的优质黄羽肉种鸡生长发育有差异，开产日龄不尽相同，其饲养管理也略有区别。中速型优质黄羽肉鸡多数在20周龄开产，根据其生理特点和饲养工艺，将0~20周龄鸡分为2个阶段。据此可将优质黄羽肉种鸡养育阶段划分如下：育雏期（0~7周龄）、育成期（8~20周龄）、产蛋期（21周龄至产蛋结束）。

（二）育雏期的饲养管理

1. 制订育雏计划

养殖业风险大、利润低，关键是要把握好市场。为控制风险，宜先预测肉子鸡市场价格，这就涉及确定育雏时间，而育雏时间与鸡性成熟和产蛋高峰有关。在确定育雏时间时要考虑市场鸡雏价格和鸡群的周转，鸡群在24~40周龄期间产蛋量最高，故应在鸡雏价格上涨前20~21周开始育雏。同时还要考虑鸡群的更新，应在鸡群淘汰前10~12周开始育雏，使鸡群在淘汰后鸡舍经消毒维修准备，后备鸡在17周龄左右，正好可以转群。育雏时间确定后，以成年鸡数连续除以育雏成活率、选留率、雌雄鉴别准确率以确定所需雏鸡数。

2. 环境控制

育雏房舍、设备和用具消毒准备及饲养管理中的温度、湿度、通风等环境控制与优质黄羽肉鸡的商品肉子鸡相同。着重点在于黄羽肉种鸡的饲养管理过程中特别强调消毒过程，有条件的还要测定消毒效果，同时对场区周围地区进行定期消毒，育雏期对育雏室每周消毒2次或隔日1次，育成期每周消毒1次，产蛋期每月1次带鸡消毒。

3. 注重鸡群的均匀度

种雏鸡的饲养密度应比商品鸡小，公鸡7.2只/米²，母鸡10.8只/米²。调整密度时，将体重过大过小的分别组群。根据体重大小分别饲喂，保证鸡群整齐度。

每周或每2周1次随机抽取1%~5%的个体逐只称重，及时了解鸡群生长发育状况,并与该品种鸡的标准体重进行比较,据此调整饲养管理措施,保证鸡群的整齐度。

4. 断喙

目的是防止鸡形成啄癖,还可以减少饲料浪费,增加群体均匀度。现多于7~20日龄进行早期断喙,断喙前后3天在料槽中多加料以减少采食引起的疼痛,在饲料中加维生素K(2毫克/千克)以减少出血,加适量的抗生素和复合维生素以缓解应激。断喙不应与免疫接种同时进行。

5. 公母分群饲养

优质黄羽肉种鸡的父系和母系通常是不同的品种或品系,其生产用途和生长速度也不同,所以肉种鸡在育雏期间最好能公母分群饲养。

6. 锻炼消化能力

母鸡消化器官发育好才能适应在产蛋高峰时对大量营养的需求。故黄羽肉种鸡雏鸡的饲养既要供给充足的营养,又要注意适当增加一些沙砾和粗纤维,以刺激消化道的生长发育。增加沙砾从第三周开始,添加量为饲料总量的1%,颗粒大小以2毫米为宜,沙砾要清洁卫生,添喂之前用清水冲洗干净,再用0.01%高锰酸钾水溶液消毒。

(三)育成期的饲养管理

育成期的饲养管理是种鸡饲养能否成功的关键。优质黄羽肉种鸡育成期的长短因品种不同稍有差异,但饲养管理的要求基本相似。

1. 逐步换料

用4~7天的时间在育雏料中按比例增加15%~20%的育成料,直至全部换成育成料。

2. 光照管理

育成早期(2月龄以前)光照时间的长短对鸡群生殖器官发育影响不大,育成中后期则影响显著,须控制光照时间和强度以调节其性成熟期。优质黄羽肉鸡育成期要求光照强度5~10勒,采用每天不超过12小时的恒定短光照或随日龄的增加每周光照时间逐渐缩短,而不宜采用光照时间逐渐延长的光照模式。若光照时间逐渐延长,则优质黄羽肉鸡开产日龄提前,产蛋前期产小蛋时间长,而小蛋不适宜做种蛋,且开产日龄太早还会降低整个产蛋期的产蛋量,进而降低合格种蛋数及鸡雏数,影响经济效益。

密闭式鸡舍不受自然光照时间和光照强度的影响,在生产中可采用0~1周龄23小时光照,2~18周龄8小时光照,19~25周龄每周增加1小时光照直到每天 15 小时的光照,26 周龄以后至产蛋结束采用 15~16 小时光照,此期光照时间须恒定。开放式鸡舍育成鸡的光照管理因出壳时间而异,生产中采用 0~1 周龄 23 小时光照,2~7 周龄利用自然光照,8~18 周龄则依雏鸡的出壳时间而定,对于 4~8 月出壳的鸡,因其育成中后期自然光照逐渐缩短,故采用自然光照;对 9 月至翌年 3 月出壳的鸡,其育成中后期自然光照时间逐渐延长,若利用自然光照则会提前鸡的开产日龄,不利于提高合格种蛋数量,对此可查出该鸡群育成期间当地自然光照时间最长的日照时间,将育成期光照恒定为该时间,期间光照不足部分由人工光照补充。19 周龄以后每周增加 1 小时光照至 16 小时恒定,必须保证在 24 周龄时达到 16 小时光照。

3. 控制体重

用限制饲养控制鸡的采食量,从而达到控制鸡群体重的目的。与快大型白羽肉种鸡相似,限饲方法有每天限饲、隔天限饲等,其中隔天限饲法最普遍。此外,也可限制采食时间,免除每天称料工序,只需定时将喂料器遮盖或吊起,简单易行,但采食时间的把握很重要。

优质肉种鸡喂料量一般控制在自由采食的 80%~85%。每周抽测 5%~10% 的鸡称重,并用称得的平均体重与标准体重比较。如果平均体重低于标准体重,则加大饲料增幅或增加采食时间,待体重恢复到标准后再恢复到计划喂料量。相反,对体重超标的鸡下一周喂料量应不变,一直到体重恢复标准后再恢复到计划喂料量。如果没有标准体重,可抽出小群鸡每周进行自由采食测定,下一周把自由采食量的 75%~80% 喂给大群鸡。

中速型优质黄羽肉种鸡通常在 7~8 周龄时开始限饲,在限饲前应将体重过小和体质过弱的个体挑出单独饲养。不同体重鸡分栏饲喂,采取不同的限饲计划,使鸡群体重趋于一致。称重取样和时间的要求与快大型白羽肉种鸡一致,分栏饲养则每栏都取样,大群饲养则多点取样,称重时间每次都相同,隔日饲喂的在不喂料日称重。配置足够的饮水器和喂料器,避免采食不均导致鸡群体重不均匀。一般每只中速型优质黄羽肉种鸡适宜的食槽位置为 14 厘米,水槽位置为 2.5 厘米。

4. 饲养密度

随着日龄的增加,应逐渐降低饲养密度,保证育成鸡的活动范围,促进其骨骼、肌肉和内脏器官的发育,增强体质。优质黄羽肉种鸡适宜的饲养密度见表 5-1。

5. 整群

在 12 周龄时淘汰病鸡和残鸡,17~18 周龄转群时淘汰不符合标准的鸡。结合鸡群的选择和淘汰,将生长发育缓慢但健康的鸡分开组群,专门饲喂,提高其生长速度,从而提高全群的均匀度。整群也可从 10 周龄开始,按体重分群,对体重低的加强饲养,在育成期可整群 3 次。

表 5-1　优质黄羽肉种鸡的饲养密度(只/米²)

周龄	垫料地面	网上平养	周龄	垫料地面	网上平养
7	13.7~14.7	14.7~16.9	14	7.5~8.6	8.2~8.6
8	11.1~12.2	11.1~14.1	15	7.0~8.3	8.1
9	10.6~11.0	10.6~12.0	16	6.7~8.1	7.7
10	9.9~10.4	10.4~10.5	17	6.3~7.4	7.2
11	9.3~9.8	9.3~9.8	18	6.0~6.5	6.5
12	8.3~9.4	8.3~9.8	19	5.7~5.9	5.9
13	7.9~9.3	8.3~9.3	20	5.4	5.6

6. 补充断喙

第一次断喙一般在 7~20 日龄进行,有些个体因早期断喙不彻底,须在 15 周龄前进行补充断喙。育成期,尤其是后期,鸡喙已经角质化,神经、血管丰富,难切且容易出血,鸡应激大,因此最好早期断喙就成功。为减少流血和应激,育成期断喙前后 3 天应增加多维素的喂量特别是维生素 K(每吨饲料添加 50 克)。断喙后加强检查,发现出血者立即补烙切面,并临时增加喂料器中饲料的厚度,以免鸡采食疼痛而减少采食量。

7. 补喂沙砾和钙

从育成期开始,每周每 100 只鸡补喂沙砾 500~900 克(喂料量随鸡日龄的增加而增加)。开产前的 17~19 周,母鸡体重快速增加,生理产生剧烈变化,生殖器官快速发育,生殖激素大量分泌,其中雌激素诱导母鸡在产蛋前 10 天形成成年母鸡所特有的髓骨,故在此期间应换用预产期饲料(其成分与产蛋期料相同,仅钙含量为 2%),并适量增加喂料量。

8. 转群

育成期可能涉及两次转群,第一次在 6~7 周龄从育雏舍转入育成舍,第二次在 16~18 周龄期从育成舍转入产蛋舍。第二次转群时间要适宜,一般在该品种开产前 2~3 周,过早易因笼具问题造成采食、饮水困难,鸡群不易捕捉;过晚则不利于鸡群适应新鸡舍,造成已开产的鸡停产,未产蛋的推迟产蛋,这种影响需经过1~4周才能恢复。转群对鸡是一种应激,故转群时要做到按时转群,时间选择在早晨或晚上进行,转群前6小时停料,当天24小时光照,以利于采食和饮水,转群前后3天在饲料中添加维生素和饮电解质溶液,转群不应与免疫、断喙同时进行。

(四)产蛋期的饲养管理

当群体产蛋率达5%时即进入产蛋期,此期饲养管理目的是尽可能消除、减少各类逆境对产蛋的影响,发挥其遗传潜力,即提高产蛋量、提高蛋重、降低饲料消耗、降低蛋的破损率、降低产蛋期死亡率、提高受精率、提高种蛋合格率。

1. 饲养管理方式和饲养密度

优质黄羽肉鸡种鸡的饲养方式有平养和笼养,平养分地面垫料平养、棚上或网上平养、混合平养3种,笼养则分大笼饲养和笼养。适宜的饲养密度是在不影响种鸡生产性能和健康的基础上,充分利用鸡舍面积,以发挥最大效益。平养优质黄羽肉种鸡适宜的饲养密度见表5-2。实际生产中多采用大笼饲养和笼养。大笼饲养时自然交配,不配产蛋箱,蛋从网底滚至笼外两侧的集蛋处,此种管理方式每平方米饲养种鸡7~8只。笼养采用人工授精,此种饲养管理方式每平方米可养种鸡20~25只。

表5-2 优质黄羽肉种鸡平养的饲养密度(只/米²)

种鸡类型	全垫料	全部棚或网	2/3 棚网 + 1/3 垫料
中型优质种鸡	4.0	6.0	5.0
小型优质种鸡	4.8	7.2	5.3

2. 环境控制

最关键的是温度,舍温超过24℃,蛋重下降,超过27℃,则产蛋量下降。宜将环境温度控制在16~20℃。夏季一定要注意通风,并采取降温措施,冬天则应注意保温。每月定期消毒1次,经常清洗,不定期消毒。

3. 增加光照

19周龄开始增加光照,增加光照要与增加喂料量相结合,若自由采食时间早于增加光照时间,则鸡偏大;若晚于加光时间,则母鸡被迫早产,产蛋不长久。一般在增加光照的第二周增加采食量。

4. 日常管理

巡视鸡群,观察采食饮水情况、精神状态、粪便是否正常。观察水槽料槽是否通畅、有无破损等。检查鸡舍设备运行情况。捡蛋并检查鸡群产蛋情况，记录产蛋情况、环境温度、通风、光照等情况，填写日报表。

5. 开产前的饲养管理

开产前指种母鸡限饲结束后到开产之前，时间2周左右，种母鸡在这段时间体内将发生一系列的生理变化以逐步适应产蛋需求。此期将育成料转成产蛋前期料，其基本营养素与产蛋料相同，仅钙的需求为2%，隔日限饲转换为每天限饲，每天喂料1次转为2次。饲料的转换应循序渐进，一般在1周内应完成日粮的过渡。饲料改变的同时，逐渐增加光照时间。正确饲养的种母鸡适时开产，开产后产蛋率迅速上升，30周龄前后达到产蛋高峰，且产蛋高峰持续时间长。

6. 产蛋前期的饲养管理

从开产到产蛋高峰为产蛋前期，即开产到30周龄左右。这一阶段产蛋率上升很快，要求日粮的营养水平较高（表5-3）。继续增加喂料量，从3%产蛋率开始增加喂料量，按周调整喂料量，每次增加5~8克/只，直到产蛋高峰为止。

表5-3　产蛋期不同阶段的饲料营养

环境温度(℃)	产蛋前期			产蛋高峰期			产蛋后期		
	代谢能（兆焦/千克）	粗蛋白质(%)	钙(%)	代谢能（兆焦/千克）	粗蛋白质(%)	钙(%)	代谢能（兆焦/千克）	粗蛋白质(%)	钙(%)
10~13	12.89	17	3.0	12.89	15.5	3.0	12.89	14	3.2
17~21	11.97	18	3.2	11.97	16.5	3.2	11.97	15	3.4
29~35	11.05	19	3.4	11.05	17.5	3.4	11.05	16	3.7

当产蛋停止增加或连续几天停留在同一水平上，可试探是否已达产蛋高峰。每只母鸡增加5克饲料，连喂3~4天。如果鸡群产蛋量增加，说明产蛋高峰还没到，应继续增加喂料量，提高产蛋率。如果增加喂料量4天以后，鸡群的产蛋量没有提高，说明已达产蛋高峰，应将喂料量恢复至以前的量。

7. 产蛋高峰期管理

产蛋高峰期指从产蛋高峰到产蛋量迅速下降的时期，一般为32~52周龄。此期母鸡产蛋量最高，种蛋受精率、合格率最高，饲养管理的任务是尽可能维持长时间的产蛋高峰，高峰后使产蛋率缓慢下降。当鸡群产蛋率达50%

时改用产蛋高峰期饲养管理及饲料。高峰喂料要适时适量,高峰过后及时减料,如减料过早则影响产蛋,而减料过迟则会造成母鸡脂肪沉积,体重超标,导致后期产蛋率下降快。减料的幅度应与喂料量、季节、体重情况、产蛋情况等相结合。

8. 产蛋后期的饲养管理

产蛋后期指产蛋量迅速下降到淘汰为止,常在 53 周龄后。此期在饲养上应根据产蛋量下降的幅度减少喂料量,随着年龄的增加,增加日粮中钙的含量(钙含量比高峰期高 0.15% ~ 0.2%,可提高至 3% ~ 7%,而有效磷含量下调 0.05%),否则易影响蛋壳质量及孵化率。

9. 监测体重

19 周龄起每月抽测 10% 的母鸡体重,据此调整喂料和增加光照的时间,不能超重,每周增重控制在 60 ~ 100 克。

10. 种蛋管理

勤捡蛋,在产蛋高峰期,一般每天捡蛋 4 ~ 5 次。经常修补笼舍,减少笼外蛋、破损蛋、脏蛋、破蛋等非种蛋。产蛋前期蛋重小,产蛋后期蛋壳品质下降,都不宜做种用,一般在 21 ~ 64 周龄收集种蛋。

11. 催醒就巢母鸡

就巢性也称抱性,很多优质黄羽肉种母鸡都有就巢性,就巢使产蛋量下降,因此生产中可用物理或化学法对就巢母鸡进行醒抱。

(1)物理方法　将母鸡隔离到通风且明亮的地方,给予物理干扰,如用冷水泡脚、吊起一只脚、用鸡毛穿鼻孔等,数天之后母鸡即醒巢。

(2)化学方法　给母鸡皮下注射 1% 硫酸铜溶液,1 毫升/只,有效率可达 70%;每千克体重注射 12.5 毫克的丙酸睾酮,效果很好;喂服复方阿司匹林,大型母鸡每天 2 片,小型母鸡每天 1 片,连服 3 天左右,催醒率可达 90%。

就巢性的遗传力很高,个体选育有效,可以通过选育减轻或失掉抱性,如现代商品蛋鸡通过长期选育几乎没有抱性。

12. 提高受精率的措施

(1)加强小公鸡的管理　小公鸡采用平养的管理方式,以利于锻炼其体力,笼养则要降低饲养密度。对小公鸡实施限制饲养,每周称重,控制体重,9 ~ 17 周龄恒定光照时间为 8 小时,18 周龄后每周增加 0.5 小时直至 12 ~ 14 小时光照。人工授精的要断喙,自然交配的要断趾。

(2)提前输精　优质黄羽肉种鸡在 21 周产蛋率达 5% 时,蛋重大部分已达标准(蛋重为 41 克以上)。此时可把鸡冠大、颜色红的母鸡挑出,集中放置。到 22 周产蛋率达 10% 时,就可对挑出的母鸡进行输精。当产蛋率达 40% 时,对全部鸡群输精。

(3)加强严冬和酷暑期的人工授精 一年中最冷和最热的时期受精率低且不稳定。可以将原来的 5 天 1 次输精间隔时间缩短为 3~4 天 1 次,将输精量增加到 0.030~0.035 毫升/只。在输精前捡蛋,输完精后 2 小时,发现有产蛋鸡再补输 1 次。

(4)加强种公鸡的管理 人工授精用的种公鸡单笼饲养,饲喂公鸡饲料,每月称重 1 次,体重下降大于 100 克则停止采精或延长采精间隔。种用期每天光照时间 12~14 小时,光照强度 10 勒。

(五)种公鸡的特殊管理

1. 满足运动需要

公鸡最好有运动场,以锻炼腿力。饲养密度宜控制在育雏阶段 15 只/米^2,育成阶段 3.5 只/米^2 以内。运动有利于公鸡体格的生长,获得发达的肌肉和坚实的骨骼,从而有助于配种。

2. 注意保护脚

种公鸡体型大,脚负担重,脚部易患病,直接影响其种用价值。种公鸡不宜网上平养,以免生锈的铁丝网损伤脚趾,地面平养的垫料要厚,且质量要好,进行人工授精的小型肉种公鸡才宜采用笼养。

3. 剪冠、断趾和切距

有些品种成年种公鸡的冠影响采食和饮水,公鸡的争斗和啄癖易使冠损伤和流血,寒冷地区冬天易冻伤鸡冠,鸡冠与食槽和饮水器上的铁丝接触也易造成损伤,故小种公鸡可在 1 日龄剪冠。

自然配种时,公鸡的距和内侧趾爪常常抓伤母鸡,使母鸡害怕配种而影响受精率。因此,种公鸡最好进行断趾和切距。断趾常在 1 日龄进行,将两个内侧的趾(第一趾和第二趾)在第一个趾关节处切断。切距在 10~16 周龄种公鸡距帽完全形成时进行。

(六)黄羽肉用种鸡生产标准

饲养父母代种鸡的目的是尽可能多地提供优质商品代雏鸡,提高种用价值和经济效益。随着遗传育种、饲料配合、环境控制等方面的进步,黄羽肉种鸡生产水平已逐渐提高。表 5-4 列出新兴黄羽肉种鸡父母代的生产标准,供参考。

表 5-4 新兴黄羽鸡父母代的生产标准

周龄	周末体重（克）	日均喂料量（克/只）	产蛋率（%）	周龄	周末体重（克）	日均喂料量（克/只）	产蛋率（%）
1~4		自由采食		31	2 580	128	77
5	510			32	2 600	128	77
6	600			33	2 620	128	77
7	695	36		34	2 650	125	76
8	790	41		35	2 650	125	76
9	880	44		36	2 650	125	75
10	975	47		37	2 650	122	74
11	1 065	50		38	2 680	122	73
12	1 150	54		39	2 680	122	72
13	1 220	57		40	2 750~2 850	120	70
14	1 290	63		41	2 750~2 850	120	68
15	1 360	64		42	2 750~2 850	120	68
16	1 435	66		43	2 750~2 850	120	67
17	1 525	72		44	2 750~2 850	118	65
18	1 620	76		45	2 750~2 850	118	65
19	1 720	80		46	2 750~2 850	118	62
20	1 820	86		47	2 750~2 850	118	60
21	1 920	92		48	2 750~2 850	115	59
23	2 130	97	8	49	2 750~2 850	115	58
24	2 200	100	30	50	2 850~2 950	115	55
25	2 280	110	50	51	2 850~2 950	115	53
26	2 350	120	72	52	2 850~2 950	115	49
27	2 400	125	28	53	2 850~2 950	115	48
28	2 450	130	80	54	2 850~2 950	115	48
29	2 500	130	78	55	2 850~2 950	112	46
30	2 550	130	78	56	2 850~2 950	112	46

周龄	周末体重（克）	日均喂料量（克/只）	产蛋率（%）	周龄	周末体重（克）	日均喂料量（克/只）	产蛋率（%）
57	2 850～2 950	112	45	63	2 850～2 950	110	44
58	2 850～2 950	112	45	64	2 850～2 950	110	43
59	2 850～2 950	112	45	65	2 850～2 950	100	43
60	2 850～2 950	112	45	66	2 850～2 950	100	43
61	2 850～2 950	110	45	67	2 850～2 950	100	42
62	2 850～2 950	110	44	68	2 850～2 950	100	42

二、白羽肉种鸡的饲养

快大型白羽肉鸡有商品代、父母代、祖代和曾祖代，商品代指肉子鸡，而其他的都称为种鸡。实际生产中饲养户养得较多的是父母代肉种鸡，故此处介绍快大型白羽肉种鸡父母代的饲养管理。

饲养种鸡的目的是尽可能多地生产肉子鸡，这就要求提供适宜的环境、营养全面均衡的饲料和精细的饲养管理，以发挥其最大生产潜能。

（一）快大型白羽肉种鸡生理阶段与饲养制度

1. 快大型白羽肉种鸡生理阶段的划分

快大型白羽肉种鸡分育雏期、育成期和产蛋期。育雏期指出壳后至 4 周龄，育成期指 5～23 周龄，产蛋期指 24 周龄至产蛋结束。实际生产中也将 1 日龄雏鸡至开产（通常指 0～24 周龄）期间处于生长阶段的鸡称为后备鸡。

2. 饲养制度

（1）三段式　三段式饲养制度是最经典的饲养制度，因为传统的鸡场设计生产区内有育雏、育成和产蛋 3 种鸡舍。育成鸡舍安排在育雏和产蛋鸡舍之间，顺应转群的顺序，便于操作。设计完善的鸡场，将 3 种鸡舍分区建设，留有一定的距离，并注意与饲料库、生活区保持恰当的距离。在布局方面可划分成小区，以保证育成鸡和产蛋鸡使用。雏鸡从 5 周龄由雏鸡舍转入育成鸡舍，之后一直饲养到接近性成熟再转入产蛋鸡舍。三段式饲养是我国目前主要的饲养方式。

（2）两段式　目前的趋势，育成鸡分别在育雏舍或产蛋鸡舍中饲养，不需要专用的育成鸡舍。种鸡无论是平养还是笼养，1 日龄雏鸡在雏鸡舍内一直养到 10 周龄左右，再转入产蛋鸡舍。这种方式用于种鸡生产意义较大，既减少了一次转群,且转入永久性产蛋鸡舍年龄较小,可适当预防应激。

(3)一段式　这种方式多应用于种鸡地面、网上或板条饲养,从1日龄开始直至产蛋结束在同一鸡舍内完成,仅随着年龄的增长更换相应的设备。

(二)快大型白羽肉种鸡育雏期的饲养管理

快大型白羽肉种鸡育雏期为0~4周龄,比过去缩短了2周。可以采用的饲养方式有笼养、网上平养和地面垫料平养,通常采用笼养或地面垫料平养。开始育雏时最大饲养密度:电热育雏伞400~600只/个,红外线燃气伞750~1 000只/个,正压热风炉21只/米^2。母鸡饲养密度10~12只/米^2,公鸡饲养密度10只/米^2。若采用育雏—育成—产蛋一段式饲养法,要以产蛋期鸡数计算,一般垫料地面4.5只/米^2,漏缝地面5.2只/米^2。采食位置和饮水位置与商品代肉子鸡相同。

快大型白羽肉种鸡育雏期在营养上需粗蛋白质17%~18%,氨基酸需求量高于育成期和产蛋期,某些微量元素和多维素与育成期相同,但均低于产蛋期,钙含量低于育成期和产蛋期,而磷的含量则相反。

(三)快大型白羽肉种鸡育成期的饲养管理

1.饲养密度

5~19周龄的快大型白羽肉种鸡通常采用地面垫料平养和网上平养的饲养方式。饲养密度可根据不同饲养方式和季节变化进行调整,见表5-5。

表5-5　肉种鸡育成期饲养密度

饲养方式	垫料平养(只/米^2)		网(条)上平养(只/米^2)	
	温和	炎热	温和	炎热
母鸡	6.2	4.8	6.7	5.4
公鸡	3.0	2.7	3.6	3.0
混养	6.0	4.5	6.2	5.0

2.采食位置

无论采用哪种饲养方式或限饲方案,要让所有的鸡都能同时吃上饲料。育成鸡对采食位置的需求见表5-6。若采用链式喂料机,应在5~7分内将饲料分配到整个鸡舍,直到鸡吃完饲料再停止链条的运转。若采用料桶供料,应在每个料桶内投放等量的饲料,并能让所有的鸡可以同时吃上料。喂料设备的高度,应以料槽或料盘边沿调整到鸡背的高度为准,防止饲料浪费和垫料、粪块进入喂料器内。

表5-6　育成鸡的采食位置

喂料设备	公母分饲		公母混养
	母鸡	公鸡	
链式食槽(厘米/只)	15	20	15
圆形料桶(只/个)	12	8~12	12
圆形料盘(只/个)	15	12	12~15
笼养食槽(厘米/只)	12.5~15	15~20	

3.饮水位置

适宜的饮水量为鸡正常生长发育所必需,因此,要提供给鸡足够的饮水位置。快大型白羽肉种鸡育成期对饮水位置的需求见表5-7。

表5-7　育成鸡的饮水位置

饮水设备	公母分饲		公母混养
	母鸡	公鸡	
水槽(厘米/只)	2.5	4.0	2.5
乳头式饮水器(只/个)	10~12	8	10~12
圆钟式饮水器(只/个)	80	60~80	80

(四)快大型肉种鸡育成期性成熟的控制

培育良好的育成鸡,体重控制适宜,又适时开产,可如期达到应有的产蛋高峰,且产蛋持续性好,全期产蛋量多。若在生长期间对光照或饲养等条件未加注意,使育成鸡过早性成熟,开产虽然较早,但所产蛋小,种蛋合格率低,持续高产时间短,产蛋量减少,鸡群死亡率也高;若性成熟太晚,则推迟开产时间,产蛋量也会减少,因此开产日龄与种蛋产量密切相关(见表5-8),生产中要特别注意控制性成熟时间。

表5-8　快大型白羽肉种鸡开产日龄与产种蛋的关系

饲养日产蛋率达5%的周龄(周)	产蛋周(周)	产蛋量(枚)	合格种蛋(枚)
20	40	172	130
21	41	179	143
22	42	182	155

饲养日产蛋率达5%的周龄(周)	产蛋周(周)	产蛋量(枚)	合格种蛋(枚)
23	43	188	165
24	43	194	175
25	44	199	183
26	44	199	183
27	44	197	179
28	43.5	194	175
29	43	190	169
30	42	185	163

光照程序、营养与体重是控制肉种鸡性器官发育的重要因素。控制性成熟的主要方法是限制饲养和控制光照。特别是10周龄以后,光照对育成鸡的性成熟影响很大。控制性成熟的关键是一定要把限制饲养与光照管理相结合,只强调某个方面都不会起到很好的效果。比如严格按限制饲养要求进行管理,鸡的体重达到开产日龄时的体重,但没有开产,主要原因就是光照时间不足,性器官发育受到影响,即控制鸡体重不能完全控制性成熟。如果只强调光照管理,忽视鸡群体重大小,增加光照时间的结果易造成开产鸡蛋重小,脱肛现象也会增多。

1. 控制光照

(1) 光源　快大型白羽肉用种鸡可采用自然光和灯光,两种光源对肉种鸡的作用相同。利用自然光照,其最大优点是省电,缺点是自然光照有季节性,光照时间过短时抑制产蛋,造成全年产蛋不均衡,而且自然光照强度过大。白炽灯或荧光灯的灯光,则可根据肉种鸡的生理需求来供电,光照时间和强度容易控制,可全年均衡生产,但停电时间过长或停电次数多则对肉鸡生产有不利影响。

(2) 光照作用　光照可起到杀菌、消毒和干燥鸡舍的作用,还能提高肉种鸡的新陈代谢,提高食欲,使雏鸡熟悉环境,促进饮水、采食。自然光中的紫外线可促使皮肤将 7-脱氢胆固醇转化为维生素 D_3,从而间接调节钙、磷代谢。光照通过眼睛作用于或直接作用于育成期肉用种鸡的丘脑和松果体,促使其分泌促卵泡素(FSH)和促黄体素(LH),从而促进卵泡发育和产生雌激素等,因此光照能促进母鸡产蛋和公鸡精子的形成。

（3）光照作用的方式

1）光照时间　对于生长期肉种鸡，光照少于 8 小时会影响生长和增重。对于育成期小母鸡，光照时间逐渐延长，则容易早熟，逐渐缩短，则性成熟推迟，这是生产中所期望的，因为这样可使肉种鸡产蛋较快地进入产大蛋期，且在整个产蛋期生产较多的蛋。如果育成期将光照时间恒定在 10 小时或超过 10 小时，则可使母鸡早熟，恒定在 10 小时以下则较晚熟。2 月龄是母鸡性腺发育的转折点，之前对光照控制不严格对性腺发育没有太大的影响，之后若不对光照进行控制，则不易控制性成熟期。对于产蛋期肉种鸡应保证光照时间至少 16 小时。

2）光照强度　生长期肉种鸡接收光照强度过强，容易使生长发育受到影响，因此生产中通常采用 5 勒。在 5 勒以下，光照强度越高，生长越快；在 5 勒以上，光照强度越高，生长速度反而会降低，且光照强度太强，常常导致和加重啄癖。肉种鸡在产蛋期时光照过强易产生啄癖，生产中快大型肉种鸡对光照强度不敏感，多使用 15～20 勒的光照强度，在 15 勒以下，随着光照强度的增加，产蛋量也升高；若过分提高光照强度，产蛋量并不相应增加，反而易产生啄癖。

光照强度可用光照强度仪进行测定，一般夏季正午阳光直射时 6 万～10 万勒，无太阳时室外 1 000～10 000 勒，夜间满月时 0.2 勒。生产中人们熟悉灯泡的瓦数，并不熟悉勒单位。1 勒指 1 米^{2}均匀得到 1 流明的光通量，即 1 流明/米^2。通常 1 瓦白炽灯可提供 12.65 流明的光通量，但其中只有 49% 即 6.15 为有效流明，据此可根据需要计算所用灯泡的大小和数量。比如生长期肉种鸡需要光照强度为 5 勒，鸡舍面积 1 000 米^2，则所需光通量为 5 000 勒，整个鸡舍需 5 000÷6.15≈813（瓦）的灯泡，若所用灯泡功率为 15 瓦，则共需 55 个灯泡。

3）光照颜色　不同光照颜色对肉种鸡繁殖性能的影响也不同，红色光照使母鸡性成熟延迟，也可使鸡安静，从而减少啄癖，可以略增加产蛋量，但使受精率降低。黄色光照可降低种母鸡饲料报酬，使蛋重增加，延迟其性成熟期，增加公鸡交配能力，但易增加啄癖的产生。绿色光照能降低母鸡饲料消耗，促进种母鸡性腺发育，对鸡生长、交配较好，也能减少啄癖。蓝色光照可促进种母鸡性腺发育，减少啄癖，对生长和交配较好。光照颜色对睾丸发育的刺激作用强弱顺序为红、橙、黄、绿、青、蓝、紫。总之，长波长的光照（红、黄）比短波长的光照(蓝、绿)更容易促进繁殖,但却能使整个产蛋期蛋重小、蛋壳质量差。所以生产中没有任何一种光既可使种母鸡产蛋量增加,又可使蛋重提高,所以一般仍用白光,仅在有目的增加产蛋时用红光,提高蛋重时用蓝光,夜间捉鸡时,用红光或蓝光,使鸡易于捕捉。

(4)光照控制 为了控制性成熟期,且使种母鸡产蛋持续性好,原则上在育成期光照以防止早熟、促进生长为主,10周龄以后光照时间宜短,光照强度宜弱,产蛋期光照时间宜长,光照强度不宜弱。快大型白羽肉种鸡对光照的反应较迟钝,产蛋前光照时间和光照强度宜突然增加,这种强刺激对绝大多数种鸡都能产生明显效果,开产非常整齐,高峰期产蛋率也很高,也便于把握何时投喂高峰料和高峰后减料。种母鸡生长期使用较短的光照时间和较低的光照强度,以提高后期光照刺激的效果。生长期控制光照时间不迟于2月龄,将光照时间控制在8~9小时恒定光照或选用渐减渐增的光照方案。开产前增加光照时间应提早1个月左右进行,第一次增加光照时间的幅度宜大,一般增幅1~3小时比用15分或30分的阶梯式刺激更敏感,更有效。

我国处于北半球,其日照特点是冬至日照时间最短,夏至日照时间最长。春夏季孵化的雏鸡(3~8月出壳),其生长中后期自然光照时间逐渐缩短,可直接利用自然光照。秋冬季出壳的雏鸡(9月至翌年2月出壳),其生长中后期自然光照时间逐渐延长,若利用自然光可能加快性成熟,使母鸡早熟、早衰,具体可采用恒定光照或渐减渐增的方案进行补救。

恒定光照制度,指从雏鸡出壳至3天,采用24小时光照,同时查出该批母鸡20周龄时的光照时间,如为10小时,则从4天至开产,用10小时光照保持到20周龄,其间光照时间不足则用人工光照补充,之后每周加1小时,根据具体情况在19~21周龄时直接增加3小时的光照以促进性腺发育,以后也每周加1小时直到进入产蛋期光照。采用这种光照制度要注意育成期每天光照时间不可减少。

渐减渐增光照方案,指从雏鸡出壳至3天,采用24小时光照,同时查出该批母鸡20周龄时的光照时间,如为10小时,则在此基础上增加5小时人工光照,从4日龄起每周减15分,至20周龄时恰好减5小时,用这种方法人为地营造光照时间逐渐缩短的光照模式。根据具体情况在19~21周龄时直接增加3小时的光照以促进性腺发育,以后也每周加1小时直到进入产蛋期光照。

生产中将肉种鸡产蛋期光照时间控制在16~17小时,整个产蛋期光照时间稳定直到产蛋结束,其中自然光照时间不够时补充人工光照。

总之,控制光照时间的目的在于使肉种鸡生长阶段处于短的或逐渐缩短的光照中,并与限制饲养相配合以控制开产时间,在接近产蛋前逐渐延长光照时间,并在恰当时间点突然大幅度增加光照时间以促进性腺发育,产蛋期则稳定光照时间,在产蛋后期可适当增加光照时间。注意从生长期过渡到产蛋期时,光照时间应循序渐进,每周增加,使母鸡对光照刺激有一个渐适应过程,才有利于母鸡健康和产蛋。

对于光照强度,灯光与鸡背间的距离影响光照强度,一般灯高2~2.4米,灯与灯距离通常为灯高的1.5倍,灯距一般3米。为了使光照强度均匀,可采取灯数多、灯泡瓦数小来调节,但瓦数小,高度则应降低,生产中一般为40~60瓦,不宜大于60瓦。若育雏、育成、产蛋在一起,可用大灯泡,用调节电压来调节强度,或安装2排交叉排列的灯泡。影响光照强度最大因素是尘埃,所以灯具应定期进行清洁。

(5)快大型白羽肉种鸡光照程序示例　在肉种鸡生产过程中,若性成熟期比预定提前,则减慢增加光照时间的速度,反之则应加快增加光照时间的速度。根据制定的光照程序,自然光照时间不足,则早、晚各补充一部分光照时间,不宜只在早上或晚上增加光照时间,特别是炎热季节。冬季白天也可适当进行光照的补充。

种母鸡产蛋期的光照时间直接影响到产蛋性能,所以要求足够的光照时间,每天应给予16~17小时的连续光照时间,且光照时间一旦确定则恒定。光照强度要求密闭式鸡舍不低于20勒,开放式鸡舍不少于30勒,并且要求照度均匀。光照制度一经确定,要严格执行,最好安装自控装置。快大型白羽肉种鸡光照程序可参照表5-9和表5-10。

表5-9　开放式鸡舍快大型肉种鸡光照程序

生长期	光照时间	光照强度
1~2日龄	23小时	30~40勒
3日龄至16(或18)周龄	3~8月孵化的鸡采用自然光照 9月至翌年2月孵化的鸡,采用恒定光照或渐减渐增方案,多使用恒定光照制度,不够的光照用人工光照补充	15勒
17~18周龄	保持光照时间不变,绝对不能减少	15勒

生长期	光照时间	光照强度
19～22 周龄产蛋	突然增加光照时间点的选择可在这几周进行，19 周龄增加光照时间主要看体重是否达标，21 周龄增加光照时间则主要看体重和第二性征，在 22 周龄时若第二性征还不明显，则一次增加光照时间 3 小时。若 19 周龄时光照时间少于 10 小时，且体重已达标准，则在 19 周龄的第一天增加 2 小时光照，刺激性成熟。以后每周至少增加 1 小时光照至产蛋高峰前达 16 小时为止，比每周增加 15 分或 0.5 小时效果好，若 19 周龄时光照时间 10～12 小时，则 19 周龄增加 1 小时，以后每周至少增加 1 小时光照，至产蛋高峰前达 16 小时为止。若 19 周龄光照时间达 12 小时以上，则 21 同龄时增加 1 小时，以后每周增加 1 小时到 17 小时为止	30～50 勒
22 周龄至产蛋	每 2 周至少加光 1 小时，直到 16～17 小时恒定	40～50 勒

表 5－10　密闭式鸡舍快大型肉种鸡光照程序

生长期	光照时间	光照强度
1～2 日龄	23 小时	20 勒
3～7 日龄	16 小时	5～10 勒
8～18 周龄	8 小时	5～10 勒
19～20 周龄	9 小时	5～10 勒
21 周龄	10 小时	10 勒
22～23 周龄	13 小时	20 勒
24 周龄后	每周增加 1 小时，到 27 周龄时达 16 小时	20 勒

2. 限制饲养

（1）限制饲养的原因　在快大型白羽肉种鸡生产的初期，主要采用自由采食，结果肉种鸡体重过大、过肥，使得肉种鸡开产提前，产小蛋时间长。而在肉鸡生产中，小蛋为不合格种蛋，因为蛋重与初生重、8 周龄体重相关，这就会降低种蛋合格率，增加雏鸡成本。自由采食的饲养方式还使肉种鸡产蛋率达不到最高峰,整个产蛋期的产蛋率偏低,全期产蛋量下降,肉种鸡受精率、孵化率也较低。因此要采取限制饲养,从而延迟开产,提高种蛋合格率(数)。

在肉种鸡育成期,为避免其采食过多,造成体重过大或过肥,在此期间对日粮实行必要的数量限制,或在能量、蛋白质质量上给予限制,这一饲喂技术称限制饲养。这种饲养方式最早在肉用种鸡育成期阶段采用,现在限制饲养还引入产蛋高峰后,根据产蛋率下降的幅度来进行限制饲养,使得产蛋率在产蛋高峰后的下降坡度减缓。

(2)限制饲养的目的　主要是控制肉种鸡的生长速度和性成熟时间,使其体重符合标准,整齐度好,性成熟和体成熟同步,从而适时开产,群体开产整齐,初产蛋重大,高峰持续期长,合格种蛋率高。

采用限制饲养,可在育成期防止肉种鸡采食过多的饲料,一般可节约20% ~30%的饲料(表5-11)。限制饲养可以控制体重增长,维持标准体重,还能保证肉种鸡正常的体脂肪蓄积。一般肉种鸡为维持正常的生理功能,需要不低于总体重4%的体脂肪,一定的脂肪储存有利于维持产蛋持久性,但不能有过多的脂肪储存。限制饲养可以防止肉种鸡早熟,提高生产性能,体重过轻或过大、早熟或延迟成熟的鸡群,产蛋量都不会达到标准水平。一般限制饲养可使性成熟期推迟5~10天,推迟产蛋则可减少产蛋初期小蛋的数量。限制饲养能减少产蛋期间的死淘率,因为限制饲养是属于非常强烈的应激,一些未被发现的病弱鸡在生长期因不能耐受限制饲养而死亡,使得肉种鸡在生长期死淘率增加,而产蛋期死淘率较低。

表5-11　限制饲养与自由采食的体重和饲料消耗

周龄	饲料消耗[千克/(100只·天)]		饲料每周减少(%)	体重(千克)	
	限饲	自由采食		限饲	自由采食
4	4.3	5.0	14	0.50	0.59
6	5.0	7.2	31	0.64	1.00
8	5.5	9.6	41	0.86	1.50
10	6.0	12.7	49	1.05	1.95
12	6.7	15.6	57	1.23	2.36
14	7.3	16.6	56	1.41	2.72
16	8.0	17.2	54	1.59	3.04

周龄	饲料消耗[千克/(100只·天)]		饲料每周减少（%）	体重(千克)	
	限饲	自由采食		限饲	自由采食
18	8.6	17.6	51	1.77	3.31
20	9.2	18.0	49	1.96	3.54
22	9.8	18.3	46	2.18	3.72
24	10.5	18.7	44	2.50	3.86

注:引自《商品鸡生产手册》。

（3）限饲方式　有质的限制和量的限制之分。在最开始进行限制饲养时,将质的限制法用于生长过快的大型白羽肉种鸡,其方法是打破日粮平衡,喂给不平衡饲料,减少能量采食,增加粗纤维或低能饲料等。其优点是控制性早熟十分有效,缺点是其他方面效果不好,且方法不易掌握,技术要求高,浪费饲料,所以现在已不用于肉种鸡生产。量的限饲指给肉种鸡饲喂全价平衡日粮,从饲喂量上加以控制,通常在正常饲喂量上减少20%～30%的日粮。这种方法易掌握,效果好,能推迟性成熟5～10天,大大节省饲料,每只肉种鸡可节省2～2.7千克饲料,产蛋率、种蛋合格率提高,产蛋期死亡率下降,体重下降20%,维持成本降低。

目前在快大型肉种鸡生产过程中,有以下几种限饲方式:

1）每天限饲法　每天限制采食量,将减少20%～30%的饲料在早上一次投给。但采食竞争加强,加大争食应激,强者不受限,弱者过分限制,体重均匀不一致,不整齐。

2）隔日限饲法　将限制饲养后两天的料加到一起,在一天中投喂。每喂料1天停1天,1天的给料量超过自由采食的量,故竞争减弱,在鸡群整齐度太差时使用较有利。一般在肉种鸡5～16周龄时使用。

3）二一限饲法　连续喂料2天,然后停喂1天,此法在鸡群中的竞争比隔日限饲还弱。可在6周龄后作为隔日限饲法或五二限饲法的过渡,一般不单独使用。

4）五二限饲法　在1周内选2天不投料,其余每天都投料,在鸡群中的竞争更弱。主要在9～22周龄时采用,对鸡群的应激相对较小,但比六一限饲法的应激程度大。

5）六一限饲法　在1周内只有1天不投料,其余每天都投料。在7～23

周龄采用比较有效,此限饲法造成的竞争最弱,目前应用越来越多。

6)综合限饲法　根据生长期的不同,采取不同的限饲方式,限饲方法效果好。综合限饲方案示例,1~2 周龄自由采食,3~4 周龄每天限饲,5~9 周龄隔日限饲,10~17 周龄五二限饲,18~23 周龄六一限饲,24 周龄以后每天限饲。

一般在开产之前,使限饲程度随鸡龄提高而逐步放宽,以利于正常开产。至于在生长或产蛋期采用哪一种限饲方式,主要取决于肉种鸡的实际体重与标准体重的差异。

快大型白羽肉种鸡生产中的限制饲养多采用限量法,把每天每只鸡的喂料量减少到正常采食量的 70%~80%。采用这种方法,必须先掌握鸡的正常采食量,因为每天的喂料总量随鸡群日龄而变化,故要正确称量饲料。具体实施时,要查明雏鸡的出生时间、周龄和标准饲喂量,再确定给料量。采用限量法时,日粮质量要好,否则量少质又差会使鸡群生长发育受到影响。

(4)限制饲养注意事项　在肉种鸡育成期,限制饲养与控制光照要相结合,效果才明显。过去经典的限饲方案是种母鸡从 3~4 周龄开始,现在已提前至 1 周龄后,即 2 周龄起就限饲,以使雏鸡体重起伏不太大。事实上,肉种鸡从 7 日龄至产蛋结束都可实行不同程度的限饲。种公鸡一般从 5~6 周龄或当每只鸡每天采食 120 克饲料时开始限饲,使其骨骼能得到充分发育。

限饲后应增加槽位,同时槽位布局宽些,保证弱者吃到食物,降低竞争和压抑感。正常情况下,喂料时有 80% 的鸡采食、20% 的鸡饮水。为保证料位、水位充足,喂料厚度均匀,让鸡群在相同时间吃上饲料。使用常规喂料器,限制饲养开始后晚上加好料,以便在清晨采食之前,料槽各部位都已装满饲料,使鸡采食机会均等,以减轻压抑感,给料日则不断投饲,保证料槽有料。使用自动喂料机,要防止靠近料斗的鸡首先吃料、吃到过多的料,而鸡舍尽头的鸡吃料太少,可提高自动饲喂器的速度,正常布料速度 6 米/分,限饲时 12 米/分,尽快将饲料布满料槽,防止鸡集中在喂料器的一个区域,造成采食不均匀。

限制饲养开始后要保证供水充足,并补充沙砾,每 100 只鸡补充量为450~900 克/周。限饲后若出现疾病则应自由采食,在鸡群因防疫注射、转群、运输、断喙、疾病、高温、低温等逆境而发生应激反应时,必须通过改变饲养方案予以补偿,恢复正常后再行限饲。

(5)限饲的操作

1)限饲前的准备　限饲前进行断喙,一般在 5~9 日龄进行。限饲前普遍称重并分群,先抽测全群5%～10%的鸡进行称重,得出平均重,计算均匀度,然后逐只称重,平均分为大、中、小三组,同时淘汰病、弱鸡。肉种鸡均匀度每增减3%,入舍母鸡产蛋数则增减4枚,要求均匀度大于75%。

2)称重与调整　称重时间固定在同一天、同一时辰,每天限饲时在下午称重,隔日饲喂时在停料日的下午进行最好。切记空腹称重,称完体重后再喂料。生长期每栏抽测称重5%～10%,产蛋期则抽测2%～5%,不可用一栏代替全栏。母鸡从第二周开始每周称重,开产后每月称重。称重要做到随机,抽样要有代表性,一般先把栏内的肉种鸡徐徐驱赶,使舍内各区域的鸡以及大小不同的鸡能均匀分布,然后在鸡舍的任意地方用铁丝网围大约需要的鸡数,并将伤残鸡剔除,剩余的鸡逐个称重登记,以保证抽样鸡的代表性。抽到的肉种鸡无论大小全部称,计算平均重与均匀度,与标准重比较,决定下周给料量,并按体重调整鸡群,结合称重时进行调整,调出与调入鸡数相等,产蛋期则不调整。

3)喂料量的确定　开产前的喂料量主要依据是体重与标准体重之间的关系,也适当考虑代谢能和粗蛋白质。所以育成期应根据体重标准、每周称重情况、季节、饲料的营养水平、鸡群状况等因素综合考虑喂料量,其最终目的是通过调整喂料量,达到规定的体重标准。肉用种鸡体重和喂料量的确定可参考表5－12至表5－14。

表5－12　肉用种鸡平均体重

周龄	正常体型肉用种鸡			矮小型肉用种母鸡
	母鸡(克)	公鸡(克)	公鸡重/母鸡重(%)	体重(克)
1	140	150		130
2	220	250		210
3	410	460	115	360
4	500	580		410
5	590	680		500

周龄	正常体型肉用种鸡			矮小型肉用种母鸡
	母鸡（克）	公鸡（克）	公鸡重/母鸡重（%）	体重（克）
6	640	820		590
7	770	910		680
8	860	1 040	119	730
9	960	1 130		820
10	1 050	1 290		860
11	1 140	1 410		950
12	1 230	1 500		1 040
13	1 320	1 630	123	1 090
14	1 410	1 770		1 180
15	1 500	1 910		1 270
16	1 590	2 040		1 320
17	1 680	2 130		1 410
18	1 770	2 270	127	1 500
19	1 860	2 400		1 540
20	1 960	2 540		1 630
21	2 050	2 680		1 730
22	2 180	2 900		1 820
23	2 320	3 090	135	1 950
24	2 500	3 360		2 040
25	2 630	3 580		2 130
30	2 730	3 860	142	2 270
40	2 960	4 140	140	2 360
50	3 090	4 320	140	2 450
60	3 180	4 410	139	2 500
70	3 270	4 460	136	2 590

肉鸡标准化安全生产关键技术

表 5 - 13　爱拔益加肉用种母鸡体重和限饲程序

周龄	体重（克）		喂料量（克/只）					能量需要（兆焦/只）	
	体重	周增重	每天	隔天	五二限饲	每周	累计	每天	累计
1	91		24	自由采食	自由采食	168	168	0.28	1.96
2	180	89	26	自由采食	自由采食	182	350	0.31	4.10
3	318	138	28	56		196	546	0.33	6.39
4	409	91	31	62		217	763	0.36	8.93
5	449	90	34	68		238	1 001	0.40	11.72
6	590	91	37	74	52	259	1 260	0.43	14.75
7	681	91	40	80	56	280	1 540	0.47	18.02
8	772	91	43	86	60	301	1 841	0.50	21.55
9	863	91	46	92	64	322	2 163	0.54	25.31
10	953	90	49	98	69	343	2 506	0.57	29.33
11	1 067	114	53	106	74	371	2 877	0.61	33.67
12	1 180	113	58	116	81	406	3 283	0.67	38.42
13	1 294	114	63	126	88	441	3 724	0.74	43.58
14	1 408	114	59	136	95	476	4 200	0.79	49.16
15	1 544	136	74	148	104	518	4 718	0.86	55.22
16	1 680	136	80	160	112	560	5 278	0.94	61.77
17	1 816	136	87	174	122	609	5 887	1.02	68.90
18	1 952	136	95	190	133	665	6 552	1.11	76.69
19	2 111	159	103	206	144	721	7 273	0.20	85.12
20	2 270	159	111	222	155	777	8 050	1.30	94.22
21	2 429	159	116	232	162	812	8 862	1.36	103.72
22	2 588	159	123	246	172	861	9 723	1.44	113.80
23	2 747	159	133	266	186	931	10 654	1.55	124.69

周龄	体重（克）		喂料量（克/只）					能量需要（兆焦/只）	
	体重	周增重	每天	隔天	五二限饲	每周	累计	每天	累计
24	2 906	159	143			1 001	11 655	1.67	136.41
25	3 065	159	153			1 071	12 726	1.79	148.95
26	3 178	113	164			1 148	13 874	1.92	162.38
27	3 269	91	171			1 197	15 071	2.00	176.39
28	3 360	91	171			1 197	16 268	2.00	190.40
29	3 428	68	171			1 197	17 465	2.00	204.41
30	3 473	45	171			1 197	18 662	2.00	218.42
31	3 483	10	171			1 197	19 859	2.00	232.43
32	3 494	11	171			1 197	21 056	2.00	246.44
33	3 504	10	171			1 197	22 253	2.00	260.45
34	3 515	11	171			1 197	23 450	2.00	274.46
35	3 525	10	170			1 190	24 640	1.99	288.39
36	3 536	11	170			1 190	25 830	1.99	302.31
46	3 641		165			1 169	37 520	1.93	439.13
56	3 745		159			1 132	48 839	1.86	571.61
66	3 850		154			1 096	59 799	1.80	699.83

表 5-14 爱拔益加肉用种公鸡体重和限饲程序

周龄	体重（克）		体重（克）					能量需要（兆焦/只）	
	体重	周增重	每天	隔天	五二限饲	每周	累计	每天	累计
1	135		25	自由采食	自由采食	175	175	0.30	2.09
2	300	165	32	自由采食	自由采食	224	399	0.38	4.77
3	490	190	40	自由采食	自由采食	280	679	0.48	8.12

周龄	体重（克）		体重（克）					能量需要（兆焦/只）	
	体重	周增重	每天	隔天	五二限饲	每周	累计	每天	累计
4	715	225	48	自由采食	自由采食	336	1 015	0.57	12.13
5	815	100	53	106		371	1 386	0.64	16.57
6	915	100	54	108	95	378	1 764	0.64	21.09
7	1 015	100	55	110	96	385	2 149	0.66	25.69
8	1 125	110	57	114	100	399	2 548	0.67	30.46
9	1 245	120	59	118	103	413	2 961	0.71	35.39
10	1 365	120	61	122	107	427	3 388	0.73	40.50
11	1 495	130	64	128	112	448	3 836	0.76	45.86
12	1 635	140	67	134	117	469	4 305	0.80	51.46
13	1 780	145	70	140	123	490	4 795	0.84	57.32
14	1 925	145	73	146	128	511	5 306	0.87	63.43
15	2 070	145	76		133	532	5 838	0.91	69.79
16	2 220	150	79		138	553	6 391	0.94	76.40
17	2 370	150	82		144	574	6 965	0.98	83.27
18	2 525	155	86			602	7 567	1.03	90.46
19	2 685	160	90			630	8 197	1.07	97.99
20	2 850	165	96			672	8 869	1.15	106.03
21	3 030	180	102			714	9 583	1.22	114.56
22	3 215	185	108			756	10 339	1.29	123.60
23	3 405	190	115			805	11 144	1.37	133.22
24	3 595	190	122			854	11 998	1.46	143.43
25	3 790	195	131			917	12 915	1.57	154.39
26	3 935	145	140			980	13 895	1.67	166.11
27	4 055	120	140			980	14 875	1.67	177.83

周龄	体重（克）		体重（克）					能量需要（兆焦/只）	
	体重	周增重	每天	隔天	五二限饲	每周	累计	每天	累计
28	4 170	115	140			980	15 855	1.67	189.54
29	4 260	90	140			980	16 835	1.67	201.26
30	4 320	60	141			987	17 822	1.68	213.06
31	4 335	15	141			987	18 809	1.68	224.86
32	4 350	15	141			987	19 796	1.68	236.66
33	4 365	15	141			987	20 783	1.68	248.46
34	4 380	15	142			994	21 777	1.70	260.34
35	4 395	15	142			994	22 771	1.70	272.22
36	4 410	15	142			994	23 765	1.70	284.11
46	4 560	15	145			1005	33 810	1.73	404.19
56	4 660	10	147			1022	44 030	1.75	526.37
66	4 760	10	149			1039	54 418	1.78	650.55

若肉种鸡实际体重比标准高,如体重超标 10%,则下一周少增加喂料量或维持上一周的给料量,切不可减料,与标准相同后再加料。若肉种鸡实际体重与标准相当,则饲喂正常喂料量。若实际体重比标准低,如低于标准 10%,则下一周的给料量适当增加,但不能在 1 周之内大幅度加料。据大多数肉鸡公司的经验,育成前期(5~10 周龄)千万不要超重,可以使平均体重低于标准 5%~10%,14~15 周龄后体重应逐渐上升,以适应生殖器官及光照刺激的需要,至育成中期(11~16 周龄)体重达中等水平(达标),后期(17~20 周龄)逐渐超标 5% 左右。为避免影响性成熟和体格发育,要求在 13~15 周龄后,体重的生长曲线要与标准体重曲线平衡,直到性成熟。

一般情况下,喂料量的增加要根据体重的增长来确定,4~15 周龄每周增重约 100 克,每天喂料量增加 3~5 克/只;15~20 周龄每周增重约 135 克,每天喂料量增加 6~7 克/只;21~25 周龄,3~8 月出壳的肉种鸡仍保持每周增重 135 克,9 月至第二年 2 月出壳的(其生长后期光照由长变短)鸡群每周增重 155~160 克,每天喂料量增加 7~8 克。20 周龄前每次增加料量的幅度一般不超过8克。

4)适当限制饮水 为防垫料潮湿和消除球虫卵囊发育的环境,对限饲的鸡群也可适当限制饮水,但应谨慎从事。在喂料日可整天饮水,或在喂料日吃食前1小时开始饮水,直到吃完料后1~2小时停水,以后每2~3小时供水20~30分,限饲日上午8点饮水40~50分,以后每2~3小时供水20~30分,每天4次即可。在高温炎热天气和鸡群处于应激情况下,不可限水。在限饲下,每100只肉鸡正常的饮水量如表5-15。

表5-15 肉鸡限饲下正常饮水量(升/天)

周龄	21℃	32℃	周龄	21℃	32℃
1	3.6	6.2	11	15.3	26.5
2	6.4	11.0	12	15.9	27.4
3	8.3	14.4	13	16.5	28.4
4	9.8	17.0	14	17.0	29.4
5	11.2	19.4	15	17.6	30.4
6	12.3	21.2	16	18.2	31.3
7	12.8	22.2	17	18.7	32.4
8	13.3	23.0	18	19.3	33.3
9	13.9	24.0	19	19.9	34.2
10	14.6	25.2	20	20.5	35.5

(6)均匀度测定 鸡群的均匀度指群体中体重在平均体重±10%范围内鸡所占的百分比。例如,某肉鸡群10周龄母鸡平均体重为1 050克,超过或低于平均体重10%的范围是945~1 155克。

一般20周龄左右,体重均匀度平养应达80%以上,笼养应达85%以上,胫长(平均胫长±5%)均匀度达90%以上。须注意在育成后期不要过分强调均匀度,因为不管采取什么措施也不能使体大的鸡再变小,过分强调均匀度可能会对鸡群的产蛋不利。为确保均匀度,在育成期至少要进行3次分群,通常安排在6、12、16周龄。另外,也可利用多次防疫时、6周龄末和19~20周龄末选种时进行调群,在平常的饲养管理过程中时刻不忘挑鸡,如在停料日集中人力全群挑鸡。

必须强调,评价育成期群体的优劣,全群鸡均匀一致是一项重要指标。但是,均匀度必须建立在标准体重范围内,脱离了标准体重来谈均匀度毫无意义。一个良好的育成鸡群不仅体重符合标准,且均匀度高。鸡群均匀度不仅包括体重的整齐度,还包括骨骼和性成熟的整齐度。它是衡量育成效果的一个重要指标,直接影响鸡群的高峰产蛋率和总产蛋量,二者呈正相关。雏鸡早期的骨骼生长发育快,肉种鸡 8 周龄时胫长达 75～80 毫米,已完成 70%～75%,而体重仅完成 30%,故 0～12 周龄胫长标准比体重标准更重要,实践上应注意使胫长达标或超标,而体重比标准低 5%～10%,以促进骨骼的发育,使种鸡具有良好的体形。13～24 周龄为性成熟控制发育期,要重视性成熟整齐度的控制,如光照时间和强度的调整。

(五)快大型白羽肉种鸡的选择

对祖代和父母代种鸡都要进行选择,通常要进行 3 次选择,分别在 1 日龄、6～7 周龄和转入种鸡舍时进行。

1 日龄时只淘汰过小、过瘦和畸形的母鸡,选留活泼健壮的公鸡,数量为选留母鸡数的 17%～20%。

6～7 周龄是选择的关键时期,此时种鸡体重与后代呈强烈的正相关,越往后相关性越低,因为肉子鸡在这个时期出栏上市。选择的重点是公鸡。此时的公母鸡外貌不合格者很明显,对于母鸡,只淘汰交叉嘴、鹦鹉嘴、歪颈、弓背、瘸腿、瞎眼、体重过小的母鸡。公鸡则按体重大小排队,选外貌合格、胸部和腿部肌肉发育良好、腿脚粗壮结实、体重较大的公鸡,数量为选留母鸡的 12%～13%,其余转为肉子鸡。

转入种鸡舍时淘汰的鸡已很少,只淘汰那些明显不合格的,如发育差、畸形、断喙过多的鸡,公鸡数量为选留母鸡的 11%～12%。在母鸡群开产后,可再次淘汰发育欠佳、繁殖能力差的公鸡。

(六)快大型白羽肉种鸡育成期的公母分饲

快大型白羽肉种鸡公、母鸡生长速度不同,公鸡 20 周龄体重比母鸡约大 30%,公母分饲有利于控制各自的体重,实现各自培育的目标。公、母鸡采食速度不同,公鸡生长期采食速度比母鸡慢,应采取不同的限饲方案,这也是母鸡限制饲养开始时间早于公鸡的原因。公母分饲有利于提高鸡群整齐度,减少公鸡腿脚病发生率。

公母分饲操作简便,从 1 日龄开始,将公母雏鸡分栏(舍)饲养到 20 周龄转群(舍)时,然后先将公鸡提前 4～5 天转入成年鸡舍,再将母鸡转入种鸡舍,实行同栏分饲或分槽饲喂(详见产蛋期饲养管理)。

（七）快大型白羽肉种鸡的笼养

笼养有利于提高饲养密度,提高肉种鸡均匀度,可获得较高而稳定的受精率。生产实践证实,肉种鸡笼养与地面垫料平养时腿病和胸囊肿发生率差异不显著,且笼养的成活率和产蛋量等均不低于平养,饲料消耗有所下降,总的经济效益高。当然,笼具一次性设备投资要高些。笼养的饲养密度见表5－16。

表5－16　肉种鸡笼养的饲养密度

饲养密度	雏鸡	育成鸡	产蛋鸡	种公鸡
（厘米²/只）	280	592	684	1 348
（只/米²）	35.7	16.9	14.6	7.4

（八）快大型白羽肉种鸡产蛋期的饲养管理

1.饲养方式与密度

（1）漏缝地面　离地60厘米,由竹木条、硬塑网、金属网铺成。以硬塑网最好,因其平整故不易伤害鸡脚,且易冲洗消毒,但成本较高。金属网较差,地面不易平整。竹木条造价低,个体专业户多用,条宽2.5～5.1厘米,间隙2.5厘米,板条走向与鸡舍长轴平行,应注意刨光表面及棱角。

（2）混合地面　肉种鸡配种期多用此饲养方式。漏缝地面与垫料地面之比为6∶4或2∶1。通常在鸡舍中央铺垫料,两侧安竹木条,产蛋箱一端架在木条边缘,另一端吊在垫料地面上方,与鸡舍长轴垂直排列,既节约地面面积,又方便鸡进出产蛋箱。鸡交配多在垫料上,采食、饮水、排粪多在漏缝地面上,因为鸡每天排粪大部分在采食时进行,使垫料少积粪和水。混合地面饲养的受精率高于全漏缝地面。

（3）笼养　近年来,随着用地成本上升、肉种鸡各阶段专用笼具的开发研制、种鸡合理限饲、人工授精配套技术普及等笼养配套技术的成熟,肉种鸡笼养有增加的趋势,将是今后发展的方向。目前多采用每笼养2只种母鸡的单笼,2层笼架,采用人工授精,既提高了饲养密度,又能获得较高的受精率,同时也便于抓鸡、输精、喂料和捡蛋。这种饲养方式要求每只种母鸡占笼底面积720～800厘米²。

肉种鸡几乎一生都采用限制饲养,其生长速度大大低于自由采食的商品肉子鸡,成年时体重也受严格控制,因此肉种鸡笼养是可行的。实际上,在我国肉种鸡可以实现全程笼养,且笼养有利于实施限制饲养。

（4）饲养密度　在气候适宜时，垫料平养饲养密度为 4.5 只/米^2，混合地面为 5.4 只/米^2。当天气炎热，而舍内无纵向通风和湿帘降温时，垫料平养饲养密度为 3.6 只/米^2，混合地面为 4.8 只/米^2。肉种鸡采用料槽喂料时采食面积为 15 厘米^2/只，采用圆形料桶时每桶可供 12 只母鸡采食，采用圆形料盘时每个可供 10 ~ 12 只母鸡采食。料槽和吊桶的高度与鸡背水平一致，且分布均匀。产蛋期一定要保证足够的饮水位置，水槽为 2.5 厘米/只，或每 10 ~ 12 只鸡 1 个乳头式饮水器，或每 80 只鸡 1 个圆钟式饮水器。

2. 生长期至种用期的过渡

19 ~ 25 周龄是种鸡群生长和发育最关键的时期，此期利用突然增加光照以促进性成熟，并将生长期日粮转为产蛋前期料，之后还要再转换为种鸡料。

光照和营养应协调进行，以便使肉种鸡正好在适宜体重时开产，因为光的刺激和营养的转换都必须有正常的体重做基础。如体重在建议范围内，小母鸡从 19 周龄起开始增加光照时间和强度，刺激生殖系统的发育，使鸡群大约在 24 周龄时开产；给料量可以继续增加，从 20 周龄起，限饲的同时，将生长料换成预产料（含钙 2%，其他成分同产蛋料）。在 23 ~ 24 周龄改限饲为每天饲喂，但仍要控制采食量，25 周龄左右即开产后改喂产蛋鸡料，并逐渐酌情增加喂料量。

与此相应，20 周龄将育成鸡转入产蛋舍，并注意饲养密度的调整，产蛋箱的放置与料槽位置的确定。平养种鸡舍要放置产蛋箱，转群之前放入，让鸡群熟悉，每 4 只鸡 1 个产蛋箱，并注意放置位置与垫料管理。开产前 1 周将产蛋箱门打开，但夜间关闭，并训练母鸡进箱产蛋，否则破蛋、脏蛋、窝外蛋数量上升。

母鸡在 23 ~ 25 周龄临产阶段，常表现出高度神经质，极易惊群造成异常蛋增加，严重者产蛋率下降。因此要尽量减少各种应激，一些必须进行的操作，如接种疫苗、抗体监测、选择淘汰、清点鸡数等应在此之前完成。

3. 调整饲喂量

产蛋期的饲喂量，主要依据体重、健康状况、气温、产蛋率递增速度及产蛋量等情况而定，鸡群体况好，产蛋上升期产蛋率上升快、产蛋量高，饲喂量就多，相反饲喂量就少。饲喂量掌握不好，会严重影响母鸡的生产性能。一般情况下，要参考该品种的标准饲喂量，同时考虑其他因素，给予最佳饲喂量。

（1）产蛋率 5% 到高峰饲喂量　产蛋高峰前须迅速增加或一下子达产蛋高峰喂料量（3 ~ 4 周即达高峰喂料量），开产后 4 ~ 5 周产蛋率即达高峰，产蛋率增加快,营养需求集中,因此要预计下周的喂料量,而不仅仅只考虑当周需要量,才能使鸡较快地达到产蛋高峰,且高峰产蛋率高、高峰维持时间长。性成熟期恰当的鸡群,从产蛋率5%～70%期间,时间不超过4周,每只鸡日产蛋率至少增加2.5%;71%～80%这段时间比较关键,每只鸡日产蛋率必须增加1%以上;从81%直至产蛋最高峰,每只鸡日产蛋率仍应上升0.25%以上。此阶段喂料量的增加是决定能否达到产蛋高峰的关键技术之一。

对于产蛋高峰前喂料量的增加,一般在25周龄产蛋率达5%时,每只每天喂料量增加5克[摄入的能量为1.77兆焦/(只·天)],以后产蛋率每提高5%～8%,每只鸡每次增加3～5克料量,一般每周加料2次,当产蛋率达到35%～40%时,喂给最高饲料量,均匀度好的鸡群14天就可加到高峰喂料量,均匀度不佳的情况下大约需20天加到高峰喂料量,即每天每只鸡喂料160～170克。

美国AA公司兽医学博士赵公舜提出产蛋高峰前喂料量可参照如下进行:①产蛋上升快的鸡群,日产蛋率增加3%以上,应在产蛋率35%时达喂料量高峰。若已知高峰喂料量为168克,开产时喂料量140克,则产蛋期要增加的饲料量为28克,28÷(35-5)=0.93(克)。即该鸡群日产蛋率每增加1%,每只鸡应增加日粮0.93克,到产蛋率达35%时的日粮正好168克。②日产蛋率增加2%～3%的鸡群,应在50%产蛋率时给予高峰喂料量。按上例,28÷(50-5)=0.62(克),即产蛋率每增加1%,每只鸡应增加日粮0.62克。③日产蛋率增加在1%～2%时,应在60%产蛋率时给予高峰喂料量。按上例,28÷(60-5)=0.51(克),即产蛋率每增加1%,每只鸡应增加日粮0.51克。④日产蛋率增加在0.5%～1%或更少时,则应在70%产蛋率时给予高峰喂料量。按上例,28÷(70-5)=0.43(克),即产蛋率每增加1%,每只鸡应增加日粮0.43克。

(2)高峰后的喂料量 当产蛋率达到高峰后持续5天不再增加时,可刺激性地每天每只鸡增料2.5克,统计随后4天的平均产蛋率,若比加料前有所提高,则加料量正确;若比加料前降低,则把增加的喂料量降下来。当高峰产蛋率下降4%～5%时,每只鸡减料2～3克,以后每当产蛋率下降1%时,每只鸡减料1克。另外,还要考虑气温变化,若降温,要适当加料,并考虑体重增长的幅度,高峰后至40周龄或43周龄每周增重15～25克的范围比较合适,产蛋期母鸡体重不可有下降的现象。种母鸡64周龄时,体重应在3 540～3 850克,超过这个范围,则说明减料不够,相反则减料太多。因此,产蛋期还要经常称体重和蛋重,结合产蛋率及其他情况综合分析喂料量增减正确与否。

(3)鸡的采食速度　产蛋率5%时,肉种鸡一般在1~2小时内吃完饲料。在产蛋高峰期间,肉种鸡一般在2~5小时吃完饲料。采食速度还因饲养方式不同而有差异,地面垫料或棚架饲养时,采食快,一般2~3小时吃完饲料,笼养鸡一般4~5小时吃完饲料。不同季节的温度会影响采食速度,冬天采食快,夏天采食慢。一般每天总的采食时间保持7~10小时,才能保证足够的营养用于产蛋。

4.饮水量

主要取决于环境温度及采食量,当气温高时(32~38℃),鸡的饮水量为21℃时的2~3倍。产蛋期要适当限制饮水,目的是防止垫料潮湿,防止脚病,控制肠道病和减少脏蛋。在常温下,上午喂料前30分到吃完饲料后1~2小时供水,下午3~4点及6~7点各供水30分。气温高于27℃时,上午供水时间不变,下午1点、3点、5点、7点各饮水30分,即下午每隔2小时供水30分,共4次。天气炎热时,自由饮水。若应用乳头式饮水器时,炎热夏季不必限水。

饮水量的合适与否可以检查嗉囊的硬度,若嗉囊松软,为饮水合适;相反,若嗉囊较硬,则饮水不足。

5.公、母同栏分饲

公、母鸡营养需要及饲喂量有差异,育成期公鸡限制饲养容易控制体重,若混养后吃同一种饲料,尤其28周后是最大给料量,公鸡很难控制体重,为了防止公鸡超重而影响配种能力,混养的种公母鸡必须实行分槽饲喂,采用不同的饲料、不同的饲喂量。否则,公鸡在采食高峰产蛋料后很快超重,容易发生腿脚病,繁殖能力下降,常常在45~50周龄时不得不补充新公鸡,既加大争斗应激,又增加成本,影响受精率。在生产实践中,若执行公、母同栏分饲,公鸡25周时体重3 600克,48周4 200克,最后达4 300克;而不分饲,则混养公、母鸡在29周龄前体重无明显差异,32周龄开始体重增加过快,且32周龄后脚趾发病比同栏分饲高1倍,在48周龄时体重达5 000克。

同栏分饲的措施如下:母鸡喂料用料槽(盘),母鸡料槽、水槽放两侧,公鸡料桶吊在饮水器中间。在母鸡料槽上加金属条格,间距4.1~4.5厘米,目的是让母鸡能从容采食而公鸡头伸不进去。最初可能发育差的公鸡能暂时采食,到28周龄后,公鸡则完全不能采食母鸡料。饲养管理时要注意维修、调整料盘,以免因金属条格间距过大公鸡能采食,过小而擦伤母鸡头部两侧。

公鸡喂料用料桶,自然配种时公鸡比母鸡提早 4 ~ 5 天转入产蛋舍,以适应料桶和新鸡舍环境。料桶吊离地(网)41 ~ 46 厘米,随公鸡背高而调整,以不让母鸡够着而公鸡立起脚能够采食为原则。要求有足够的料位,让公鸡都能同时采食,8 ~ 10 只/桶。喂料时间比母鸡晚 15 ~ 20 分,有助于母鸡不抢食公鸡料。

(九)快大型白羽肉种公鸡的饲养管理

1. 0 ~ 5 周龄

采用自由采食,目的是使公鸡充分发育。在实际操作中,可延长育雏料的饲喂时间。

2. 6 ~ 13 周龄

使公鸡的生长速度减慢,让其体重渐渐恢复到标准范围或最多不超过标准 10% 为宜。因此,此阶段要换为育成料,并改为隔日限饲,饲养密度 3.6 只/米^2。当体重均匀度太差时,进行大、中、小分栏饲养。

3. 14 ~ 20 周龄

满足公鸡生殖系统的充分发育,与母鸡性成熟同步,这对将来的受精率十分重要。改隔日限饲为五二限饲,公鸡的光照制度与母鸡相同,当发现公鸡比母鸡性成熟迟时,须加强公鸡的光照,使之与母鸡同时性成熟后才混群。18 周龄时,淘汰性发育较迟、体质瘦小、无雄性特征的公鸡。

4. 公鸡的饲料营养及饲喂量

为防止公鸡采食过多导致过重和脚趾病的发生,从而影响配种,必须在种用期间喂低蛋白质饲料,含蛋白质 12% ~ 13%,代谢能11.70兆焦/千克,钙 0.85% ~ 0.9% 及有效磷 0.35% ~ 0.37%,这些指标均低于种母鸡。有的推荐值要求公鸡多维素、微量元素用量为母鸡的 130% ~ 150%。

公鸡的饲喂量特别重要,原则是保持公鸡良好的生产性能情况下尽量少喂,喂量以能维持最低体重标准为原则,但不允许有明显失重。以 AA 种公鸡为例,27 周龄后,公鸡每天喂料量为 130 ~ 150 克。

5. 控制好各阶段公鸡体重

这是种公鸡各项饲养管理中最重要的措施。只有在适宜的体重下,种公鸡才能发挥最大的作用。公鸡在 21 ~ 36 周龄,以 23 ~ 25 周龄增重最快,以后逐渐减慢,27 周龄时达体成熟,28 ~ 30 周龄睾丸发育成熟,鸡群受精率达到高峰。在此期间每周称重 1 次,不能让体重减轻,否则会影响受精率,也要防止体重过大。36 周龄以后,仍要重视公鸡体重的控制,公鸡每 4 周增重 50 ~ 70

克为宜,一般父系比母系公鸡多给料5~10克。若公鸡体重超出太多或极瘦弱、配种力下降,要及时淘汰,换上30周龄左右的青年公鸡。

公鸡群均匀度应保持在80%以上,饲养末期公鸡体重一般要比母鸡重25%~30%。

(十)快大型白羽肉种鸡生产标准

饲养父母代种鸡的目的是生产更多的合格种蛋或优质的商品代雏鸡,提高种用价值和经济效益。快大型肉种鸡的生产水平受品种、饲料营养、环境条件、饲养方式、鸡群体质等许多因素的影响,难以达到育种公司推荐的生产标准。饲养管理过程中,可以视其为参考,尽可能创造条件接近推荐的生产标准。随着遗传育种、饲料配合、环境控制等方面的进步,生产水平还将逐步提高。表5-17列出常规白羽肉种鸡的生产标准,供参考。

表5-17 白羽肉种鸡的生产标准

周龄	产蛋周	饲养日产蛋率(%)	入舍母鸡累积产蛋(枚)	入孵率(%)	入舍母鸡累积合格种蛋(枚)	孵化率(%)	出雏数
25	1	5	0.4				
26	2	20	1.8				
27	3	38	4.3	35	1	70	1
28	4	56	8	68	4	75	3
29	5	73	13	80	8	80	6
30	6	84	19	85	13	84	10
31	7	86	25	88	18	86	15
32	8	85	31	90	24	88	20
33	9	84	37	91	29	89	24
34	10	84	42	91	34	90	29
35	11	83	48	92	40	91	34
36	12	82	54	92	45	91	39
37	13	81	59	93	50	91	44
38	14	81	65	93	56	91	49
39	15	80	70	93	61	91	54
40	16	79	76	93	66	91	58

周龄	产蛋周	饲养日产蛋率(%)	入舍母鸡累积产蛋(枚)	入孵率(%)	入舍母鸡累积合格种蛋(枚)	孵化率(%)	出雏数
41	17	78	81	94	71	90	63
42	18	77	86	94	76	90	67
43	19	77	92	94	81	90	72
44	20	76	97	94	86	90	76
45	21	75	102	94	91	90	81
46	22	74	106	93	96	89	85
47	23	74	112	93	101	89	89
48	24	73	116	93	105	89	93
49	25	72	121	93	110	89	97
50	26	71	126	93	114	89	101
51	27	70	131	93	119	88	105
52	28	70	135	92	123	88	109
53	29	69	140	92	127	88	113
54	30	68	144	92	131	88	116
55	31	67	149	92	136	87	120
56	32	66	153	92	140	87	124
57	33	66	157	92	144	87	127
58	34	65	161	91	148	86	130
59	35	64	166	91	152	86	134
60	36	63	170	91	155	85	137
61	37	62	174	91	159	85	140
62	38	61	178	91	163	84	143
63	39	60	181	91	166	84	146
64	40	60	185	90	170	83	149
65	41	59	189	90	173	82	152
66	42	58	192	90	176	81	155

第五章 肉鸡标准化饲养技术

177

周龄	产蛋周	饲养日产蛋率(%)	入舍母鸡累积产蛋(枚)	入孵率(%)	入舍母鸡累积合格种蛋(枚)	孵化率(%)	出雏数
67	43	57	196	89	180	79	157
68	44	56	199	89	183	78	159
平均		68		92		87	

第二节　肉子鸡的标准化饲养

一、黄羽肉子鸡的饲养

(一)优质黄羽商品肉子鸡生长发育特点

优质黄羽商品肉子鸡生产类似于快大型白羽肉鸡,其目的都是提供达到市场要求体重且整齐一致的肉鸡,但二者又有所不同,其不同之处表现如下:

1. 生长速度相对缓慢

中速型和快速型优质黄羽肉鸡的生长速度介于地方品种和快大型白羽肉鸡之间,如快速型优质黄羽肉鸡的生长速度90日龄青年母鸡体重约1.75千克,只是快大型白羽肉子鸡生长速度的50%,其他类型的优质黄羽肉子鸡的生长速度更慢。

2. 饲料的营养水平较低

在低蛋白质(粗蛋白质19%)、低能量(11.30兆焦)的营养水平下,0~5周龄的优质黄羽肉子鸡仍然能正常生长。

3. 生长后期对脂肪的利用能力强

由于人们对优质黄羽肉鸡的肉质营养要求富含脂肪,通过长期的选择,形成了优质黄羽肉鸡后期饲料能量利用能力强的特点。例如,清远麻鸡青年母鸡经15天育肥可增重150克,惠阳胡须鸡可增重350~400克,故生长后期要采用高能量含动物脂肪的饲料,以促进脂肪的储积。

4. 羽毛生长丰满

羽毛生长与体重增加相互影响。一般情况下,优质黄羽肉鸡所采食的营养先满足羽毛生长需要,羽毛生长迟缓者,体重增长则快,若营养缺乏,则鸡羽毛生长虽正常,但体重增长很慢。另外,优质黄羽肉鸡生长到80~100日龄时

178

会出现一次换羽现象,换羽后体重增长较大。

5.性成熟早

我国有些地方品种鸡在 30 日龄时已出现啼鸣,母鸡在 100 多日龄就开产,南方一些育成的优质黄羽肉鸡品种公鸡在 50~70 日龄时冠已红润,会啼叫,这与南方亚热带的自然条件和育种者为满足消费者对优质黄羽肉鸡冠红的要求而进行的遗传选择有关。

6.外貌适合当地消费习惯

我国地域辽阔,各地对黄羽肉鸡的消费需求不尽相同。两广地区肉用鸡以白斩、清蒸和白水方式加工,讲究鸡肉的原汁原味,要求肉鸡味浓、汤鲜,因而肉鸡性发育较充分、早熟、淡黄羽和脚细短等,其他地区一般则以鸡汤、红烧、火锅和小炒等方式加工,要求鸡外形体长、脚高、羽色黄或麻等。

(二)饲养阶段的划分

优质黄羽肉子鸡与快大型白羽肉子鸡相比,生长速度慢、饲养周期长,根据大多数优质黄羽肉鸡的生长发育规律、体成分变化规律及饲养管理特点,其饲养期一般分为 3 个阶段,即育雏期(0~6 周龄)、生长期(7~11 周龄)、育肥期(12 周龄以上)。由于优质黄羽肉鸡有不同类型,其中快速型和中速型生长较快,其早期生长速度比慢速型明显提高,10 周龄体重可达 1 650 克,10 周龄后生长减慢;而慢速型生长相对较慢,在 8 周龄以后才出现生长高峰,饲养期一般为 14~16 周龄。在实际饲养过程中,饲养阶段的划分还受气候条件等因素的影响。例如,在寒冷季节,育雏期往往延长至 7 周龄,待优质黄羽肉鸡的羽毛生长比较丰满,抗寒能力较强时才脱温。如果鸡种生长速度快,气候适宜,则育雏期可提前到 4 周龄结束。生产上可根据实际情况灵活掌握,针对不同阶段、不同性别采取科学的饲养管理,才易取得较好的经济效益。

(三)育雏期的饲养管理

1.育雏期生理特点

(1)御寒能力弱　优质黄羽肉鸡的雏鸡被覆绒羽,绒羽保温性能差,造成雏鸡体温比成年鸡低 2~3℃,4 日龄后慢慢上升,至 10 日龄达成年鸡体温,3 周龄后体温调节趋于完善,7~8 周龄后才可适应温度的变化。肉雏鸡代谢稳定区窄,体温易随着环境温度的升高而升高,也易随着环境温度下降而下降,体温调节能力差,且绒毛稀短,早期难以御寒,所以育雏早期一定要供热,并随时注意育雏室或育雏器的温度。

(2)生长快、消化力弱　雏鸡早期相对生长速度最快,新陈代谢强,单位面积产热量是成鸡的 2 倍,需大量营养物质,但其肠胃细小,消化腺体不发达,所产生的消化酶不完全,消化能力弱,对营养缺乏及药物过量特别敏感,易出现病理状态,同时对外界适应性差,抵抗力弱,极易患病。幼雏鸡整个生长期羽毛处于更换期中,羽毛更换对体温调节和羽毛生长影响很大,因此,宜喂给易于消化、蛋白质和能量等浓度较高的饲粮。

(3)群居性强　雏鸡群居性强,单只离开则鸣叫,胆小,如遇意外情况则鸣叫不止。因此在管理上要防止异常声音、新奇事物,防止兽害。

2. 管理方式

优质黄羽肉子鸡的育雏期可采用地面垫料平养、网上平养、笼养和放牧饲养的饲养管理方式。地面垫料平养是传统的优质黄羽肉子鸡管理方式。由于优质黄羽肉鸡生长速度慢,体重小,胸囊肿现象基本上不会发生,故可以采用笼养,特别是后期的育肥阶段,采用笼养可以更明显地提高育肥效果。目前生产中一般采用网上平养和笼养。

(1)地面垫料平养　地面平养对鸡舍的要求较低,据房舍的不同,用水泥地面、砖地面、土地面育雏,不过地面最好为混凝土结构或砖砌地面,在土壤为干燥的多孔沙质土的地区,也可用泥土地作为鸡舍地面。地面撒上 5~10 厘米厚的垫料,若出现潮湿、板结,则增加垫料,鸡舍定期打扫更换,室内设供料设备、饮水器和保暖设备。也可与快大型白羽肉子鸡一样用 15 厘米厚的垫料,一般随鸡群的进出更换垫料,即 1 个饲养周期更换 1 次,可节省清圈的劳动力。这种方式因鸡粪发酵,寒冷季节有利于舍内增温。采用这种方式舍内必须通风良好,否则垫料潮湿、空气污浊、氨浓度上升,易诱发各种疾病。地面垫料平养的优点是设备简单,成本低;缺点是需要大量垫料,舍内尘埃多,占地面积大,管理不方便,雏鸡易患病,使用过的垫料难以处理,且常常成为传染源,易发生鸡白痢及球虫病等,故仅在小规模饲养时才使用。

(2)网上平养　鸡舍为水泥地面,在离地 50~60 厘米处铺设金属或竹条、栅条网。网材采用直径 3 毫米的铁丝或铅丝编织网,网眼孔径 20 毫米 × 80 毫米或 20 毫米 × 100 毫米,网下每隔 30 厘米设一条粗的金属架,以防网面凹陷,网状结构组装式较好,以便于装卸。网面下采用机械清粪设备,也可人工清粪。采用竹条或栅条,竹条或栅条宽 1.5 厘米,间距 1.5 厘米,采用竹条、栅条平养和弹性塑料网平养,胸囊肿发生率较少。

网上平养时,根据鸡舍宽度和长度将网面分成小栏,网壁高 30 厘米,每栏容纳 400~500 只雏鸡。料槽和饮水器设在网内两侧或网外走道上。这种管理方式粪便从网眼中漏下去,可以省去日常清圈工序,卫生状况好,防止或减少由粪便传播消化道疾病的机会,尤其对球虫病的控制有显著效果,而且饲养密度比较大,缺点是设备成本较高。这种饲养管理方式要求网面平整、网眼整齐、无刺及锐边,同时必须注意使用的饮水结构不漏水,以免鸡粪发酵,还应注意防止雏鸡落入网下,故育雏前期要在网片上铺方孔塑料网片,10日龄后开始适当通风以防氨气浓度增高。

网上平养特别适合饲养5周龄以上的优质黄羽肉鸡,5周龄前在育雏舍培育,5周龄后转群到网上饲养,有利于充分利用育雏设备和加快肉子鸡后期的发育。

(3)笼养 目前我国多在育雏阶段采用笼养方式饲养优质黄羽肉鸡。笼养育雏的笼饲密度高,可达40~60只/米^2,而舍饲密度因不同的类型而异,在通风良好的情况下,笼养与平养相比,每平方米饲养密度可高2.5倍,充分利用鸡舍。一般舍饲密度高,每只鸡的平均建筑费、机械设备费和人工费用就低,因此笼养可减少鸡舍和设备的投资,减少清理工作,还可采用半机械化设备,减轻体力劳动,饲养员一次至少可养雏鸡2500只,而平养只能养800只。笼养鸡不用垫料,既免去垫草开支,又使舍内灰尘少,且鸡体不与粪便接触,可有效控制鸡白痢和球虫病,同时笼养雏鸡环境完全受人工控制,受外界应激小,可以有效防止一些传染病与寄生虫病的发生。由于鸡限制在笼内活动,属于小群饲养,环境特殊,通风充分,饲粮营养完善,采食量及争食现象减少,采食均匀,因此生长发育迅速、整齐、增重良好,比其他管理方式生长快,成活率高,可提高饲料效率5%~10%,降低总成本3%~7%。鸡笼的规格很多,分为重叠式和阶梯式2种,层数有2层、3层、4层,选用哪一种类型,应该配合建筑方式,并考虑饲养密度、除粪和通风换气设备三者的关系而定。

3.营养需求

优质黄羽肉鸡在育雏期生长迅速,所需的各种营养物质必须全面完善,因此必须饲以全价配合饲料,发挥雏鸡的生长潜力。由于不同类型的优质黄羽肉鸡生长发育差异较大,且不同地区对优质鸡的要求不同,因而营养标准不统一。在配合日粮时,应根据当地的饲料状况,配出营养全面的饲粮,配料时还要注意饲料的多样化,以改善鸡肉品质。营养水平和饲粮配方确定后,将饲粮制成颗粒料。优质黄羽肉子鸡育雏期一般只用颗粒料,颗粒料适口性好,采食量多,鸡也不易挑食,可全部吃尽,防止浪费。优质黄羽肉鸡育雏期一般不采用粉料,若没有条件制颗粒料,粉料也要拌湿喂。网上平养和笼养方式饲养一定要用颗粒料,否则饲料浪费严重。

4. 进雏鸡前的准备

育雏前 4 周开始清扫育雏室,检修门窗和屋顶,如有破损及时修补,同时检查供电设施、通风照明设备、供温设备、饲养管理设施等,及时修理并更新。在雏鸡运送到之前应该根据所进雏鸡数准备足够的房舍、饲料、供暖、供水和采食用具,室内墙壁、地面、房顶和一切用具全部消毒并晾干,消毒措施应在进雏 2 周前进行。若采用网上平养或笼养,要仔细检查网底有无毛刺或破损,以免伤害鸡脚。地面垫料饲养则应在接雏前 5 天在地面铺厚约 5 厘米的垫料,常用垫料有锯末、麦秆、碎玉米芯等,笼养或网上平养还应在笼底铺 2 层报纸或硬的包装纸,以免笼网卡住雏鸡脚爪。进雏前 12 ~ 24 小时把保温伞或育雏室调到合适的温度。

5. 雏鸡的饲养

(1)公、母鸡分群饲养 公、母鸡生长速度不同和沉积脂肪的能力不同,公鸡生长快、骨架大、蛋白质消化利用能力强、肌肉发达、羽毛生长速度慢,因此公、母鸡应分群饲养。分群后,提高公鸡日粮中蛋白质水平、赖氨酸和维生素含量,而降低母鸡日粮中蛋白质水平,从而据公、母鸡不同的生长速度确定不同的上市日龄,提高群体均匀度,节约饲料。

(2)饮水 新鲜、清洁、充足的饮水对雏鸡生长至关重要,待雏鸡羽毛干后可送至育雏室给予饮水。初饮或经长途运输则在水中加多维、葡萄糖、矿物质预混剂,饮水的同时也增加了营养,有助于雏鸡从运输等引起的应激反应中恢复。饮水器数量要够用,摆放均匀,使任何地方的雏鸡都能方便饮水。雏鸡靠近饮水器时说明正常,不靠近则可能饮水器少或光照强度不足。饮水器的位置在保温伞护板撤走以后,要逐渐移至一侧。饮水器的高度也应随鸡生长逐渐调整,使之边缘与鸡背高度保持相同水平,防止饮水外溢,保持舍内垫料等干燥。

初次饮水水温为 18 ~ 19℃ 或与室温相同,接雏前加满水并增加水温,1 周后可饮自来水。饮水后不可断水,以防缺水引起猛饮。笼养时 1 周内在笼内饮水,1 周后在笼外饮水,保证每只鸡有 1.9 ~ 2.2 厘米的槽位。为确保饮水清洁卫生,饮水器须每天洗刷 1 ~ 2 次。

(3)饲喂 雏鸡出壳后第一次投料叫开食。开食前一定要提供清洁饮水,使雏鸡的消化道得到锻炼,开食宜早,饮水后 3 小时即可进行,开食时间早有利于雏鸡的生长发育,过迟会使雏鸡消耗体力,发生失水,虚弱易病。

若不及时饮水、开食,则会影响健康和食欲。早出雏则早喂,一般以出雏后 12~24 小时,或雏鸡群中有 1/3 的雏鸡开始觅食时开食,最好不要超过出雏后 36 小时才进行第一次投料。为使雏鸡开食整齐,可把饲料撒在反光性强的塑料薄膜上或浅料盘内,并敲击发出声音,使雏鸡尽早发现食物。

雏鸡喂料自由采食。第一周每 100 只鸡配备 1~2 个平底料盘(大盘 1 个,小盘 2 个),以后可改用料槽,每只鸡占据 5 厘米的位置。开食时每天投料 3~4 次,第二天增加至 6~8 次,之后逐渐降低,第一周经常保持料盘(槽)内有饲料,随吃随添。一次投料不宜过多,否则堆积在料槽(盘)内,不仅造成饲料的浪费,而且饲料容易被污染。1 周龄后可采用定时喂料,提高饲料利用率。喂料次数按 2 周龄昼夜 6 次,1 次安排在晚上,3 周龄昼夜 4 次,4 周龄以后至每天 3 次。每次投料若发现上次喂料还有剩余,则应酌量减少,反之则应增加,最好是投喂的饲料量在下次投料前半小时能吃完。育雏期注意防止消化不良,充分供水,出现消化不良时,可在配合饲料上撒一层碎玉米,饲料与玉米的比例为 1:(1~1.5),这有助于防止饲料粘喙和因蛋白质含量过高而引起消化不良。

6. 育雏期的管理

(1)"全进全出" 优质黄羽肉鸡适用于"全进全出"制,进同一批鸡,在同一时间段内只饲养同日龄鸡,全部雏鸡在同一天进场,并且在同一天全部出场。出场后彻底打扫、清洗、消毒,消毒后密闭 1 周,再养下一批雏鸡,可杜绝传染病的循环。"全进全出"饲养制度是保证鸡群健康、切断病原的根本措施。

(2)温度 优质黄羽肉鸡是地方鸡种或由地方鸡种培育而来,长期以来都是粗放饲养,比较容易能适应环境温度的变化。但优质黄羽肉鸡雏鸡温度调节能力差,故在育雏期间,特别是在出壳后 1 周内要保持适当高的环境温度。

温度是生存的首要条件,也是育雏能否成功的关键。育雏温度包括室温和雏鸡活动温度,后者指雏鸡背部上方的空气温度,育雏所需的温度随育雏室育雏和育雏器育雏而异。

采用保温伞育雏,伞放在房舍的中央或两侧,在保温伞外周围一圈放高约 50 厘米的护板,护板距保温伞边缘 75~90 厘米,可保温防风,限制雏鸡活动范围,防止雏鸡远离热源。待雏鸡熟悉到保温伞下取暖后,从第三天起向外扩大,6~9 天后取走护板,让其自由活动。保温伞和护板之间均匀放置喂料设备和饮水器。保温伞直径2米可养雏鸡500只,2.5米可养750只。保温伞育雏,1日龄时伞下温度33~35℃,伞周围区域为30~32℃,之后每周伞下温度降低2~3℃,直至18~22℃,同时育雏室最初温度为24℃,之后也每周降低1℃左右。采用育雏器育雏,室温比育雏器温度低,育雏环境温度有高、中、低之别,雏鸡可根据其生理需要自由选择自己所需的温度。电热育雏笼的供温效果与保温伞育雏一致。

许多地方常用火炕或烟道供热,利用热源较为经济。若用地下烟道等为育雏室供温,育雏室温度应偏低,一般1周龄时的室内温度保持在29~31℃即可。2周龄26~29℃,3周龄和4周龄23~26℃,5~6周龄室温18~22℃。注意每周的育雏温度要平稳,不能忽高忽低,否则对雏鸡生长不利,且死亡率高。

无论采用何种供温方式,育雏温度和室温应随雏鸡日龄增长,由高到低逐渐降低,育雏温度每周降低2~3℃,室温每周降低1℃,至6周龄,把育雏温度降到与室温一致的水平,此时室温由1周龄的24℃降至18℃,一般以18~20℃最好。必须注意的是,每周降温应分2~3次,如此雏鸡容易适应,不要突然降温或等一到育雏结束时突然脱温,这样容易造成雏鸡感冒或体弱。每天应检查或调节温度,使温度保持适宜和稳定。观察保温伞温度计应在伞边缘距垫料或网面5厘米处(约鸡背高度),室温的温度计应挂在墙上距地面高度约1米。

育雏温度是否合适,除根据温度计外,还可以从雏鸡的动态表现出来,即看鸡施温。当育雏温度合适时,雏鸡活泼好动,采食积极,饮水适量,过夜时均匀散开,伸脖休息;温度偏低,则雏鸡密集聚堆,靠近热源,并发出叽叽叫声,温度过低则集堆,下层雏鸡则易因被压窒息而死;温度偏高,则雏鸡远离热源,张口喘气,发出吱吱叫声,饮水量增加,食欲降低,活动减少,若有贼风(缝隙风、穿堂风等)从门窗吹进,则雏鸡密集在热源一侧。饲养人员应该根据雏鸡对温度反应的动态,及时调整育雏温度。

(3)湿度 适宜的湿度能保证雏鸡羽毛生长,防止雏鸡脱水。舍内温度高、湿度过低易造成干燥的环境,容易使雏鸡脱水,羽毛发干。湿度也不能过高,高温、高湿易诱发多种疾病,这是养鸡业最忌讳的环境,也是雏期球虫病暴发的最佳条件,地面垫料平养时须防止高湿。生产中一般在育雏前期增加湿度,10日龄以后则注意防潮,避免高温高湿和低温高湿的恶劣环境。因此育雏期间,10日龄以前应该保持稍高的湿度,空气相对湿度达70%;11~30日龄要注意保持鸡舍的干燥,避免漏水,防止垫料潮湿,空气相对湿度控制在60%;31～45日龄湿度控制在60%,之后控制在50%～55%。增加湿度的方法有室内挂湿帘、火炉上放水桶、地面洒水等,目前多在水中添加消毒剂对鸡舍喷雾,即带鸡消毒,达到加湿和消毒的目的。

(4)密度 饲养密度要适当,不过密也不过稀。密度过大,雏鸡活动不开,采食、饮水困难,空气污浊,不利于雏鸡成长;而过稀则房舍利用率低,消耗过量能源,不经济。适当的密度既可以保证高的成活率,又能充分利用育雏面积的设备,从而达到减少雏鸡活动量,节约能源的目的。育雏密度依品种、饲养管理方式、季节的不同而异。雏鸡的饲养密度见表5-18。

表5-18 雏鸡饲养密度(只/米²)

周龄	地面垫料平养	网上平养	笼养
0～2	30～26	40～30	55～45
3～4	25～18	30～25	40～30
5～6	15～12	18～15	25～20

(5)光照 光照可促进雏鸡采食和运动,有利于雏鸡的健康生长。黄羽肉子鸡的光照与快大型肉子鸡有所不同,快大型肉子鸡光照的主要作用是促进采食,促进生长,而黄羽肉子鸡光照的目的还包括促进其性成熟,使其上市时冠大面红。同时,市场越来越需要小体重的鸡,这样就需要性成熟提前于体成熟。出壳后的头3天内采用23～24小时光照,以便于雏鸡熟悉环境,采食和饮水。关灯1小时保持黑暗,目的在于使鸡能够适应突然停电的环境变化,防止一旦停电造成的集堆死亡。在4日龄后可逐渐减少光照时间,4～7日龄每天光照20小时,8～13日龄每天光照16小时,从3周龄开始不必昼夜开灯,白天利用自然光照,早、晚开灯喂料,且只提供微弱的灯光,只要能看得见采食即可,这样既省电,又可保持鸡群安静,并不会降低鸡的采食量。14～21日龄自然光照,21～28日龄每天光照16小时,28～35日龄每天光照20小时,35日龄以后每天光照23～24小时。光照强度不可过高,过于强烈的光照强度不利于雏鸡生长。通常光照强度在5勒以下,随着强度的升高,雏鸡生长速度也逐步提高,而超过5勒,则生长随强度的升高而下降。一般在3日龄前强度应有10～30勒(每米25～15瓦,灯泡离地面2～2.5米),便于熟悉采食和饮水,以后逐渐降低,2周龄后5勒。值得说明的是,采用保温伞育雏时,伞内的照明灯要昼夜亮着。因为雏鸡在感到寒冷时要到伞下去,伞内照明灯有引

导雏鸡进仓之功效。

(6)通风　雏鸡饲养密度大,排泄物多,呼出的二氧化碳、排出的粪便和使用的垫料经微生物分解发酵,易使育雏室潮湿,积聚氨气和硫化氢等有害气体。因此,在保温的前提下要注意通风防潮,以排出潮气,保持舍内干燥和排出毒害气体,以免有害气体滞留而超过允许量,造成雏鸡体质衰弱,导致死亡率增高。通风以排出潮湿为重要,舍内空气相对湿度保持在50%～60%为宜。正常通风可以保持舍内空气新鲜,排出湿气,保持垫料的干燥,夏季还有助于降温。因此良好的通风对于保持雏鸡健康,羽毛整洁,生长迅速非常重要。有窗鸡舍在寒冷季节可以安装布帘,以人进入鸡舍没有闷气、刺眼、刺鼻的感觉为宜。当然,也应该避免室内通风过畅,温度下降,甚至形成穿堂风而致使雏鸡受凉感冒。在冬季,保温和通风相矛盾,育雏前2周以保温为主,2周龄后适当延长通风时间,加大通风量。开放式育雏舍夏季育雏后期维持舍温21～25℃,尽量打开通气孔和通风窗,加强通风。

(四)生长育肥期的饲养管理

优质黄羽肉鸡的生长育肥期,体温调节机制已趋完善,骨骼和肌肉生长旺盛,处于绝对增重最高峰时期。采食量大大增加,消化功能已经健全,体重增加很快。所以此时要让其尽量多吃,加上精心的饲养管理,使优质黄羽肉子鸡快速生长,达到上市体重。

1. 管理方式

优质黄羽肉鸡的生长育肥期一般采用网上平养、笼养的管理方式。尤其育肥期宜采用上笼育肥,因为优质黄羽肉鸡适应性强,不易发生胸囊肿,并能减少鸡活动量,有利于提高育肥效果。

优质黄羽肉鸡商品子鸡育雏期结束可脱离供温,也可以结合庭院林地采用放牧饲养,让鸡群在自然环境中活动、觅食、人工饲喂,夜间回鸡舍栖息。采用舍饲与放牧相结合的饲养方式,6周龄以后才宜放牧饲养,且饲养量少,以500～3 000只为宜。放牧鸡群在林地或果园之中,鸡群能够自由活动、觅食,得到阳光照射和沙浴等,采食虫草和沙砾、泥土中的微量元素等,广泛利用自然饲料资源,节省饲料,降低饲养成本,增加经济效益,有利于优质肉鸡的生长发育,鸡群活泼健康,肉质特别好,外观紧凑,羽毛光泽,不易发生啄癖。放牧鸡群要进行训练调教,一般2天后可形成条件反射,让鸡听见声音后就能到指定地点饮水吃料。一般放牧时间宜选择在夏秋季节,此时气温适宜,草子、昆虫等食物丰富,至10月下旬育肥期结束,气温逐渐下降,正值销售旺季。这种饲养方式舍内的饲养管理与网上平养或笼养一致,待鸡 100 日龄左右长到 1 500 ~ 2 000 克上市。

2. 鸡舍和设备

若育雏期采用地面平养或网上平养,可不转群,既避免了转群带来的应激,也节省劳力。但育雏期结束后采用自然温度育肥,应拆去保温设备或停止供温。若由笼养转为平养,则转群前 1 周须做好平养时鸡舍、用具的清洁卫生和消毒工作。转群前 12 ~ 24 小时饲槽加满饲料,供给饮水。

3. 营养需求

优质黄羽肉鸡生长慢,饲养期长,对日粮水平的要求低于快大型白羽肉子鸡,且不同优质黄羽肉鸡品种生长速度差异较大,饲养标准不统一,生产中应选择出达到要求的上市时间和体重后,将较高饲料报酬的营养水平作为该鸡种的营养标准。为适应其生长周期长的特点,从生长期开始要降低日粮中蛋白质含量,供给沙砾,提高饲料的消化率。育肥期与生长期相比则应提高日粮能量水平,可添加 5% 的脂肪,以保证子鸡生长速度、改善肉质、增加鸡肥度及羽毛光泽。

4. 饲养密度

适宜的饲养密度可以使雏鸡获得足够的活动范围,采食和饮水也不至于拥挤。网上平养每平方米 10 ~ 12 只,笼养每平方米 12 ~ 16 只。

5. 温度、湿度和光照

室温 18 ~ 21℃最适宜,冬季应加温,使温度达到最适温度。空气相对湿度控制在 50% ~ 55%,应保持地面垫料或粪便干燥。光照强度以能看见吃食为准,每平方米 5 瓦白炽灯可满足其生长所需。白天利用自然光照,早、晚喂料时才开灯。

6. 饲喂次数

自由采食可以避免饲喂时鸡群抢食、挤压和弱鸡争不到饲料的现象,使鸡群都能比较均匀地采食饲料,生长发育也比较均匀,减少因饥饿感引起的啄癖。若采用自由采食,则把饲料放在料槽内任鸡随时采食,这样每天加料 1 ~ 2 次,终日保持料槽内有饲料。饲养员进入鸡舍可刺激鸡进行采食,因此生产中多采用多喂勤添的人工饲喂方式。喂料量原则与育雏期相同,以刚好吃完为宜。为防止饲料浪费,可将饲槽宽度控制在 6 厘米左右。每只鸡饲槽占有长度 10 厘米以上。

7. 饮水

让鸡自由饮水,不可缺水,每只鸡水槽占用长度 3 厘米以上。

8. 屠体品质的控制

优质黄羽肉子鸡对屠体质量要求较高,育肥期要有适量脂肪沉积,增加肌间脂肪和皮下脂肪含量,提高鸡肉的香味和口感,故育肥期应提高日粮的能量水平,有时还可在日粮中添加 5% 的脂肪。上市前 1 周不要饲喂有不良气味的饲料原料。在饲料中添加含叶黄素的物质,使皮肤、胫、喙部产生深黄色,提高屠体外观质量。在鸡屠宰前 7 天应该停止使用各种药物,否则由于兽药在鸡体内的残留,不仅危害消费者的身体健康,也影响出口。

9. 肉子鸡出场

尽管目前我国优质黄羽肉子鸡仅以活鸡上市,肉子鸡宰杀与饲养者无关,但屠体是否美观、鸡肉口感和风味是否纯正会影响到消费者的消费行为,故优质黄羽肉鸡饲养者应注意肉子鸡上市前的出场管理工作。上市运输前 4 ~ 6 小时使鸡吃尽饲料,移出饲槽和一切用具,饮水在抓鸡前停止供给。为减少鸡的骚动,最好在夜间抓鸡,舍内安装蓝色或红色灯泡,光照减至最小强度,以保持鸡群安静。然后围栏圈鸡捕捉,每圈约 100 只,抓鸡,入笼,装、放鸡的动作要轻巧、快捷,不可随意抛掷,以防碰伤,也不可捆翅膀。

(五)优质黄羽肉子鸡的防疫

1. 常规防疫措施

搞好消毒工作,每周 1 次环境消毒,2 次带鸡消毒。鸡出栏后,清扫,喷洒消毒,熏蒸消毒,1 ~ 2 周后再进雏鸡。饮水器要每天清洗,保持垫料干燥。鸡舍需保持通风,使舍内空气新鲜。前 2 周注意防止鸡白痢,可在饮水中添加诺氟沙星等抗生素。地面平养肉子鸡 2 周龄后开始预防球虫病,可以使用疫苗,也可在饲料中添加球宝等防球虫药。针对饲养环境和不同季节,防止呼吸道疾病和大肠杆菌病的发生。

2. 商品肉子鸡的免疫接种程序

优质黄羽肉子鸡饲养周期长,除一般性的防疫外,还应定期预防免疫接种,根据各地的情况可以制定出适合当地的免疫程序。

（一）快大型白羽肉子鸡生产的特点

1. 生长快，生产周期短

快大型白羽肉子鸡生长发育快，6 周龄体重达 2 千克以上，10 周龄前，体重已达成年鸡体重的 2/3。这就要求在生长早期一定要加强饲养管理，争取在 10 周龄前达到所需的上市体重。目前快大型肉子鸡多在 6 周龄即达到上市体重。

2. 体重均匀度高

快大型白羽肉子鸡不仅生长快，耗料少，成活率高，而且体格发育均匀一致，出场时商品率高，也有利于屠宰加工。体重的均匀度在遗传上主要通过杂交来实现，同时也要加强饲养管理。实际生产中，出场时有 80% 以上的鸡在平均体重上下 10% 以内，即为发育整齐；若公、母分群饲养，则均匀度会更高。

3. 饲料效率高，生活力强

快大型白羽肉子鸡体质强健，成活率高达 96% 以上，只有达到这样高的成活率，才可能获得一定的经济效益。

4. 屠宰率高

快大型肉子鸡屠宰率高，特别是胸、腿肉率高，胸肌率高达 20% ～23%。

5. 性成熟早、繁殖力强、商品率高

一只肉种鸡繁殖的后代愈多，总的产肉量越高。快大型肉用种鸡比其他家畜性成熟早，繁殖率高（表 5－19），一般 24 周龄开产，饲养至 64～68 周龄，可提供雏鸡 100～150 只，相当于产肉（活重）200～300 千克，是母鸡体重的 50～80 倍。

6. 容易发生营养代谢疾病

快大型白羽肉子鸡因生长速度太快，且所用饲料全部是配合饲料，容易患营养代谢病，这也是目前快大型白羽肉子鸡饲养管理技术的一大挑战（表 5－20）。由于饲养管理水平的不断提高，近年来肉子鸡的死亡率已降至 4.0%。

表 5-19   畜禽产肉能力比较

类别	每头(只)母畜禽年产子数	每头(只)屠宰活重(千克)	屠宰率(%)	每头(只)母畜禽提供可食胴体	每千克母畜禽年产肉(千克)
猪	18	90	72	1 166	13.0
鸡	110	2	66	145	48
火鸡	60	10	79	479	40
牛	0.8	475	61	232	0.52
羊	1.4	50	50	35	0.7
兔	4.0	3.2	60	77	24

表 5-20   快大型白羽肉子鸡死亡率

类别	1980 年	1990 年	备注
全群总死亡率(%)	3.5~7.5	3.8~7.0	心肺功能障碍、猝死综合征和腹水综合征等疾病导致死亡率增加
死亡率均值(%)	5.2	5.65	
雏鸡质量差导致的死亡率(%)	1.60	1.57	
传染病导致的死亡率(%)	1.05	0.89	免疫和卫生保健措施的改进使死亡率下降15%
心、肺障碍导致的死亡率(%)	1.26	1.58	生长速度太快和营养代谢疾病等导致死亡率增加25%
腿疾导致的死亡率(%)	1.17	1.01	

7. 饲养风险更大

在饲养过程中首先要保证肉子鸡健康,其次才谈得上高效。快大型白羽肉子鸡单只鸡的收益微薄,靠规模效益取胜,机械化和自动化为大规模饲养肉子鸡提供了保障,但饲养过程中各种可能的疾病也使饲养风险加大。

(二)快大型白羽肉子鸡的生长规律

1. 相对增重规律

相对增重是指单位时间内绝对增重占始重的百分率,其计算公式如下:

相对增重 = (末重 - 始重) × 100%/始重

肉鸡标准化安全生产关键技术

相对增重反映个体某个阶段的生长强度。相对增重随年龄增长而下降，到成年后接近零。表5-21是快大型白羽肉子鸡的相对生长速度，可以看出，肉鸡相对增重速度在1~2周龄最快，尤其是第一周，体重比出壳时增加近3倍，以后随周龄上升而下降，因此要采取措施加强早期饲养管理。快大型白羽肉子鸡整个饲养周期很短，如果出现营养不良、管理不当或发生疾病等情况，很难有机会出现代偿性增长。

表5-21　快大型白羽肉子鸡相对生长速度

周龄	1	2	3	4	5	6	7	8	9
相对增重(%)	275	163	76	53	37	29	19	19	15

2.绝对增重规律

绝对增重指单位时间内体重的平均增长量，它表示的是个体在单位时间内的绝对生长速度，反映的是直接增重效果。在理论上，绝对增重呈对称的正态分布，其最高点相当于累积生长的转折点。

从表5-22中可以看出，肉子鸡绝对增重的高峰期是7周龄，之前逐渐增加，之后逐渐降低。因此，在高峰期前应提供充分的采食和恰当的营养水平，控制饲养密度，保持垫料干燥，就能在短期内取得良好效果，否则会因延长饲养期而造成经济损失。

表5-22　快大型白羽肉子鸡绝对增重

周龄	1	2	3	4	5	6	7	8	9	10
公鸡(克)	110	260	310	400	420	470	510	500	480	460
母鸡(克)	110	230	290	330	370	390	400	380	350	310
混养(克)	110	245	300	365	395	430	455	440	415	385

3.饲料转化规律

肉鸡饲养过程中，饲料占总成本的65%~70%。饲料转化效率指单位增重的耗料，其随着日龄的增加而增加。从表5-23可以看出，饲料转化效率随着肉鸡日龄的增加而逐渐降低，尤其是8周龄以后绝对增重下降，而耗料量继续增加，饲料效率显著下降。根据这个规律，应采取科学饲养管理措施，使肉子鸡尽早达到上市体重，及时出场。当然具体什么时间、什么体重出场，还应根据市场、雏鸡所占成本的比例和饲料价格等决定。

表 5-23   快大型白羽肉子鸡饲料转化率

周龄	1	2	3	4	5	6	7	8	9	10
每周转化率(%)	0.8	1.21	1.49	1.74	2.03	2.32	2.63	2.99	3.39	3.84
累积转化率(%)	0.8	1.05	1.24	1.41	1.58	1.75	1.92	2.09	2.26	2.43

(三)饲养方式

快大型白羽肉子鸡主要有平养、笼养和笼平混养 3 种饲养方式,平养又分为厚垫料地面平养和网上平养,以"平养不换垫料"形式居多。

1.厚垫料平养

此方式最简单,在鸡舍内地面上铺 10~15 厘米厚垫料,垫料长度小于 10 厘米,肉子鸡从入舍至出售都在垫料上生活。这是国内外普遍采用的饲养方式,简便易行,节省劳力,投资少,胸囊肿发生率低,残次品少。此种饲养方式的缺点是球虫病难以控制,药品及垫料费用高,鸡占地面积大,饲养密度小。

厚垫料平养在管理上的重点是垫料,要确保垫料的质量和加强垫料管理,如此才能有效预防球虫病,也才能确保肉子鸡的健康生长和胸腿发育。采用此饲养方式,要求垫料平整,厚度要均匀一致,且在饲养过程中需要经常抖垫料,将鸡粪抖落到垫料下面,以防粪便在垫料表面板结而导致胸囊肿的发生,降低肉子鸡等级。另外,饮水装置及料桶周围的湿垫料要勤换。饲养后期还可在垫料上面加一层垫料。

2.竹竿网养

将支架撑高离地 50 厘米,平行放置木条,将 2 厘米粗的圆竹竿平行钉在木条上,间距 2 厘米。在竹子盛产的地方可用此种饲养方式,节约、经济、高效。竹竿网养不同于网上平养,若肉子鸡采用普通的网上平养,网底用塑料网或塑钢网,则一次性投资大,肉子鸡易俯卧休息,易导致胸囊肿和腿脚病。竹竿网养与网上平养优点相似,节省垫料,管理方便,提高肉子鸡的饲养密度,球虫病发生少,因为鸡粪落入网下,减少鸡与粪便接触的机会,切断球虫病的循环感染,因此也能预防球虫病,且其他消化道疾病也相对减少。竹竿网养另外一个显著的优点是胸囊肿和腿脚病发生率低,因鸡的祖先即在枝条上生活,这种生活习性保留至今。在垫料或金属网上,鸡能俯卧休息而易导致胸囊肿,而在竹竿网上,鸡用脚爪抓住竹竿休息,不卧地,因此大大降低了胸囊肿和腿脚病发生率。竹竿网养与竹片网养不同,竹片网养与普通的网上平养效果一样。

3.笼平混养

笼养的饲养密度最大,但用于饲养肉子鸡,胸囊肿和腿脚病却不易控制,因此一般采用笼养和平养相结合的方式,即在育雏期 3 ~ 4 周龄前采用笼养,之后改为地面垫料平养。这种饲养方式很难做到"全进全出"。

(四)饲养准备

1. 鸡舍

肉子鸡舍要有利于防疫,离其他鸡舍至少应保持 100 米的距离,有条件的鸡场应当不与其他鸡混养一场,这样可以减少疾病传染的机会。新建的育雏舍要求地势高燥,并自然干燥 1 个月左右。肉子鸡舍要求鸡舍顶棚、墙壁保温良好,便于冲洗和消毒,并设有风机和排气孔。鸡舍有密闭式与开放式之分,在北方也有简易的大棚鸡舍。南方夏季炎热,用密闭鸡舍时设水帘并纵向通风,可大大降低舍温。肉鸡舍要求光亮适度,环境安静,便于清扫、消毒及饲喂操作。如果改造旧房舍,必须事先维修、清扫、刷洗,修缮房顶门窗及墙缝裂隙,堵塞鼠洞。舍内应隔成小圈,每圈容鸡数以不超过 2 500 只为宜,每超过 1 000 只,则每只肉子鸡体重下降约 3.6 克,且分圈饲养也便于捉鸡。

2. 设备

饲养快大型肉子鸡应准备的设备有保温设备(保温伞、火炕、烟道、电热丝、红外线灯泡等)、喂料设备(开食盘、平底塑料盘、料槽、吊桶等)、饮水器(水槽、真空式饮水器、乳头式饮水器、圆钟式自动饮水器等)以及围栏。

采用地面垫料饲养,为了防止雏鸡远离热源,可用铁网、席子或其他材料做成高 45 厘米的围栏,400 ~ 500 只一个围栏为宜。2 天之后,随着雏鸡日龄增长,围栏面积不断扩大。10 ~ 15 天可将围栏移走。料槽、饮水器要求数量足够、设计合理,保证能随时供应饲料和饮水。料槽必须平整、光滑、采食方便,不浪费饲料,并且便于清刷消毒。

料槽可用木板、镀锌薄板和硬塑料板制成,种类有船式长料槽、吊桶式干粉料料槽和管道式机械给料料槽。料槽的高度要合适,通常料槽上缘比鸡背高出约 2 厘米。

饮水器形式根据鸡的大小和饲养方式而定,应清洁、不漏、便于清洗、不易污染等。饮水器要正好放在保温伞边缘之外的垫料上,均匀分布,并使饮水器高度同肉子鸡背部相平,在肉子鸡到达之前 2 ~ 4 小时装满水,并在此时开启保温伞,以加热饮水,使水温达到 18℃以上,不宜一开始即供应凉水。

3. 饲料和垫料

当确认好开始饲养肉子鸡的数量和日期后,必须准备好最初 1 周的饲料,饲料的颗粒大小适中,易于采食,且营养丰富、易消化。开食饲料在 1 日龄内饲喂,2天后可用常规配合饲料。

消毒晾干后的地面铺上10~15厘米厚的垫料,要求垫料干燥,无霉菌、灰尘,吸水力强,无板结,弹性好,否则对肉子鸡的生长和胸腿部发育不利。有的肉鸡场连续使用旧垫料饲养肉子鸡,以节省垫料开支及更换垫料的劳力和时间。但要注意,若前一批鸡曾经发病或增重不佳,垫料潮湿、板结,则不宜再用。用旧垫料养鸡时,根据情况可加些新垫料,以保持足够的厚度和垫料质量,个别板结、潮湿处应予更换。

4.消毒和预热

肉子鸡舍及设备在上批肉鸡离舍后应立即消毒、清扫、冲洗,使下一批肉子鸡入舍前至少有2~4周的无鸡间歇期,借以阻断舍内残留的一部分病原微生物的生命周期。必须指出,消毒只能消灭大部分致病微生物,不能达到彻底消灭。因此,采取清扫—冲洗—消毒—间歇的综合措施,是减少和控制病原微生物不可取代的手段。鸡舍消毒时还要认真计算消毒面积,严格控制单位面积的用药量。一般场区鸡舍消毒用0.03%二氧化氯或2%氢氧化钠。

肉子鸡入舍之前1~2天必须进行试温,使舍温达到饲养所需的温度要求。一旦温度升到规定指标时,打开排风扇至最低挡,再加热调整,使之能保持恰当温度。饲养早期若采用笼养,则应调整笼内温度。

(五)快大型白羽肉子鸡的营养需求

快大型白羽肉子鸡生长快、饲养周期短,饲粮必须含有较高的能量和蛋白质,供应充足且各种养分的比例要平衡,日粮原料最好不要更换。快大型肉子鸡对维生素、矿物质等微量元素要求也很严格。任何微量元素的缺乏或不足都会出现病理状态,因此要特别注意微量元素的供给。

快大型白羽肉子鸡要求高能高蛋白质饲料,能量蛋白质不足时鸡生长缓慢,饲料效率低。据研究,饲粮能量在13.0~14.2兆焦/千克范围内,增重和饲料效率最好,而蛋白质含量前期22%,后期21%生长最佳。高能量高蛋白质饲粮尽管生产效果很好,但由于饲粮成本随之提高,经济效益不一定最好。表5-24列出了快大型肉子鸡最基本的营养需求,实际生产中,每个育种公司都对自己的肉子鸡进行过大量的试验,总结出了所育鸡种的营养需要量。饲养户可据自己的实际条件、饲粮成本、肉鸡售价以及最佳出场日龄来确定合适的营养标准。

表 5 - 24　快大型白羽肉子鸡的基本营养需要

营养成分	0 ~ 21 天	22 ~ 37 天	38 天后
代谢能(兆焦/千克)	13.0	13.2	13.4
粗蛋白质(%)	23.0	20.0	18.5
钙(%)	0.9 ~ 0.95	0.85 ~ 0.90	0.8 ~ 0.85
食盐(%)	0.3 ~ 0.45	0.3 ~ 0.45	0.3 ~ 0.45
可利用磷(%)	0.45 ~ 0.47	0.42 ~ 0.45	0.38 ~ 0.43

近年来,肉鸡生长速度加快,然而也出现脂肪蓄积过多问题,为此英国等研究人员提出新的饲粮标准(见表 5 - 25),适当降低能量和蛋白质水平,使快大型白羽肉子鸡既保持一定的生长速度,又不致脂肪蓄积过多。

表 5 - 25　肉子鸡饲料能量及蛋白质水平

饲养类型	饲养期	代谢能(兆焦/千克)	粗蛋白质(%)	饲料形状
二段制	前期	12.7	21	碎料
	后期	12.9	18	颗粒料
三段制	前	12.7	21	碎料
	中	12.9	19	
	后	12.9	18	颗粒料

从我国目前的生产性能和经济效益来看,快大型白羽肉子鸡饲粮代谢能大于 12.5 兆焦/千克即可。若需要肉子鸡体重大于 2 300 克,则前期适当降低能量蛋白质水平,以提高后期成活率;降低腿病和猝死综合征,即在前期蛋白质大于 21%,后期蛋白质大于 19% 较适宜。同时,要注意满足必需氨基酸的需要量,特别是赖氨酸、蛋氨酸以及各种维生素、矿物质的需要。

(六)快大型白羽肉子鸡的饲养

1. 公、母分群饲养

(1)公、母分群饲养的依据　不同性别鸡对生活环境、营养条件的要求和反应不同。主要表现为公、母鸡生长速度不同,公鸡长得快,母鸡长得慢,8 周龄时公鸡比母鸡体重高 27%,混养时快大型白羽肉子鸡体重低的只有 1 180 克,而高的可达 2 720 克,这样不利于统一上市和屠宰加工。公、母鸡沉积脂肪能力不同,母鸡易沉积脂肪,所以公、母鸡对饲料要求不同。公、母鸡羽毛生长速度不同,公鸡羽毛生长慢,母鸡生长快,所以胸囊肿程度不同,对垫料厚度和温度的需求也不同。

（2）公、母分群饲养的优点　分群后体重均匀度提高，产品整齐，便于屠宰场机械化操作。公、母鸡生长速度不同，则可确定不同的上市日龄，以适应不同的市场需求。公、母分群饲养，增重比混养快，从而节省饲料，提高饲料利用率，分群饲养时，每千克体重比混养可节约饲料1.5%。

（3）分群饲养主要措施　公、母分群饲养，按性别分别调配适宜的日粮（表5-26），公鸡饲喂高蛋白质、高赖氨酸饲料，以提高生长速度，前期甚至可高至25%；而母鸡则降低蛋白质水平，前期甚至可低至21%。由于公鸡羽毛生长速度慢，因此在设置温度时，前期公鸡环境温度可以比母鸡高1~2℃，后期则低1~2℃，公鸡育雏时温度下降的幅度更大，以促进羽毛生长，而且因公鸡体重大、羽毛生长速度慢，更容易发生胸囊肿，所以应为公鸡提供柔软的垫料。公鸡生长速度在9周龄后才下降，而母鸡生长速度则在7周后开始下降，而且同期公鸡体重一般比母鸡高20%，所以可根据市场情况分别确定出场时间。

表5-26　肉子鸡公、母鸡的营养需要

营养成分	0~21日龄		22~37日龄		38天至上市	
	公鸡	母鸡	公鸡	母鸡	公鸡	母鸡
粗蛋白质(%)	25.0	21.0	21.0	19.0	19.0	17.5
代谢能（兆焦/千克）	13.0	13.0	13.4	13.4	13.4	13.4
钙(%)	0.9~0.95	0.9~0.95	0.85~0.88	0.85~0.88	0.80~0.85	0.80~0.85
可利用磷(%)	0.45~0.47	0.45~0.47	0.42~0.44	0.42~0.44	0.40~0.42	0.40~0.42
赖氨酸(%)	1.25	1~25	1.10	0.95	1.00	0.90
含硫氨基酸(%)	0.96	0.96	0.85	0.75	0.76	0.70

2. 饮水

肉子鸡出壳后能否及时饮水，以及在饲养过程中能否及时供给新鲜清洁的饮水，对肉子鸡正常生长发育极为重要。

（1）尽快饮水　一般在肉子鸡毛干后3小时可运至肉子鸡舍，然后给予饮水，以促进肠道蠕动、吸收残留卵黄、排胎粪、增进食欲、利于开食。因此，肉子鸡出壳后宜在6~12小时运到肉子鸡舍,并立即饮水,若长途运输则时间可适当延长,先强迫一部分鸡饮水,利用鸡的群居性和从众性让其他鸡效仿,使所有的鸡尽快饮水。

(2)添加能量类物质　无论肉子鸡是否经过长途运输,宜在第一周于饮水中加8%的红糖、白糖或葡萄糖,补充能量和增强鸡体抗病力,以减少雏鸡的早期死亡。

(3)饮水质量　饮水要充足、新鲜、清洁,符合人的饮用标准。饮水后不可断水,以防缺水而引起鸡暴饮。饮水器数量要足够,分布均匀(间距大约2.5米),饮水量一般是采食量的2~3倍,但受气温影响大(表5-27)。最初的饮水要求水温18~19℃或与室温相同,因此在进鸡前应添满水并增加水温,1周后可饮用自来水。肉子鸡靠近饮水器则正常,不靠近则可能饮水器过少或光照强度不够。饮水器做到至少每天清洗和消毒1次,也可每周进行2次饮水消毒,以杀灭肠道内的致病微生物。

表5-27　温度与每1 000只肉子鸡饮水量(升/天)

周龄	10.0℃	21.1℃	32.2℃	37.8℃
1	30	30	34	38
2	45	61	98	182
3	72	95	197	360
4	98	133	273	492
5	133	174	356	644
6	163	216	416	757
7	189	254	462	837
8	216	288	473	863

(4)饮水位置　在不断水的前提下,前2周每70只提供1个饮水器(可盛4千克水),之后可改用水槽,每只鸡需2厘米的饮水位置;使用圆钟式自动饮水器,则每120只鸡提供1个饮水器。若使用自动饮水器,则注意及时更换不同型号的饮水器,最初用小型饮水器,4~5日龄将其移至自动饮水器附近,7~10日龄待鸡习惯自动饮水器时,去掉小型饮水器。饮水器距地面的高度随鸡龄的增加应不断调整,与鸡背水平一致。

3. 尽早饲喂,保证采食量

由于快大型白羽肉子鸡生长速度快,相对生长强度比其他肉子鸡大,如果前期生长稍有受阻,以后则很难补偿。因此,肉子鸡出壳后要早入舍、早饮水,在饮水2小时后即可开食,必要时可采用人工诱导采食,尽快让所有雏鸡吃上饲料,是整个饲养过程的关键措施之一。肉子鸡早期营养来源有两部分,一部分是雏鸡出壳后自身的卵黄,另一部分是饲料。开食早,早期饲喂好,则卵黄吸收减缓。两种营养来源交替,加强早期饲喂则延长交替时间,对当时和后来的生长都有利。所以肉子鸡要早入舍、早饮水、早开食,加强早期饲喂。有时达不到上市体重,往往是早期饲养不好,基础薄。为保证开食效果,一般用开食料盘,每100只鸡用料盘1~2个,以后可在3~5天时撤减料盘,10天后可完全撤去,而改用盘式或槽式喂料器,每只鸡应有料槽位置5厘米。整个饲养过程不限制饲养,自由采食,前2周喂碎粒料,2周后饲喂颗粒料,不宜用粉料。

有了较高营养水平的日粮,若鸡的采食量不够,肉子鸡的增重效果照样得不到保证。为了保证鸡的采食量,应在外界环境适宜的前提下提供足够的采食和饮水位置,防止饲料霉变,提高饲料的适口性,采用颗粒料,在饲料中添加香味剂等以促进食欲。在高温季节,因高温降低采食量,以25℃为界,每升降1℃,则采食量减少或增加50克,所以应采取综合性的防暑降温措施,如加强舍内通风、喷雾降温和种树遮阴等,并提高日粮营养水平和加强夜间饲喂。

4. 饲喂次数与饲喂量

任何时间都是自由采食,饲喂次数本着少喂勤添的原则,1~15日龄每天喂8次,每隔3~4小时喂1次,至少不能少于6次,16日龄后喂3~4次/天,多投料可刺激鸡的食欲,增加采食量。添料不超过饲槽1/3深度,饲槽高度以与鸡背高水平为宜。每次喂料多少应据鸡龄大小不断调整,肉子鸡各周龄的喂料量参见表5-28。

表5-28 肉子鸡公、母混养的喂料量与体重

周龄	体重(克)	每周增重(克)	料量(克/周)	料量累计(克)	料肉比
1	165	125	144	144	0.87:1
2	405	240	298	441	1.09:1
3	730	325	478	920	1.26:1
4	1 130	400	685	1 605	1.42:1
5	1 585	455	900	2 504	1.58:1
6	2 075	490	1 106	3 611	1.74:1

周龄	体重（克）	每周增重（克）	料量（克/周）	料量累计（克）	料肉比
7	2 570	495	1 298	4 909	1.91:1
8	3 055	485	1 476	6 385	2.09:1
9	3 510	455	1 618	8 003	2.28:1
10	3 945	435	1 781	9 784	2.48:1

5. 防止饲料浪费

鸡采食时习惯性动作是用脚往外扒或钩饲料,尤其在育雏期用开食料盘喂料更明显,因此可用网眼1.5厘米的网放在料盘上,使鸡能采食却扒不出饲料,同时饲料槽等结构要合理,能挡住饲料,加料也不可过满,以防饲料外撒而浪费。肉子鸡消化道容积小、肠道短,对饲料等食物的消化利用不充分,因此快大型白羽肉子鸡吃得多,排出也快,对饲料消化不充分,肌胃食料磨碎不够,消化液进不去,无法消化,尤其后期多吃、多饮水,排得快,在粪便中甚至可见粒状饲料,所以玉米、豆饼等饲料原料应充分磨细,然后再制粒,以利于消化。

(七)快大型白羽肉子鸡的管理

1. 饲养密度

指每平方米可饲养的鸡只数,以及每只鸡所占采食位置和饮水位置的长度。饲养密度是否恰当,与肉子鸡的健康生长和鸡舍的充分利用有很大关系。密度过大,室内空气不好,影响肉子鸡雏鸡生长,肉子鸡互相挤压在一起抢食,体重发育不均,影响鸡群健康,还易发生啄癖;而密度过小,鸡舍利用率低,成本高。快大型白羽肉子鸡可以高密度饲养,适宜的饲养密度取决于肉子鸡饲养方式、鸡舍类型、垫料质量、养鸡季节和出场体重。不同饲养方式下肉子鸡的饲养密度可参照表5-29。若按鸡舍使用面积计算,第一周地面垫料平养每平方米可饲养30只肉子鸡,第二周每平方米可饲养25只,第三周每平方米可饲养20只,第四至第六周每平方米可饲养15只,第七至第八周每平方米可饲养8~10只。若按每平方米体重计算,地面垫料平养出场时最大容量可达每平方米30千克活重,若每只鸡2千克,则最多每平方米可饲养白羽肉子鸡15只,这种密度肉眼看去整个鸡舍地面已挤满鸡。出雏时不能以体重来计算饲养密度,入肉子鸡舍时可以每平方米饲养30只鸡,以后逐渐疏散。笼养时饲养密度可比平养高1倍以上。

表5-29 肉子鸡的饲养密度(只/米²)

体重(千克/只)	厚垫料平养	竹竿网养	爱拔益加(推荐)
1.4	14	17	18
1.8	11	14	14
2.3	9	10.5	11
2.7	7.5	9	9
3.2	6.5	8	8
体重(千克/米²)	20	25	25

为保证饲喂效果,必须保证足够的采食位置,随着鸡龄的增加,采食位置也要不断加大,要保证所有鸡都能同时采食。若用平底塑料盘,则1个料盘可供50~60只肉雏鸡采食;若用料槽,则每只鸡料槽位置5厘米,生长后期每只鸡占料槽位置7.0~7.5厘米;若用料桶,则1个料桶可供20~30只肉鸡采食。

饮水必须充足,在保证不断水的前提下,若用水槽,每只鸡应有2厘米饮水位置;若用乳头式饮水器,则1个饮水器可供10~15只鸡饮水;若用真空饮水器,则1个4千克容量的饮水器可供60~70只鸡饮水;若用圆钟式自动饮水器,则1个饮水器可供120只鸡饮水。

2.控制适宜的温度

快大型白羽肉子鸡约1/3的时间需供暖,所以环境温度关系到肉子鸡的成活率、生长速度和耗料比(表5-30),还会影响采食量和饮水量。

表5-30 快大型肉子鸡不同室温下的体重和耗料

周龄		1	2	3	4	5	6	7	8
耗料[千克/(100只·天)]	10.0℃	1.68	4.54	6.68	9.41	12.09	15.00	18.20	20.20
	21.1℃	1.68	4.14	6.50	9.05	11.50	14.37	17.09	18.82
	32.2℃	1.64	4.00	6.09	8.36	10.18	12.46	14.59	16.09
	37.8℃	1.59	3.96	7.64	8.64	9.50	11.23	12.91	13.96

周龄		1	2	3	4	5	6	7	8
体重(克)	10.0℃	150	410	650	990	1 360	1 760	2 190	2 600
	21.1℃	150	390	700	1 060	1 460	1 890	2 340	2 780
	32.2℃	150	370	650	970	1 290	1 620	1 940	2 210
	37.8℃	140	350	630	920	1 210	1 490	1 730	1 920
饲料转化率	10.0℃	0.81	1.13	1.35	1.55	1.75	1.95	2.15	2.35
	21.1℃	0.80	1.05	1.24	1.41	1.58	1.75	1.92	2.09
	32.2℃	0.79	1.07	1.26	1.45	1.64	1.84	2.07	2.33
	37.8℃	0.78	1.08	1.28	1.48	1.68	1.89	2.15	2.45

育雏开始的 1~2 天,保温伞边缘离地面 5 厘米处的温度以 33~35℃ 为宜,第一周伞下温度 30~32℃,第二周 27~29℃,第三周 24~26℃,第四周 21~23℃,即从第二周开始,伞温每周下降 2~3℃,冬天降幅小,夏天降幅可大些,以后保持这一温度。也可以从最初的 35℃ 起,每天下降 0.5℃,至 30 天达 20℃。总的要求是平稳降温,育雏人员必须每天检查和记录温度变化,细致观察肉子鸡的行为,据此灵活掌握温度。

快大型白羽肉子鸡在育雏早期有适当的温差更有利于生长,适当的低温可刺激食欲、提高采食量、促进生长。保温伞或烟道供温时在 30~32℃ 每 1 小时变动 1℃,比恒温效果好。快大型白羽肉子鸡脱温后对环境温度要求较严格,舍内温度保持 20℃ 左右为最好,低于 20℃,维持耗能升高,耗料比提高,饲料效率下降;高于 20℃,采食量下降,饮水量提高,增重速度下降。

即使同一群雏鸡,个体对温度要求也并非一致,因此生产中应根据实际情况确定环境温度。确定初始温度的原则是:外界气温低时舍内温度可适当升高,外界气温高时舍温可适当降低;弱雏可高些,健雏可低些。实际操作时不能只看温度表上的读数,还要随时察看肉子鸡行为,以便看鸡施温。肉子鸡对温度反应灵敏,温度适宜时,肉子鸡精神活泼,食欲良好,饮水适度,羽毛光亮整洁,鸡分布均匀,休息时伏卧于网上或垫料上,头向前伸,嘴贴地,有时翅膀延伸开,侧卧睡觉;温度过低时,肉子鸡聚集在热源周围或扎堆,发出尖叫声,甚至于体温下降,易导致鸡白痢,平养时层层堆叠,造成底层雏鸡窒息而死;温度过高时,肉子鸡远离热源,张口喘气,采食少,饮水增加。

3. 控制适宜的湿度

肉子鸡的健康生长需要一定的空气湿度,从而有利于维持雏鸡正常的代谢活动、卵黄吸收、避免脱水、促进羽毛生长,不过其对湿度要求并不严格。

肉子鸡出壳时,为保证湿度与胚蛋内一致,一般采用70%的空气相对湿度,第一周调整为60% ~ 65%,之后55% ~ 60%,同时保持舍内干燥,注意通风,避免饮水器漏水,同时鸡呼吸量大,应防止潮湿。

快大型肉子鸡所需的空气湿度,在常温下很多地区都可以达到要求。北方等地区,因有取暖设备,则要加湿以防止湿度过低。最初1周室内需较高的湿度,我国南方不加湿就可以达到,但在多雨或梅雨季节饲养肉子鸡时应防止高湿。

要增加湿度,可以在室内放水盘、挂湿帘、火炉上放水桶、室内搭湿麻袋或在地面洒水,最好是采用带鸡消毒,即在水中添加消毒剂对鸡舍和雏鸡喷雾,这样,既可增加空气湿度,又可达到消毒净化环境的目的。

生产中,环境温度与湿度要求总是互相矛盾,第一周需保持较高的湿度,而由于环境温度较高,使湿度下降,之后湿度要求降低,而鸡舍内因鸡的呼吸和饮水则使湿度偏高。为解决这一矛盾,可在进鸡前提前升温,关好门窗,将水放在热源处;进鸡后,增加饮水器,将水放在热源下,3天后随着肉子鸡体重增加,呼吸与排泄量相应增多,育雏室空气湿度也随之上升,此时应将水远离热源,并注意通风,经常保持室内干燥清洁。

总的来说,适宜的温度下无论高湿还是低湿对肉子鸡的生长影响都不大,生产中主要是要防止高温高湿,这种环境会加大高温效应,诱发各种疾病,是养鸡生产最忌讳的环境,也是垫料平养时肉子鸡球虫病暴发的最佳条件。

4. 加强通风

由于快大型肉子鸡饲养密度大、生长快、代谢强、需氧气多,因此必须加强通风,保持鸡舍内环境空气的新鲜。通风的目的是使空气均匀一致,保证充足的氧气,排出有害气体,降低湿度,减少病原微生物,防止呼吸道疾病和缺氧增加肉子鸡腹水综合征,提高采食量,促进生长发育。当鸡舍内有害气体含量过高、维持时间较长时,会影响肉子鸡生长速度,引起一些疾病(如呼吸系统疾病),增加死亡率。当舍内氨气浓度长时间超过20毫升/米³时,鸡的眼结膜会受刺激,严重时甚至可能造成失明。缺氧会使肉子鸡腹水综合征发生率大为提高,生长速度和成活率受影响。

温度、湿度和通风共同对鸡舍环境起作用,通风会降低温度和湿度,高温时通风可缓和高温影响,低温时加大通风则采食量增加,体重也可能下降。大型肉鸡场,往往在建筑设计时已充分考虑了通风与温度、湿度的关系,而庭院式的肉鸡饲养户可能会忽视此问题,往往过度强调保温而忽视通风。在实际饲养肉子鸡时,1~2周以保温为主,并适当注意通风,从第三周开始要适当加大通风量并延长通风时间,4周龄后,除非冬季,则以通风为主,尤其在夏季更应如此。

5. 适宜的光照

光照分自然光和灯光,二者对肉子鸡的效果一致。自然光照省电,但有季节性,且光照强度太大。白炽灯或荧光灯的灯光,则可据生理需求供电,时间和强度易控制,可全年均衡生产,但不能停电,停电时间过长、次数过多则干扰生产。在肉子鸡饲养中,光照可间接影响其日增重、饲料效率和腿病发生率。目前科研人员在这方面已进行了大量研究,并制定了各种适于推广和生产要求的光照制度。

在光照强度上,采用弱光是肉子鸡饲养管理的一大特点。强光照刺激鸡的兴奋性,而弱光照可降低兴奋性,使鸡经常保持安静,有利于增重。一般在最初的3天给予较强的光照以促进采食和饮水,以后逐渐降低,0~3天,3.0瓦/米²;4~14天,2.0瓦/米²;15~35天,1.5瓦/米²,之后维持该强度。多层笼养以下层光照强度为准。采用此光照强度可降低腿病、猝死综合征和腹水综合征发生率,从而有效地提高肉鸡商品合格率。为维持特定的光照强度,有窗或开放式鸡舍要采用各种方式遮光,而密闭式鸡舍则应安装光照强弱调节器,按照不同时期的要求控制光照强度。

对光照时间,大多数肉子鸡饲养者只在进鸡后的1~3天实行通宵照明,4日龄以后改为23小时光照+1小时黑暗,使肉子鸡能适应因突然断电造成的黑暗环境,有的饲养户也执行1~2日龄24小时光照,3~42日龄16小时光照+8小时黑暗,43日龄至上市23小时光照+1小时黑暗。在全密闭式鸡舍内安装定时开关,实行1~2小时光照+(2~4)小时黑暗的间歇光照方案,可节省饲料,明显提高肉鸡的饲养效果,但必须同时增加饲槽和饮水器的数量,使所有的鸡都能同时采食饮水。鸡的采食行为一般集中于明亮期,黑暗期为休息、睡眠时间,一旦进入黑暗期,肉鸡就会转入休息并集中精力于饲料的消化,明亮期短则不会产生玩食现象,可较大幅度地提高饲料利用率。间歇光照还可有效地防止腹水综合征,因为间歇光照起到了一种间接限饲的作用。总的来讲,对肉子鸡来说,间歇光照的效果好于连续光照(23 小时光照＋1 小时黑暗)。但间歇光照在全封闭式鸡舍中才具可操作性,开放式鸡舍只能白天自然光,晚上开灯喂料,喂完关灯。

(八)疾病预防

1.执行"全进全出"制度

"全进全出"是指同一范围内进同一批雏鸡,饲养同日龄鸡,同一天出场,之后打扫、清洗、消毒,密闭 1~2 周,再养下一批鸡。"全进全出"制的优点如下:全群出场后场内无肉鸡,不存在传染源,可彻底消毒,最大限度地把场内的各种病原体消灭掉。场内无肉鸡也就不存在病原体的携带者,因此可以避免各种传染病的循环感染,使下一批肉子鸡能开始生活于一个洁净的环境,健康地生长。肉子鸡在接种前后由于生活在洁净的环境,一般不会受到病原微生物的侵害,也不会受到另外一群肉鸡排毒干扰其免疫反应,因而接种后产生抗体水平比较一致,能获得较为一致的免疫力,保护率高,再配合其他的卫生防疫工作,肉鸡的健康与安全就有可靠的保证。实施"全进全出"制,场内只有同日龄的肉鸡,因而采取的技术方案单一,管理简便,在鸡舍清洗、消毒期间,还可以全面维修设备,进行比较彻底的灭蝇、灭鼠等卫生工作。

"全进全出"分三个级别:一栋鸡舍"全进全出",一个饲养场的一个小区"全进全出",整个饲养场"全进全出"。"全进全出"是保证鸡群健康、切断病原的根本措施。为保证"全出",饲养过程中对生长慢的鸡要单独饲养,以跟上出场。鸡群出栏后,彻底进行鸡舍和设备的清洗和消毒,尤其清洗相当重要,不能只重视消毒而忽视清洗。

在养鸡生产中,与"全进全出"相对的是"连续饲养"(或"循环饲养"),即一个鸡场养有不同日龄的几批或十几批鸡群,因此也称"多日龄"鸡场。连续饲养制鸡场内养有不同批龄的肉子鸡,有的甚至还养种鸡。连续饲养制使得场内养有多批不同日龄的鸡,使传入场内的传染病得以循环感染,且连续饲养不能对鸡场进行彻底消毒,就会导致肉鸡因感染病原微生物而对某种营养素的需要量升高,如仍按常量供给就会使生产水平下降,死亡率升高。如在一栋舍内连续饲养肉子鸡半年以上,即使日粮中含有足量维生素 B_7 也会发生其缺乏症。

对不得已而采用"连续饲养"的肉鸡场,至少要做到整栋鸡舍的"全进全出"。分批进场的肉子鸡最好来自同一健康的种鸡场,不同批次进场的肉子鸡要分栋分人饲养,人员不得互串。

2.实施灭鼠、灭蚊、灭蝇,禁止其他畜禽进入养殖区

肉鸡健康高效养殖生产过程中,人们往往注重传染病的危害,而忽视鼠类

和蚊蝇给人畜健康造成的危害。其实鼠类和蚊蝇采食腐烂食物和病鸡残骸，易将病原菌和病毒带入肉鸡场，尤其是鼠类，它们盗食并污染饲料、破坏饲养设施、咬毁器物、盗咬雏鸡，直接威胁肉鸡安全，增加饲养成本，而且鼠类易使肉子鸡产生应激，使其生长缓慢，间接增加饲养成本。因此，在肉鸡养殖过程中，必须严格实施灭鼠、灭蚊、灭蝇的措施，并禁止其他畜禽进入养殖场区。

3. 重视消毒工作

在一批肉子鸡饲养结束后，应进行清扫、冲洗、消毒、封闭。在饲养肉子鸡前应对鸡舍、设备和用具进行消毒，同时还须定期、不定期对鸡舍内外环境进行消毒，即执行带鸡消毒，带鸡消毒可净化舍内的小环境，使舍内病原微生物降低到最低限，可每天1次，交叉选用广谱、高效、副作用小的消毒剂。每批肉子鸡出场时，由于抓鸡、装鸡、运鸡都会在舍外场地留下大量的粪便、羽毛及皮屑，应及时打扫、清洗、消毒场地。并定期对舍外环境进行消毒。

4. 预防球虫病

地面平养最易患球虫病。一旦患病，会损害肉子鸡肠道黏膜，妨碍营养吸收，导致采食量下降，严重影响鸡的生长和饲料效率。一般10~12天开始投药，隔5~7天投药1次，选2~3种抗球虫药物交替使用，并用消毒药进行带鸡消毒，以杀灭球虫卵囊。预防球虫病还必须从垫料管理上入手，严防垫料潮湿，发病期间每天清除垫料和粪便，以清除球虫卵囊发育的环境条件。如遇阴雨天或粪便过稀，应立即通过饮水或饲料进行投药预防。若出现鸡群采食量下降、血便，立即投药治疗；对个别病情严重不能采食者可肌内注射青霉素，4 000国际单位/只，2次/天，2~3天即可治愈，注意在出场前1~2周停止用药，严格执行停药期规定，以避免药物残留。

5. 预防胸囊肿

胸囊肿是快大型白羽肉子鸡最常见的胸部皮下局部炎症，它不传染，也不严重影响生长，但影响屠体的商品价值和等级，造成一定的经济损失。

快大型白羽肉子鸡早期生长快，体重大，在胸部羽毛未长或正在长的时候，胸部与地面或硬质网面接触，龙骨外皮受到长时间的摩擦和压迫等刺激，造成皮质硬化，形成囊状组织，里面逐渐积累一些黏稠的渗出液，成为水疱状囊肿。囊肿初期颜色浅，面积较小，后期颜色变深，面积也逐渐变大。肉子鸡采食速度快，吃饱即俯卧休息，一天当中有68%~72%的时间处于俯卧状态，而俯卧时其体重的60%由胸部支撑。这样胸部受压时间长、压力大，胸部羽毛又长得晚，因此极易导致胸囊肿。生长速度快、体重大的鸡胸囊肿发生率更高。有腿部疾病的肉子鸡伏卧时间长，所以基本上都会伴随发生胸囊肿。

预防胸囊肿，首先要加强垫料管理，保持垫料松软、干燥及有一定厚度；其次尽量不采用金属网面饲养，在饲养过程中，适当驱使鸡活动，减少伏卧时间。

6. 预防腿部疾病

随着育种工作的进展、饲养水平的提高以及环境控制的改善，肉子鸡的早期生长速度大幅度提高，而鸡体肌肉组织的生长快于骨骼组织的生长，可引起一些腿部疾病。研究证实，早期实行适当的限制饲养，可使腿部疾病大大减少，但饲养肉子鸡的目的就是让其快速生长，因此在生产上不可能对肉子鸡实行限制饲养。因此腿部疾病是快大型肉子鸡生产中存在的一大问题，随着肉子鸡生产性能的不断提高，腿部疾病的严重程度也在增加，尽管育种工作已将腿部骨骼发育和病变作为一项育种考核指标，但还不能根除这一问题。

虽然肉子鸡的腿部疾病主要与生长速度密切相关，但引起腿病的原因是很多的，有遗传性腿病，如胫骨、软骨发育异常，脊柱滑脱等；有传染性腿病，如化脓性关节炎、脑脊髓炎、病毒性腱鞘炎等；有营养性腿病，如溜腱症、软骨症、维生素 B_2 缺乏症等；也有风湿性和外伤性腿病等管理性腿病。到目前为止，还没有根除腿病的有效措施。由于该病形成的原因很多，应从营养、管理等方面来预防这类疾病。

7. 预防腹水综合征

快大型白羽肉子鸡腹水综合征最早发生于 2 周龄，4 周龄时病情加剧，直至死亡。病鸡初期症状不明显，后期喜躺卧，羽毛蓬松，精神委顿，呼吸困难，卧地不起，驱动时走路似企鹅状，腹部膨大下垂，羽毛脱落，腹部皮肤变薄发亮，用手触压时有波动感，多因心力衰竭而死亡。病鸡食欲下降，体重下降，全身明显淤血，心脏肥大松软，腔内充盈不凝固血液。肝脏肿大、淤血或萎缩变硬，表面凹凸不平，有弥散性白斑。最典型的剖检变化是腹部肌肉严重淤血，腹腔内积有 200~500 毫升的清亮、稻草色样或淡红色液体，有的内含纤维蛋白凝块。

引起快大型白羽肉子鸡腹水综合征的原因多种多样，与环境条件、饲养管理、营养及遗传等都有关系，环境缺氧、氨气或二氧化碳含量过高是发病的主要原因，其直接原因多与缺氧密切相关。腹水综合征发生率随着海拔的升高和饲料含硒量的降低而增加，并与鸡体内血红蛋白浓度高低成正比。在缺氧条件下，红细胞增多，血液变稠，回流缓慢，血液在腹腔血管中滞留时间变长，血液内压增加，血浆渗出液增多，并积蓄在腹腔，则易形成腹水综合征，同时也导致呼吸功能严重障碍，心肺功能减弱，静脉淤血，渗出增加。各地方品种鸡生长速度相对较慢,血气屏障膜薄、气体交换通透性好;而快大型白羽肉子鸡在育种过程中特别重视生长速度的提高,也许由于遗传育种的原因,间接使其血气屏障膜增厚,交换气体的通透性变差,因此肉子鸡易发生腹水综合征。在营养方面,微量元素硒和维生素 E 能降解机体代谢过程中产生的有毒物质,从而保护细胞膜的完整功能,维持细胞膜的正常通透性,从而降低腹水综合征的发生。饲料中长期大剂量添加禁用药物呋喃唑酮,造成慢性中毒,也易引起肉子鸡腹水综合征的发生。此外,饲料中能量和蛋白质含量过高,过量给予药物都能导致腹水综合征。

减少腹水综合征,在生产中主要通过保持鸡舍适宜的温度和良好的通风换气条件,改善通气条件,确保氧气充足,严防氨气和二氧化碳蓄积。适当降低饲料能量,保证饲料中含硒量不低于 0.2 毫克/千克,适量提高维生素 E 的用量,不使用禁用药物呋喃唑酮。在发现有轻度腹水综合征时,要及时纠正不良的饲养管理措施,并补加维生素 C 和微量元素硒,以控制腹水综合征的发展。给病鸡口服双氢克尿噻,每只 50 毫克,每天 2 次,连服 3 天,有一定疗效。

8. 免疫接种程序

快大型白羽肉子鸡主要接种鸡新城疫、传染性法氏囊病和禽流感疫苗,有时也根据情况免疫接种传染性支气管炎(1~28 日龄)或传染性喉气管炎(14 日龄)疫苗。接种方法宜采用饮水法,尽量不用注射法接种疫苗。1 日龄滴眼免疫新城疫弱毒和传染性支气管炎疫苗,5~6 日龄颈部皮下注射禽流感苗,11~12 日龄滴眼免疫新城疫苗,16~17 日龄饮水免疫传染性法氏囊病疫苗,在冬春新城疫易发季节,22~25 日龄加强免疫新城疫弱毒苗。

饮水免疫要重视效果。首先检查疫苗的有效期,清洗饮水器具。饮水免疫前适当停水 3 小时左右,水中先加入 0.3% 脱脂奶粉(40 升水中加 115 克奶粉),混匀后加疫苗,并让鸡在 2 小时内饮完,保证每只鸡都能饮入足够的疫苗。免疫后最好进行血清检测,以保证免疫的确实效果。注意免疫用水中禁止加入消毒剂或清洁剂。

(九)快大型白羽肉子鸡出场

饲养结束,肉子鸡的出场应妥善处理,即使生长良好的肉子鸡出场宰杀后,也不一定都能加工成优良的屠体。快大型白羽肉子鸡生长速度快,至上市日龄时体重大,骨质相对脆嫩,在转群和出场过程中,抓鸡装运非常容易发生腿脚和翅膀断裂损伤的情况,由此产生的经济损失非常可惜。据调查,肉子鸡屠体等级下降有 50% 左右是由碰伤造成的,而 80% 的碰伤发生在出场前后。

因此肉鸡出场时尽可能防止碰伤,以保证肉鸡的商品合格率。

在上市出场前4~6小时使鸡吃光饲料,吊起或移出饲槽和一切用具,饮水器在抓鸡前再撤除。为减少鸡群骚动,光照减至最小强度,尽量在弱光下进行,如在夜间抓鸡,鸡舍内安装蓝色或红色灯泡。抓鸡时用围栏圈鸡捕捉,每栏约100只,抓鸡、入笼、装车、卸车、放鸡动作要轻巧、快捷,不抓鸡脚或翅膀,不随意抛掷,以防碰伤,也不要将翅膀捆起,以免淤血。每笼不能装得过多,否则会造成不应有的伤亡。抓鸡要抓双腿,最好能请专业的工作人员抓鸡。尽可能缩短抓鸡、装运和在屠宰厂候宰的时间。肉鸡屠宰前停食8小时,以排空肠道,防止粪便污染屠宰场。但停食时间不可过长,停食时间越长,掉膘率越大。据测,停食20小时比8小时掉膘率高3%~4%,处理得当掉膘率仅为1%~3%。

(十)生长和耗料标准

近年来,快大型白羽肉子鸡的生产性能不断提高,生长速度越来越快,上市日龄不断提前,料肉比也不断降低。生长和耗料标准可参考表5-31。

表5-31 商品肉子鸡生产性能

周龄	平均体重(克)			累积饲料效率(料肉比)		
	公鸡	母鸡	混养	公鸡	母鸡	混养
1	150	150	150	0.80	0.80	0.80
2	410	380	395	1.05	1.05	1.05
3	720	670	695	1.23	1.25	1.24
4	1 120	1 000	1 060	1.40	1.42	1.41
5	1 540	1 370	1 455	1.56	1.60	1.58
6	2 010	1 750	1 880	1.73	1.77	1.75
7	2 520	2 150	2 335	1.90	1.94	1.92
8	3 030	2 530	2 780	2.07	2.11	2.09
9	3 510	2 880	3 195	2.24	2.28	2.26
10	3 970	3 180	3 575	2.41	2.45	2.43
11	4 400	3 450	3 925	2.58	2.62	2.60
12	4 770	3 670	4 220	2.75	2.79	2.77

各个肉鸡育种公司都有自己的商品肉子鸡生产性能介绍资料,在实际生产中要达到那么高的水平都有相当大的困难,一般仅做参考,特别是目前我国

饲养条件还不够完善,但是通过努力,接近或是达到其水平是能够实现的。

三、提高饲料利用率的措施

饲料成本占整个鸡生产成本的60%～70%,尤其是随着饲料原料的短缺和价格的不断上涨,使得广大养殖户和饲料生产经营者不得不寻求一些提高饲料利用率的方法,降低饲养成本。

(一)影响鸡饲料利用率的因素

1.动物本身因素

不同生长阶段的鸡群对饲料的利用率不同。

2.饲料因素

不同种类的饲料,营养物质消化率不一样。大豆中含有抗胰蛋白酶、致甲状腺肿及皂苷和血凝素等物质,这些物质都会影响其消化利用和鸡的一些生理生化过程,如果加热适当,其毒素和酶就会受到破坏。

3.饲料配合的科学性

配制饲料时,只有各种营养物质如能量、蛋白质、氨基酸、维生素、矿物质等能够满足鸡的营养需要,并且达到最佳平衡,才能够使饲料的转化率达到最高。

4.饲料的加工和储藏

同一种饲料因加工方法不同,其营养价值也不一样。

5.饲养环境及应激

鸡群所处的饲养环境,如温度、湿度、通风、光照、空气中有害气体含量等的变化,都可以引起动物应激,从而降低饲料转化率。

(二)提高鸡饲料利用率的方法

1.配制饲料时,必须以鸡的饲养标准为依据

结合生产实践经验,制定出符合要求的最佳饲料配方,不仅满足鸡对各种营养物质(能量、蛋白质、氨基酸、维生素、矿物质等)的需要量,而且各种营养物质之间的平衡应达到最佳。

2.配制饲料时,应注意饲料的多样化

尽量多用几种饲料原料进行配制,这样可以充分发挥各种原料之间的营养互补作用,以保证营养物质的完善,有利于提高饲料的消化率和营养物质的利用率。

3.选择原料配制饲料时要注意原料的品质和适口性

如果饲料品质不良或适口性差,即使在计算上符合营养需要,但实际上并不能满足鸡的需要。对于那些有不良特性和适口性差的饲料原料如血粉、皮革粉、羽毛粉、棉粕(饼)、菜粕(饼)、芝麻饼、草粉、糟渣等要事先进行加工处理并限制其在饲料中的使用量。

4.配制饲料时,应考虑饲料的卫生要求

所用原料应质地良好,发霉变质的原料不应做配合饲料的原料。在饲料原料中,如米糠、花生饼等因脂肪含量高,容易发霉,容易感染黄曲霉菌而产生黄曲霉毒素,损害鸡肝脏,严重的产生肿瘤或癌症。除此之外,还要注意选择那些没有受农药或其他有毒、有害物质污染的饲料原料。

5.配制饲料时,必须根据各种鸡的消化生理特点,选择适宜的饲料原料进行搭配

尤其要注意控制饲料中粗纤维的含量。当日粮中粗纤维的含量增加时,日增重和饲料利用率将降低。粗纤维含量以不超过5%为宜。

6.配制饲料时,必须考虑鸡采食量与饲料养分浓度之间的关系

如果日粮能量浓度偏低,鸡就会增加采食量,采食过多,就会降低消化率。

四、改善肉鸡肉质的措施

(一)优质鸡肉的评定指标

肉质是一个综合经济性状,包括感官品质、加工品质、营养价值和卫生质量,即 pH、肉色、滴水损失、系水力、嫩度、肌内脂肪等,这些指标的改变对肌肉的感观、加工、口感及营养价值等有很大的影响。鸡肉评价方法主要借鉴国外猪肉肉质的评价方法,而国外肉质品质的评价主要是从食品安全和加工角度出发,这些国外的评价指标大多与我国优质肉鸡更多考虑鸡肉的适口性、鲜度、香味等不同。

优质黄羽肉子鸡的实质在于中国人认为其肉质优于快大型白羽肉鸡,在于认为我国地方鸡肉的风味和口感优于快大型白羽肉鸡。肉质的评定有客观标准(物理学、化学、生物学)和主观标准(色、香、味)两类:色和香可以分别用物理学和化学方法来客观度量,因此肉的风味是纯粹的主观标准。研究者曾用屠宰性能、肌肉中各种氨基酸含量、脂肪及脂肪酸含量、肌肉的系水性、嫩度、pH 以及肌肉纤维结构等指标来衡量肉质的好坏,结果与人们对鸡肉风味和口感的要求不尽一致,人们也用品尝和闻味评分来评定肌肉品质,但人为因

素(习惯、嗜好、生理状态等)肯定影响评定结果。到目前为止,还没有统一的标准对优质鸡的肉质进行评定。

1. 营养成分

鸡肉是公认的最好营养食品之一,其所含的蛋白质比多种家畜、家禽肉高,而脂肪含量则较少。鸡肉营养成分主要测定鸡肉所含的蛋白质、脂肪、水分、灰分、维生素及各种氨基酸的组成等,是肉鸡优质概念的重要内容。

2. pH

pH 指肌肉中的酸度,主要由屠宰后肌糖原无氧酵解成乳酸的程度决定,是衡量肉质的一个关键参数,影响肉的适口性、系水力、肉色、嫩度、烹煮损失和保藏期。pH 还影响鲜味物质谷氨酸钠、维生素 B_1 的呈味效果。在一定范围内,肉的终点 pH 越高,系水力越高(滴水损失越少),肉色评分越高,而 pH 超过 5.7 会导致暗色肉比例增加。

3. 肉色

肉色影响消费者的购买欲望,因而具有商业价值,是重要的肉品质指标。肉品颜色主要取决于肌肉中肌红蛋白和血红蛋白的含量。肉色的变化与肌红蛋白、氧合肌红蛋白和高铁肌红蛋白有关。当肌肉切开后,切面肌红蛋白没有与氧分子结合,呈暗红色;当切割面暴露于空气中时,肌肉蛋白与氧结合,变成氧合肌红蛋白呈鲜红色,这是新鲜肌肉的颜色,这种颜色不稳定,放置时间长后呈棕色,因此肉色在一定程度上可以反映肉的存放时间。

4. 系水力及滴水损失

幼龄畜禽的肉比老年畜禽的水分含量要高。另外,不同品种、不同部位肌肉,其水分含量也有一定差异。肉含水 70% 左右,肌肉系水力影响肉的色、香、味、营养成分、多汁性、嫩度等指标,具有重要的经济价值。肌肉中的水分有水化水、不易流动水和自由水。不易流动水占总水分的 80%,存在于纤丝、肌原纤丝和细胞膜之间。肌肉系水力的变化主要由不易流动水决定,而这部分水主要取决于肌原纤维蛋白质的网状结构及蛋白质所带静电荷的多少。水化水与蛋白质分子表面密切结合,对肌肉系水力几乎没有影响。自由水存在于肌细胞外间隙中,这部分水主要靠毛细管凝结作用而存在于肌肉中。如肌肉系水力差,大量液体外流,可溶性营养成分和风味物质损失严重,肌肉就变得干硬无味,肉品质量降低。

肌肉系水力也可用滴水损失来衡量,即在不施加任何外力的情况下,肌肉液体损失量。加热使维持保水性能的蛋白质变性,肉滴水损失增加。肉品脂质氧化会降低膜的流动性而增强膜的通透性,使细胞液外流,且脂质氧化产物也使蛋白质变性,进而降低肉的保水性能,大量的液体流失会使肉及肉制品变得干硬无味。

5. 嫩度

肉的嫩度是消费者最为关心和重视的性状之一,也是肉类生产和肉制品加工部门十分重视的性状。肉的嫩度反映肌原纤维、结缔组织以及肌肉脂肪含量、分布和化学结构状态、肌肉的粗细和多汁性将影响食用者牙齿插入肉内和将肉嚼烂的难易程度以及咀嚼后所剩肉渣的数量等。肌纤维越细、肉中结缔组织含量越低、肌肉脂肪含量越高,肉就越嫩。

6. 肌内脂肪

肌内脂肪酸,尤其是多不饱和脂肪酸是肉食香味的重要前提物质,且多不饱和脂肪酸还是人体不可缺少的营养物质。研究表明,肌内脂肪(IMF)中脂类和一些脂溶性物质是一些风味物质的前体物,是肉类的特征性香味的来源,且与肌肉的嫩度有直接的关系,而肉鸡皮下和腹脂沉积的主要是甘油三酯,它对香味物质的产生没有大的影响。多年以来,众多研究者利用营养和遗传手段虽然在降低家禽的腹脂方面取得了显著效果,但腹脂率显著降低的同时,肌肉中 IMF 含量也显著降低,对肉品质带来不利的影响。

7. 肌纤维

主要测定肌肉纤维面积百分比和肌纤维粗细。生长快的肉鸡,其肌纤维较粗,肌纤维面积平均值较大,且单位面积中肌纤维的根数较少,优质三黄鸡的肌肉则相反。

8. 风味

风味是包括味觉、嗅觉和适口性等多方面的综合感觉,指鸡肉的质地、嫩度、pH、温度、多汁性、气味和滋味。风味是评定肌肉品质的一项重要指标,有两类物质对鸡肉风味的贡献最大,一类是氨基酸,以谷氨酸、甘氨酸的效应最为明显;另一类是核苷酸,鲜味最强的是肌苷酸,其能产生肉的香味和鲜味。

(二)改善肉鸡肉质的措施

尽管目前没有统一的肉质评定标准,但在影响肉质的因素方面有比较统一的意见,在生产过程中影响鸡肉品质的因素主要是遗传、营养、环境。其中遗传因素有品种、年龄、性别,营养因素主要有日粮组分和添加剂,环境因素有饲养密度、饲养方式和饲养周期、小气候因素、屠宰及宰后处理、烹调方法等。所以改善肉鸡肉质可以从以下几个方面入手:

1. 遗传因素

(1)品种 对肉质的影响很大,影响肌肉含量、脂肪沉积、皮下脂肪厚度、肌间脂肪分布、肌肉纤维大小、肉色、嫩度、pH、系水力以及氨基酸含量等。影响鸡肉风味的因素主要是肌纤维的粗细和鸡肉中脂肪的含量及其分布。一般优质黄羽肉子鸡的肌纤维明显比快大型白羽肉子鸡的细。快大型白羽肉子鸡的脂肪总含量一般略低于优质鸡,并且肌肉间无脂肪而使肉质粗糙无味,而优质黄羽肉子鸡体内脂肪分布均匀,特别是肌肉间和皮下脂肪多于快大型白羽肉子鸡,故吃起来香滑可口。肌间脂肪和皮下脂肪并不是越多越好,过多则不利于口感,也不利于人体健康。肌间脂肪的适宜厚度为0.5~1.0厘米,皮下脂肪的适宜厚度为0.3~0.5厘米,在该范围之下称为过瘦,在该范围之上称为过肥。

品种对肉质的影响与生长速度和饲养周期相关,肉鸡生长前期含水较多,骨骼松软,肌肉较嫩,鸡味较淡,随着日龄的增加,肉子鸡含水量减少,骨骼变得坚硬,肌肉变粗,鸡味较浓。一般认为优质鸡饲养期90~120天较好,因此小型鸡种的肉品质优于大型鸡种,生长速度慢的地方鸡种优于生长速度快的外来品种。生长速度快,肌纤维直径增大,肌肉中糖解纤维比例增高,蛋白质水解力下降,系水力降低。慢速型鸡的肌苷酸含量高于快速型,因而风味较浓,肉质较好,而我国黄羽肉鸡风味物质如丁二酸二酯、棕榈醛等的含量明显高于外来鸡种,尤其我国南方的地方品种肉鸡性成熟早、皮下脂肪少、肌内脂肪分布均匀、肌纤维小、肌肉鲜美滑嫩,鸡肉口感好,鸡味浓。在我国现有的鸡种中,肉质优劣顺序为地方鸡种、黄羽肉鸡、蛋用鸡、药用鸡。

(2)年龄和体重 年龄影响鸡的性成熟、肌肉嫩度、鸡肉的含水量和系水力、脂肪的积累等。随着年龄的增加,鸡体不断发生生理学变化,可能改变体内代谢,特别是改变氨基酸、蛋白质和核苷酸的代谢和肌肉pH,而这些变化影响肉中滋味和风味前体物。通常在一定范围内,商品肉鸡年龄越大,鸡肉品质越好,风味中的前体物浓度越高。值得注意的是,如果在相同日龄屠宰,快生型鸡腿肉风味浓度显著高于慢生型鸡,而慢生型鸡达到与快生型鸡相同体重时,两者风味没有差异,因此体重可能也影响鸡肉风味。

(3)性别 性别对肉质的影响主要与性激素有关,因此性别间鸡肉肉质的差异要在性成熟前后才会表现,故白羽商品肉子鸡不同性别间肉质没有差异,而很多地方鸡种母鸡开产前(性成熟)的鸡肉风味最好。因为性别差异取决于性成熟,因此性别对肉质的影响与年龄有关,公鸡在达到性成熟时有较好的风味。早期的研究认为,在 14 周龄以前,公母鸡风味无明显差异;而 14 周龄后,公鸡腿肉和胸肉有更好的风味,故公鸡肉更受欢迎。优质黄羽肉鸡的母鸡接近性成熟时有较多的脂肪沉积,肌间脂肪多,肉嫩,肉质特佳。而同龄公鸡因性成熟早,追逐母鸡,肥度下降,公鸡阉割后育肥则脂肪沉积较多,可适当改善肉质。近年在我国的地方肉鸡研究中,公鸡肉胆固醇含量明显高于母鸡,母鸡肉肌苷酸含量高于公鸡肉,故母鸡肉质、风味、嫩度和营养优于公鸡。

2. 饲料营养

饲料营养物质是构成鸡肉产品的物质基础,改变饲料中的相关成分就可改变鸡肉品质。此外,许多添加剂、药物、有害物质也随饲料进入鸡体,控制饲料中这些有害物质的含量是保证肉质的最重要措施之一。饲料营养物质中的能量、蛋白质、矿物质、维生素都对鸡肉品质有重要影响。

(1)能量和蛋白质 能量水平影响肉鸡腹脂沉积,腹脂随饲料代谢能的升高而升高,因而直接影响肉质。不同来源的脂肪对肉鸡体脂组成也有影响,低饱和度油脂可增加鸡肉不饱和脂肪酸含量。不饱和脂肪酸的形态对肉质也有影响,日粮中添加亚油酸可降低肉鸡肝脏、骨骼肌脂肪,提高肝脏和腿肌蛋白质含量。日粮中添加单链不饱和脂肪酸,肉鸡腹脂低于添加多不饱和脂肪酸组。从健康角度考虑,人们大多喜欢富含不饱和脂肪酸的鸡肉,但不饱和脂肪酸会使肉制品较易因脂肪氧化而变质。

腹脂随饲料粗蛋白质水平的升高而降低,日粮氨基酸的平衡状况对肉质也有影响。日粮添加必需氨基酸可提高胸肉率,并降低胸肉和皮下脂肪含量,日粮缺乏赖氨酸可显著降低蛋白质的沉积速度,从而影响胴体蛋白质含量。

(2)维生素与矿物元素 与其他肉类相比,鸡肉中的多不饱和脂肪酸含量最高,更容易被氧化。维生素 E 主要起抗氧化作用,可保护不饱和脂肪酸尤其是亚油酸免受氧化,从而实现对鸡肉品质的改善。维生素 E 能改善肉色、延缓宰后失色、减少滴水损失、保持肌肉风味、延长鸡肉储存时间、抑制鸡肉在储存过程中异味的产生。摄食大量维生素 E 的肉鸡屠宰后,在保鲜或冷藏条件下,硫巴比妥酸反应物的含量明显降低,能长时间保持新鲜的外观和颜色,降低滴水损失,保证了肉的风味和色泽。维生素 C 是细胞液最主要的广谱抗氧化剂,可有效清除一些自由基,从而保护生物膜不受氧化物的损坏,防止脂肪氧化,提高鸡肉品质,还可缓解屠宰应激。胡萝卜素可防止脂质过氧化,保持肉的风味,延长储存时间。

矿物元素镁可提高肌肉的初始 pH,降低糖酵解速度,减缓 pH 下降,从而延缓应激,提高肉质。有机砷饲料添加剂可增强同化作用、兴奋神经系统、活跃造血功能,从而促进红细胞和血红素的增生、改进机体色素的形成,使肉鸡皮肤红润、羽毛光亮、屠体有光泽。铜和铁可增强肌肉中超氧歧化酶的活性、减少自由基对肉品质的损害,从而改善肉质。但高铜日粮会增加脱饱和酶的活性,而且长期采食高铜日粮还会导致铜在肝、肾中富集,使其食用价值下降,甚至对人体造成危害。

另外,还有一些非常规饲料或添加剂也影响鸡肉品质,如甜菜碱能有效地减少胴体脂肪,并能使肉的鲜味物质肌苷酸的含量增加,并且甜菜碱还有降低肝重和肝脂肪含量的作用,这对改善肉质和肉风味有重要意义。壳聚糖能减少脂肪的吸收而降低腹胀率,降低血清胆固醇及腿肌、胸肌中的胆固醇含量。

3. 饲养环境和饲养方式

集约化的肉鸡饲养技术满足了人们对鸡肉的需求,但这种饲养方式违反动物本性,鸡所占的空间很小,使其生物学性能得不到表达,不利于风味物质的沉积,使鸡肉产品品质下降,也给周围环境及人本身带来了不安全因素。人们都知道舍外放养肉鸡的肉质风味比舍内圈养或笼养肉鸡好,尤其近年环境污染及食品安全问题导致消费者更加认同纯天然无污染的鸡肉产品,因此回归自然状态的放养土鸡受到消费者的喜爱。山地放养鸡根据自身的生理需要在放养环境中自由采食植物、植物果实、昆虫,运动空间大,运动更利于增强抵抗疾病的能力,有利于生长,同时阳光照射、空气清新、饮水洁净,饲养出的肉鸡品质更佳。据测定,放养与否并不影响母鸡胸肌水分、粗蛋白质和脂肪含量,但放养母鸡的胸肌维生素 B_1 含量、肌苷酸含量较高,且放养母鸡胸肌肌纤维直径比网上平养细,而且放养鸡的羽毛色泽光亮,肌肉结实,皮下脂肪均匀,肉质色鲜味美。

第六章　肉鸡疫病预防与控制技术

　　"预防为主、养防结合、防重于治"是肉鸡疫病防控的基本原则。目前影响我国肉鸡业发展的主要鸡病仍然是鸡的传染性疾病,而且呈现出新的特点:①原有的疾病尚未得到有效的控制和消灭,新的疾病又开始出现和流行。②以往不曾重视的条件性疾病现已较普遍地发生。③并发病、继发病和混合感染的发病率越来越高,使鸡病变得越来越复杂,造成诊断和防治上的困难,引起较大的经济损失,严重威胁着养鸡业的发展。因此要从加强饲养管理,增强鸡群抵抗力,制订科学的免疫程序,应从加强卫生消毒和有针对性地进行药物防治等方面着手,采取有效的综合性预防措施控制鸡病的发生。

第一节　肉鸡病的监测与控制

一、发挥禽舍的隔离功能

通过良好的建筑及设施配备,防止鸡舍外的有害病原进入鸡群是生物安全的重要组成部分。

1. 鸡场位置

从保护人和动物安全出发，贯彻隔离原则。鸡场应远离居民区、畜禽生产场所和相关设施、集贸市场、交通要道（通常最好有 1.5 ~ 2 千米的距离）。鸡场的设施应合理利用地势、气候条件、风向及分隔空间。

2. 合理划分功能单元

从人禽保健角度出发，按照各个生产环节的需要，合理划分功能区。要便于对人、鸡、设备、运输，甚至空气走向进行严格的生物安全控制。应该提供可以隔离封锁的单元或区域，以便发生问题时可以进行紧急处理，达到隔离目的。

3. 房舍建筑

应注意相对密封性，便于环境控制。主要针对温度、湿度、通风、气流大小和方向、光照等气候因素。便于清洗和消毒，为鸡群提供安全和舒适的生存环境。建筑物应能防鸟、防鼠、防虫。

4. 周围环境

以尽可能减少和杀灭鸡舍周围病原为目标，便于进行经常性的清洗和消毒，保持良好的环境卫生。

二、严格的人员控制

人是禽病传播中最大的潜在危险因素，是最难防范和极易忽略的传播媒介，必须给予足够重视。

第一，专门设置供工作人员出入的通道，可对工作人员及其常规防护物品进行可靠的清洗及消毒处理，最大限度防止人对病原的携带。

第二，杜绝一切外来人员的进入，尽可能谢绝参观访问，尽可能减少不同功能区内工作人员的交叉现象发生，一旦交叉发生，要有可行的清洗和消毒处理措施。

第三，直接接触生产鸡群的工作人员应尽可能远离外界禽类病原污染。

第四，工作人员应定期进行健康检查。

第五，对所有相关工作人员进行经常性的生物安全培训。

三、鸡群控制

尽可能减少鸡群进入鸡舍前的病原携带，通过日常的饲养管理减少病原侵袭和增强鸡群抵抗力。

第一,引进病原控制清楚的鸡群。重点检测有无蛋媒,甚至蛋壳传播的病原,主要加强对白血病、鸡白痢等的检测。

第二,避免不同品种、不同来源的鸡群混养,贯彻全进全出的饲养方式,尽量做到免疫状态相同。

第三,从鸡场大小和结构出发合理掌握饲养密度。

第四,尽可能减少日常饲养管理中的应激发生,防止生产操作中的污染和感染。

第五,带鸡消毒的运作。

第六,鸡群的日常观察及病情分析。

第七,鸡群的定期健康状况检查及免疫状态检测,制定合理有效的免疫程序,做好免疫接种。

第八,孵化过程中的防感染控制。包括种蛋收集、保存、运输、清洗、消毒及孵化室的清洗消毒和孵化技术及管理。

第九,运输环节中的防感染。提供适当的环境,进行必要的清洗消毒。

四、对物品、设施、工具的清洁、消毒处理

第一,禽舍的清洗与消毒。主要是全进全出中禽舍排空时期的清洗及消毒,日常环境卫生的保持。

第二,物品及工具的常规清洗及消毒。

第三,设备和物品的固定使用及运转过程中的防交叉污染。

第四,进出各功能区的清洗消毒及运转保证。

第五,环境及物品清洗、消毒效果检测。

五、饲料、饮水控制

提供充足的营养,防止病原通过饲料和饮水进入鸡舍。

第一,全价配合饲料及完善的饲喂技术。

第二,充足合格的饮用水供给。

第三,原始饲料和饮水及运转过程中的防污染控制。

第四,饲料和饮水的质量检测。

六、垫料及废弃物、污物处理

垫料、粪尿、污水、动物尸体、其他废弃物是疾病传播中最主要的控制对

象,是疾病病原的主要集存地。

第二节 肉鸡场主要传染病防治

一、禽流感

禽流感是由正黏病毒科流感病毒属 A 型流感病毒引起的以禽类为主的一种严重全身性传染性疾病,1878 年首发于意大利,死亡率极高,感染后的家禽和野禽可表现亚临诊症状,如轻度呼吸系统疾病、产蛋量降低,或急性全身致死性疾病。世界动物卫生组织将该病列为必须报告的动物疫病,在我国被列为一类动物疫病。为预防、控制和扑灭该病,必须严格执行高致病性禽流感防治技术规范。

【病原】禽流感病毒是正黏病毒科的成员,病毒表面有一层棒状和蘑菇状的纤突,前者称为血凝素(HA),后者称为神经氨酸酶(NA)。这些抗原以不同的组合产生极其多样的亚型毒株。HA 和 NA 诱发的抗体可用来鉴定亚型并对病毒的感染有保护作用。病毒在干燥的尘土中可存活 14 天,在冷冻的肉中可存活 10 个月,但对直射阳光和加热抵抗力不强。常用消毒药也可杀灭病毒。

【流行特点】A 型流感病毒能感染多种家禽,传染源主要为病禽和带毒禽,野禽或自由飞翔的鸟可大量散播病毒。病毒可长期在污染的粪便、水等环境中存活,如病毒可在野鸭肠道细胞中复制,随粪便排入水中,在水中能存活数天到数周。病毒传播主要通过接触感染禽(野鸟)及其分泌物和排泄物、污染的饲料、水、蛋托(箱)、垫草、种蛋、鸡胚和精液等媒介,经呼吸道、消化道、皮肤损伤和眼结膜途径感染,也可通过气源性媒介传播。禽流感潜伏期几小时至几天不等,一般发病率高、死亡率低,但高致病性毒株感染时,发病率和死亡率可达 100%。

【症状】由 A 型流感病毒引起的禽流感,因感染禽种类、年龄、性别、并发感染情况、病毒血清型的不同及所感染毒株的毒力和其他环境因素不同,表现出的症状也不一致,一般没有特征性症状。有时呈致死率极高的急性感染,有时呈致死率低的呼吸道感染,有的仅引起短期的产蛋率下降或只发生眶窦炎、腹泻。临床上可分为最急性、急性、亚急性及隐性感染。

病初通常呈现体温急剧上升,精神沉郁,食欲减退,消瘦,昏睡,母鸡产蛋量下降,脚鳞出现紫色出血斑,有的颈部出现向后扭转的神经症状,多呈急性死亡。表现咳嗽、打喷嚏、气管出现啰音,大量流泪、鼻旁窦肿大,扎堆,羽毛松乱,窦炎,头部和颜面部水肿,冠和肉髯发绀,有神经症状和腹泻。以上这些症状可单独出现,也可能同时出现。

【病理剖检】病理变化因感染病毒株和禽的种类不同而不同。在皮肤、冠和肉髯可见到充血、出血、渗出、坏死等变化,皮下有胶样浸润。内脏器官肝、肾、脾、肺常见灰黄色坏死灶,腺胃乳头出血,脾脏、肝脏肿大出血,有时毛细血管破裂出现血肿,肾肿大。气囊、腹膜和输卵管表面有灰黄色渗出物,心肌软化、纤维素性心包炎和不严重的窦炎。法氏囊水肿呈黄色。卵泡畸形、萎缩。腹腔有纤维素性渗出物。

【诊断】由于禽流感的临床症状变化较大且无典型特性,所以,确诊要依靠病原学或血清学鉴定。

【防治】禽流感病毒存在许多亚型,彼此之间缺乏明显的交叉保护作用,抗原性又极易变异,即使同一血清型的不同毒株,往往毒力也有很大的差异,这给防治本病带来了很大的困难。生产中不从有病地区引种和带入畜禽产品,并对鸡群进行强制免疫禽流感灭活苗,加强检疫、隔离、消毒工作,对疫情严加监视,在发现可疑疫情时要立即封锁、隔离、消毒,并迅速报告有关主管部门,尽快确诊,及时采取果断有力的扑灭措施,将疫情控制在最小的范围内。

二、鸡新城疫

本病是由副黏病毒引起的一种急性、高度接触性、败血性传染病。鸡新城疫传播快,死亡率高,广泛分布于世界各地,尤其在亚洲地区流行广泛,又称亚洲鸡瘟,是危害养禽业的严重疾病之一。

【病原】主要传染源是病鸡,病毒存在于病鸡的唾液、鼻液、粪便、血液和所有的组织器官中。病毒在低温阴湿条件下可存活很长时间,但在阳光照射下很快被杀灭,对消毒药抵抗力不强。感染途径主要是呼吸道和消化道。该病毒能使一些禽类及哺乳动物的红细胞发生凝集,这种凝集又能为特异血清所抑制,这一特性可用于诊断鉴定或免疫监测。

【流行特点】不同日龄的鸡均可发病,高发期为 30~50 日龄。一年四季均可发生,春、秋两季较多。传染源主要是病鸡、带毒鸡。传播途径主要是呼吸道(空气、灰尘)和消化道(污染的饲料和水),也可经蛋垂直传播。

【症状】自然感染的潜伏期一般为 3~5 天,根据临床表现和病程长短,可分为最急性、急性、亚急性或慢性3种类型。

1. 最急性型

突然发病,无特征症状而突然死亡。多见于流行初期和雏鸡。

2. 急性型

初期病鸡体温升高达43~44℃,食欲减退或废绝,有渴感,精神不振,垂头缩颈或翅膀下垂,状似昏睡,鸡冠及肉髯渐呈暗红色或暗紫色。产蛋期的鸡产蛋停止或产软壳蛋。随着病程的发展,出现比较典型的症状。病鸡咳嗽,呼吸困难,有黏性鼻液,张口呼吸,并发出"咯咯"的喘气声或尖锐的叫声。口角常流出多量黏液,病鸡常做摇头或吞咽动作。嗉囊内充满液体内容物,倒提时有大量酸臭液体从口内流出。粪便稀薄,呈黄绿色或黄白色,有时混有少量血液,后期排出蛋清样排泄物。有的病鸡出现神经症状,弯颈。翅、腿麻痹或痉挛抽搐,最后体温下降。2~4天死亡,死亡率在90%~100%。

3. 亚急性或慢性型

多发生于病程流行后期、成年鸡、免疫后发病鸡,病程稍长。病鸡除有轻度呼吸道症状外,同时出现神经症状,翅、腿麻痹,运动失调,常见伏地转圈,头向后或向一侧扭转,一般经10~20天死亡。

4. 非典型性新城疫

近年来,我国普遍使用新城疫疫苗,但有的免疫程序不尽合理,母源抗体或之前免疫产生抗体干扰疫苗的作用,使一些个体免疫力不够坚强,导致出现非典型性新城疫,给诊断和防治带来新的困难。非典型性新城疫多发生在免疫鸡群,且多在二次免疫前后发生,发病数和死亡率均低于一般的流行,雏鸡最初以呼吸道症状为主,逐步表现出新城疫典型的神经症状,成年病鸡症状不明显,死亡率不高,以呼吸系统症状为主,以产蛋量减少为主要症状,产蛋鸡群常出现产蛋量突然急剧下降,产小蛋、软壳蛋或砂壳蛋,有的蛋白稀薄如水。病初对病鸡群采血进行血凝抑制(HI)试验,HI抗体水平不整齐,个体之间相差很大,病后2周再检查,HI抗体水平有明显的不正常升高。非典型新城疫除造成经济损失外,更重要的是感染鸡群会成为野毒储存库,使疫病连续传播。

【病理剖检】典型病理变化只有在急性病例经过2~4天病程之后才易见到。主要病理变化是全身黏膜和浆膜出血,淋巴系统肿胀,出血和坏死,尤其以消化道和呼吸道最明显,嗉囊充满酸臭稀薄的液体和气体。腺胃黏膜水肿,乳头或乳头间有鲜明出血点,或有溃疡和坏死。食管与腺胃交界处、腺胃与肌胃交界处有出血点或出血斑,肌胃角质膜下也有出血点,小肠至盲肠、直肠有大小不等的出血点,肠黏膜上有纤维素性坏死性病变,假膜脱落后形成溃疡。气管黏膜出血或坏死,周围组织水肿,产蛋母鸡的卵黄膜和输卵管显著充血,卵黄膜极易破裂,若卵黄膜破裂,卵黄流入腹腔引起卵黄性腹膜炎。

【诊断】病鸡腹泻,呼吸困难,发出"咯咯"声或"咕咕"声,或有神经症状,剖检时腺胃出血,肌胃角质膜下出血,小肠出血或坏死,扁桃体肿大、出血或坏死,用磺胺类药或抗生素治疗无效可初步诊断。确诊需采取病料做病毒分离鉴定。

诊断时注意与传染性支气管炎、禽霍乱、慢性呼吸道病、大肠杆菌病等相区别。

传染性支气管炎:传播迅速,一般只引起雏鸡死亡,可引起肾脏病变,产蛋鸡产蛋量下降,产畸形蛋,蛋清稀薄如水。

传染性喉气管炎:主要引起青年鸡和产蛋鸡发病,表现出明显的呼吸道症状,喉头和气管内有血痰或黄色干酪样分泌物,无明显内脏变化。

禽霍乱:病程短,死亡突然,肝脏表面有灰白色针尖大小坏死点,心冠脂肪出血,抗生素治疗有效,触片染色镜检可见两极浓染的巴氏杆菌。

慢性呼吸道病:病程长,死亡较少,易复发。抗生素治疗有效。

大肠杆菌病:死亡率较低,肠道出血没有非典型新城疫严重,心肝表面常见纤维素性渗出物,抗生素治疗有效。

【防治】目前对鸡新城疫尚无有效治疗方法,为了防止本病流行,必须建立综合防治措施。首先要杜绝病原侵入鸡群,建立健全严格卫生管理和消毒防疫制度。其次是制定合理免疫程序,要求鸡群具有整齐一致、持久、高水平的免疫力。为此应兼顾局部免疫和全身免疫,在自然条件下,新城疫野毒首先在呼吸道定殖,然后扩散到全身,用弱毒疫苗对雏鸡进行点眼或滴鼻即可在呼吸道建立起免疫屏障。群体也可饮水或喷雾免疫。饮水免疫的疫苗剂量应加倍,气雾免疫最好在1月龄以上鸡群使用,以免引发雏鸡应激反应。全身免疫可防止病毒感染全身,接种油乳剂灭活苗是建立全身免疫的有效方法。鸡场一旦发生新城疫,立即根据病鸡日龄和发病情况选用合适疫苗进行紧急接种,防止疫情扩大。病鸡尸体、被污染羽毛、垫料、粪便应深埋或焚毁。鸡舍及全场范围内加强消毒措施。

鸡新城疫应在抗体监测的基础上采用弱毒苗和油乳剂灭活苗相结合的方法进行免疫。利用鸡血清中抗新城疫抗体抑制新城疫病毒对红细胞凝集的特

223

性,来监测抗体水平,据此选择最佳免疫时期和判定免疫效果。因此有条件的鸡场应进行免疫监测,一般用血凝抑制(HI)试验,根据 HI 抗体效价的高低确定免疫时间及免疫效果。为保证首次免疫成功,排除母源抗体的干扰,雏鸡群的 HI 抗体效价应在 16 倍以下进行首免。首免日龄也可选择在母源抗体水平尚未升高的 1~2 日龄。在首免后 2~3 周应监测 1 次,确定免疫是否成功,若失败则应再次免疫。免疫雏鸡和后备青年鸡的 HI 效价要求在 16 倍以上,种鸡要求 80 倍以上。免疫后至少每月对鸡群进行 HI 抗体监测 1 次,当鸡群中出现 $\log_2^3$ 以下敏感鸡时,进行气雾免疫。种鸡在 120 日龄上笼前应接种油乳剂灭活苗,以及滴鼻或喷雾弱毒苗,强化全身免疫和局部免疫,以保证鸡群在产蛋期内有较高的免疫水平。

三、马立克病

鸡马立克病是一种由 B 型疱疹病毒引起的肿瘤性传染病,以外周神经、各组织脏器淋巴组织增生和形成肿瘤为特征。

【病原】鸡马立克病病毒属于疱疹病毒 B 亚群,为细胞结合性病毒。马立克病毒(MDV)有 3 个血清型,Ⅰ型具致癌性,按毒力又可分为温和马立克病毒(mMDV)、强毒马立克病毒(vMDV)和超强毒马立克病毒(vvMDV);Ⅱ型为非致癌性;Ⅲ型为火鸡疱疹病毒。病毒在体内有 2 种形式,在肿瘤中是无囊膜的不完全病毒,只能寄生在细胞内,当细胞破裂死亡时病毒失去传染性;而在羽毛囊的上皮细胞内是有囊膜的完全病毒,可以脱离细胞而存活,对外界抵抗力强,是主要的传染源。福尔马林、氢氧化钠等消毒药可杀灭病毒。

【流行特点】各日龄鸡均可感染,但多发于 2~5 月龄鸡,本病一经感染后终生存在于感染鸡的大多数组织器官中,终生带毒并排毒,因此本病传染源主要是病鸡和带毒鸡。传播方式为直接接触,也能通过媒介而间接传播,如通过病鸡或带毒鸡及脱落的皮毛屑、排泄物、被污染的饲料、垫料等传染。传染途径主要为呼吸道和消化道。

【症状】根据临床症状可将马立克病分为 4 种类型,即神经型、内脏型、眼型、皮肤型,临床上这 4 种类型经常混合发生。潜伏期短则 3~4 周,长则几个月,临床症状多样化。

1. 内脏型

最常见,病死率高。病鸡精神沉郁,下腹部胀大,严重营养不良,渐进性消瘦,贫血,黏膜苍白,厌食,腹泻,最后衰竭死亡。

2. 神经型

主要侵害外周神经,表现神经症状,呈慢性病程。坐骨神经一侧不完全麻痹,一侧完全麻痹,呈特征性"劈叉"姿势,单侧翅下垂,头下垂或颈歪斜,失声、嗉囊麻痹或扩张,呼吸困难,腹泻。有的只一侧坐骨神经麻痹,病鸡患肢不能着地。两侧坐骨神经完全麻痹时,病鸡蹲伏或躺卧在地,不能行走。

3. 眼型

虹膜受损,一侧或两侧失明。一侧或两侧虹膜正常色素消失,呈同心环状或斑点状以至呈弥漫的灰白色,俗称"灰眼"。虹膜变形,边缘不整,瞳孔缩小,严重者如针尖大小,对光反射迟钝或消失。

4. 皮肤型

最初见于颈部及两翅,以后遍及全身皮肤,毛囊肿大形成结节或瘤状,颈部、腿部或背部毛囊尤其明显。

5. 混合型

同时出现上述2种或几种类型的症状。

【病理剖检】

1. 内脏型

病死鸡脏器可见肿瘤呈巨块状或结节状,大小不等,灰黄白色,质地坚硬而致密,切面平整呈油脂样。有时肿瘤细胞于组织中呈弥散性增长,整个器官变大,灰白色的肿瘤组织与原有组织相间,呈大理石斑纹状,其中以性腺、肾、肝、脾、心脏等器官最易受损。法氏囊通常发生萎缩,此点与鸡白血病不同。

2. 神经型

病鸡病变侧神经(腰或坐骨神经)因水肿而变粗,比正常粗2～3倍,呈黄白灰色或灰白色,横纹消失。个别神经或神经段的圆周有时表现肿瘤状增大。

3. 眼型

虹膜或睫状肌淋巴细胞增生、浸润。

4. 皮肤型

毛囊肿大、淋巴细胞性增生,形成坚硬结节或瘤状物。

5. 混合型

可见上述2种或几种类型的病理变化。

【诊断】必须结合流行情况、症状、病理变化及实验室检查等进行综合诊断。如神经型马立克病,根据病鸡特征性的劈叉、麻痹症状和神经病变可确诊,症状轻微而不典型的,须同其他疾病加以鉴别,例如与鸡新城疫表现的神经症状、鸡脑脊髓炎引起的运动障碍以及因维生素和矿物质缺乏发生的运动和发育障碍等区别。

内脏型马立克病应与淋巴细胞性白血病进行鉴别,两者肉眼病理变化相似,仅根据内脏的肉眼病变还不能区别。其如下症状可诊断为或可能为马立克病:在周围神经确认有病变者,为马立克病;在皮肤、肌肉确认有病变者,为马立克病;120 日龄以内发病且仅在内脏有病变,虽未见有周围神经病变,亦可能为马立克病;达 150 日龄(性成熟期)开始发病,而不见上述神经或皮肤、肌肉病变,仅有内脏尤其是卵巢病变,不能确诊为马立克病或是淋巴细胞性白血病,但当法氏囊肿大,肝、肾、脾等器官明显有肿瘤病变时,则为淋巴细胞性白血病;眼球的虹膜褪色,瞳孔不整齐,可能是马立克病。

【防治】目前没有有效方法治疗马立克病,应采取综合防治措施,关键是做好预防接种,免疫接种应在出雏 24 小时以内。可以选用 HVT 冻干苗或细胞结合苗,也可以用双价苗,确保一个免疫剂量不少于 4 000 个蚀斑单位即可。火鸡疱疹病毒干苗由于便于保存而应用广泛,1 日龄雏鸡皮下注射马立克疫苗可防止肿瘤发生,接种后 3 周产生免疫力,为避免雏鸡产生免疫力前发生感染,育雏室必须严格消毒,用福尔马林熏蒸,并需严格隔离饲养。疫苗用规定的稀释液稀释,用量要足,稀释后易失效,现配现用,疫苗瓶置于冰浴中,稀释后的疫苗 1 小时内用完,1 小时后疫苗剂量应加倍,稀释后 2 小时不宜使用。

四、鸡传染性法氏囊病

传染性法氏囊病又称腔上囊炎,是由传染性法氏囊病病毒引起的一种免疫抑制性急性接触性传染病,主要危害 3 ~ 10 周龄鸡,发病率高,病程短,感染鸡的免疫应答能力降低,影响疫苗接种效果,并易感染其他传染病,毒力强的变异株能引起鸡群较高的死亡率。

【病原】鸡传染性法氏囊病毒属于双 RNA 病毒科,无囊膜,由双链 RNA组成。该病毒对理化因素的抵抗力极强,在鸡舍内能存活 122 天,酸性环境下 1 小时不被灭活,60℃经 90 分还可存活。对乙醚、氯仿、紫外线也有很强的抵抗力。在碱性环境中不易存活,3% 煤酚皂液、苯酚溶液、5% 福尔马林、0.5%氯胺丁 10 分可杀死病毒。

【流行特点】3 ~ 6 周龄鸡易感性最强。本病高度接触传染,可经呼吸道、消化道及种蛋传染。在高度易感的鸡群中,发病率高,几乎达到 100% ,死亡率不高,一般为4%~5%,在卫生条件较差,或伴发其他疾病时,死亡率会高达40%~60%。一年四季均可发生。

【症状】在易感鸡群中,本病往往突然发生,潜伏期短,感染后2~3天出现临床症状,早期症状是鸡啄自己的泄殖腔。发病后,病鸡腹泻,排浅白色或淡绿色泡沫样甚至奶油样稀粪,腹泻物中常含有尿酸盐。随着病程的发展,饮水、食欲减退,怕冷,步态不稳,体温正常或在疾病末期体温低于正常,精神委顿,头下垂,最后极度衰竭而死。通常于感染3天开始死鸡,并于5~7天达到最高峰,死亡往往集中发生在很短几天之内,以后逐渐减少,鸡群迅速康复,但流行后常呈隐性感染,病毒在鸡群中长期存在。

【病理剖检】病死鸡脱水,胸肌颜色发暗,大腿外侧和胸部肌肉常有条纹或斑块状紫色出血点或出血斑,腺胃和肌胃交界处黏膜有淡红色或暗红色出血斑。肠道内黏液增多,肾脏肿大,有尿酸沉积,有时整个肾脏呈苍白色。典型特征为感染后第三天法氏囊由于水肿和出血,体积、重量均增大,第四天重量增加到正常值的2倍或以上,囊壁增厚3~4倍,呈浅黄色,浆膜面上覆盖淡黄色胶冻样渗出物,以后体积开始缩小。有的法氏囊明显出血,黏膜皱褶上有出血点或出血斑,水肿液呈淡粉红色。严重者法氏囊呈黑紫色如紫葡萄状,因水肿法氏囊黏膜皱褶发亮,浆膜面出现黄色胶冻样水肿液并有纵行条纹。第五天恢复到原来的重量,渗出物消失,以后法氏囊迅速不断地萎缩,8天以后,仅为原重量的1/3左右,其颜色也变成深灰色。

【诊断】根据流行特点(3~6周龄发病,突然发生,发病率高,死亡率较低,有一过性特点)、临床症状和病理剖检变化(肌肉出血,法氏囊红肿、出血和有分泌物),综合分析,可做出初步诊断。确诊需要做病毒分离和鉴定、血清学和雏鸡接种试验。

诊断时注意与新城疫、鸡住白细胞虫病和磺胺类药物中毒相区别。

新城疫:典型新城疫腺胃乳头出血严重,法氏囊则病变较轻,肠道溃疡出血较严重,死亡率较高,有呼吸道和神经症状,病程较长。

鸡住白细胞虫病:除胸、腿部肌肉出血外,肌肉上常见白色小结节,肝脏出血,嗉囊内有血液,血液检查可见到裂殖体或配子体。

磺胺类药物中毒:胸、腿部肌肉出血,肾苍白肿大,有磺胺结晶,骨髓黄染,有使用磺胺类药物史,停喂后病情好转或停息。

【防治】制定严格的免疫程序是控制本病的主要方法。免疫时选用合适的疫苗,在发病比较普遍的地区最好不用弱毒疫苗,以中毒疫苗为主,或选用变异株疫苗。如现有疫苗无效,可用当地病死鸡法氏囊组织做油乳剂灭活苗,针对性强、效果好。传染性法氏囊病的发生主要通过接触感染,所以平时应加强卫生管理,定期消毒,控制强毒污染。

若无监测条件,可根据如下情况进行疫苗接种。

若雏鸡来自未接种鸡法氏囊病灭活苗的鸡群,7~10日龄时采用滴鼻或饮水做第一次鸡法氏囊病弱毒疫苗免疫,30~35日龄时做第二次鸡法氏囊病弱毒疫苗二次免疫。经过2次鸡法氏囊病弱毒苗免疫的种鸡于18~20周龄采用肌内注射做鸡法氏囊灭活油乳剂疫苗免疫。

若雏鸡来自接种过鸡法氏囊病灭活苗的种鸡群,母源抗体较高时,首免应在18~20日龄时用鸡法氏囊病弱毒疫苗免疫,30~35日龄时再用弱毒苗免疫1次,至18~20周龄用鸡法氏囊病灭活油乳剂疫苗免疫,接种过弱毒疫苗的种母鸡再注射灭活疫苗时,由于回忆反应的作用,具有母源抗体滴度高、持续时间久的特点,能有效防止雏鸡早期感染,也有利于鸡群免疫程序的制定和实施。

如果一旦免疫失败,鸡群发病,尽早用蛋黄抗体液或高免血清治疗。本病的免疫应根据雏鸡的母源抗体监测水平及发病场的发病日龄(在发病前7~10天)进行首次免疫。首免后10~14天进行第二次加强免疫。合理的免疫程序应根据1日龄雏鸡琼脂扩散(AGP)母源抗体阳性率制定。按雏鸡总数0.5%抽检,当AGP阳性率≤20%时应立即进行免疫,为40%时在10日龄和28日龄各免疫1次,60%~80%时17日龄首免,AGP阳性率≥80%时应在10日龄再次监测,此时AGP阳性率小于50%应于14日龄首免,大于50%在24日龄首免。

五、鸡传染性支气管炎

鸡传染性支气管炎由冠状病毒科冠状病毒属的传染性支气管炎病毒引起,是一种急性、高度接触性的呼吸道传染病。各种年龄鸡均可发生,主要侵害10~21日龄雏鸡。

【病原】鸡传染性支气管炎病毒是冠状病毒属的成员,主要存在于病鸡呼吸道渗出液,肝、脾、肾和血液中也能发现病毒。各地分离的病毒血清型复杂,经常有新的血清型出现,不同血清型之间仅有部分交叉保护作用,甚至不能交叉保护。而血清型与临床表现无明显相关,血清型相同的毒株可能有不同的临床表现。病毒对外界抵抗力不强,耐寒不耐热,一般消毒药物可杀死病毒。

【流行特点】仅鸡发生鸡传染性支气管炎,其他家禽均不感染。各种年龄的鸡均可发病,但雏鸡最严重。病鸡为主要传染源。病鸡以呼吸排出病毒,病毒通过空气飞沫传播,也可通过病毒污染的饲料、饮水、饲养用具及污染的种蛋传播。感染后康复鸡的排毒时间很长。本病一年四季均可发生,以冬、春季多发。

【症状】潜伏期平均18~36小时,有时幼雏可达6天或更长,特别是当其具有先天性抗体时潜伏期较长。症状表现比较复杂,可分成几个临床表现型。

1. 呼吸道型

病鸡精神沉郁,羽毛蓬松,咳嗽,打喷嚏,喘气,气管有啰音,雏鸡突然出现呼吸道症状,并迅速波及全群为本病特征,出现浆液性鼻液,有的鼻窦肿胀,流黏性鼻液,食欲减退或停食,精神不振,怕冷,最后昏迷死亡,有时眼湿润,鼻肿胀,生长速度减慢,气管和鼻道上有卡他性或干酪样渗出物,黏膜水肿,气囊变厚、混浊。

2. 肾型

病鸡最初多表现呼吸道症状,在恢复期时病情加重。粪便稀薄,饮水增加,肾脏肿大苍白,肾小管和输尿管充满尿酸盐而呈斑驳状,死亡率较高。

3. 生殖道型

病鸡若在1日龄时感染,由于输卵管受侵害而发育不全,可发生输卵管持久性损伤而导致性成熟后产蛋量永久性降低,甚至不产蛋,随着鸡患病的日龄增加,这种损伤逐渐减轻。6周龄以上和成年鸡最明显症状是呼吸困难,气管有啰音,咳嗽,一般不见有分泌物。成年鸡感染后气管症状很轻微,常并发尿石症,体重降低,产蛋减少或停产,有的毒株可引起产蛋量下降50%,有的则仅引起蛋壳颜色改变或产量略有下降,种蛋的孵化率降低,出现软壳蛋、砂皮蛋、硬壳蛋或蛋壳表面粗糙,蛋品质下降,蛋清稀薄如水,见不到正常鸡蛋中浓、稀蛋白间清楚的分界线。

4. 腺胃型

近年来出现一种新的临床类型,多发生于20~100日龄鸡群,病鸡出现流泪、眼肿,伴有呼吸道症状,极度消瘦,腹泻,发病率高,死亡率在30%左右,个别鸡场达95%。剖检腺胃显著肿大如球状,而肌胃缩小,腺胃壁增厚,黏膜肿胀,乳头水肿、充血、出血或凹陷,周边出血、坏死或溃疡,胰腺肿大、出血,有人将其称为腺胃型传染性支气管炎。

【病理剖检】主要病变为气管、支气管、鼻腔和窦内有浆液性、卡他性或干酪样渗出物。气囊混浊或含有黄色干酪样渗出物。产蛋母鸡腹腔可发现液状的卵黄物质,卵泡充血、出血、变形。被侵害肾脏的毒株致病时,引起肾脏肿大、苍白、肾小管和输尿管常充满尿酸盐结晶。

【诊断】根据流行特点、临床症状和病理剖检变化可以做出初步诊断。进一步确诊,需做病毒分离和鉴定等实验室检查。

【防治】目前尚无有效的治疗方法。采用预防接种和良好的饲养管理,能防止本病的感染。

六、鸡传染性喉气管炎

传染性喉气管炎由疱疹病毒属的传染性喉气管炎病毒引起,是一种急性呼吸道传染病,传播快,死亡率较高。病变特征只发生于气管上1/3。

【病原】传染性喉气管炎病毒为α-疱疹病毒亚科成员。病毒在鸡体内长期持续感染,不易根除。病原对脂溶剂、热和各种消毒剂抵抗力不强。

【流行特点】在自然条件下,本病主要侵害鸡和野鸡。该病全年都能发生,与天气和气候无关。虽然各种年龄鸡均可感染,但以10周龄幼年母鸡和母鸡第一个产蛋期的易感性最高,成年鸡的症状最明显。病鸡和带毒鸡是主要传染源,也能通过人员、野鸟和饲养用具散播。传染性喉气管炎病毒能在康复鸡气管中保持多月仍有感染力。

【症状】

1. 最急性型

病鸡突然出现呼吸道症状,出现明显的呼吸困难,当吸气时,头颈前伸,眼半闭或全闭,尽力吸气,同时可听见咯咯声或湿啰音。当痉挛性咳嗽时会摇头,试图排出气管内的堵塞物,咳出血块或带血黏液,污染墙壁和地面。头部发绀,鼻中流出带泡沫的液体。若气管内的堵塞物不能咳出,便窒息而死。发病率和死亡率很高,发病2~3天开始死亡,死亡率5%~70%,平均10%~20%,产蛋鸡产蛋率下降10%~60%,4周后逐渐恢复正常。

2. 亚急性型

病程进展较慢,喘息、咳嗽和其他呼吸道症状可能维持数天。发病率高,死亡率10%~15%。

3. 慢性型

生长迟缓,产蛋减少,流泪,结膜炎。严重者出现眶下窦肿胀,持续性鼻液和出血性结膜炎。发病率5%左右,病程1~4周,多数在10~14天内康复。

【病理剖检】主要病变见于气管喉部组织,喉头和气管黏膜肿胀、充血、出血,甚至坏死。气管腔内常含有大量血性黏液及凝块,或淡黄色干酪样渗出物。喉头周围及气管黏膜常见点状出血。有些病例的炎症会向下蔓延扩展到支气管、肺及气囊。轻型病例表现结膜及眶下窦水肿、充血,结膜囊和眶下窦充满干酪样渗出物。

【诊断】本病临诊症状和变化与其他呼吸道病相似,需从下面几个方面综合诊断:本病常突然发生,传播快,成年鸡发生最多;发病率高,死亡因条件不同而差别大;临诊症状较为典型,张口呼吸、喘气、有啰音,咳嗽时可咳出带血的黏液。头向前、向上做张口吸气动作;气管呈卡他性和出血性炎症病变,此为特征症状。进一步确诊需做病毒分离鉴定等实验室检查。

【防治】目前尚无特效药物治疗本病。发生本病后防止并发感染,可采用各种抗菌药物,以缓解症状,减少死亡。易感鸡接种弱毒疫苗可获满意的保护效果,以细胞免疫为主,抗体水平的高低不是衡量免疫状态的指标。由于弱毒疫苗还有一定的毒力,且接种鸡长期带毒,所以只有在本病的流行地区才使用,未发生本病的鸡场不宜接种疫苗。在污染区使用弱毒苗有较好效果,常用的免疫途径是点眼、滴鼻,有少部分鸡眼睛可能出现炎症反应。也可采用饮水免疫,但效果稍差,应加大剂量。

七、鸡白血病

鸡白血病是由病毒引起的一种慢性传染性肿瘤疾病,本病有多种病型,常见的是淋巴细胞性白血病,其次是成红细胞性白血病、成髓细胞性白血病,大多数肿瘤侵害造血系统。

【病原】鸡白血病的病毒包括淋巴性白细胞增生病病毒、成红细胞增生病病毒、成髓细胞增生病病毒等,该类病毒对脂溶剂和去污剂敏感,不耐热,不耐酸碱,病毒材料须保存在 -60℃以下,在 -20℃很快失活。

【流行病学】在自然感染条件下,本病只发生于鸡,不同日龄、品种、性别的鸡发病情况存在较大差异。病鸡和带毒鸡是本病的传染源,可以通过唾液和粪便向外排毒。在自然条件下,垂直传播是本病主要的传播方式,也可水平传播,但比较缓慢,多数情况下接触传播被认为是不重要的。饲料中维生素缺乏、内分泌失调、球虫病等因素可促进本病的发生。

【症状和病理变化】该病由于感染的毒株不同,因此其症状和病理变化也不同。

1. 淋巴细胞性白血病

自然发病在 14 周龄以下的鸡极为少见,多在 14 周龄以上开始发病,在性成熟期发病率最高,是常见的一种白血病。早期无明显症状,病情达到一定程度后,病鸡精神沉郁,全身衰弱,进行性消瘦和贫血,鸡冠、肉髯苍白、萎缩,偶见发绀。

2. 成红细胞性白血病

早期症状是全身衰弱,嗜睡,鸡冠稍苍白或发绀,随病情发展,病鸡消瘦、腹泻,羽毛囊出血;患严重贫血的鸡,鸡冠可变成淡黄色或几乎为白色。剖检可见皮下、肌肉和内脏有点状出血,肝、脾、肾呈弥漫性肿大,呈樱桃红色到暗褐色,质地软脆,有的剖面可见灰白色肿瘤结节;患严重贫血型病鸡的内脏常萎缩,尤以脾为甚。

3. 成髓细胞性白血病

临床症状嗜睡,贫血,消瘦,毛囊出血,病程比成红细胞性白血病长。剖检时见实质器官增大变脆,但慢性病例的肝脏质地坚实。在肝脏可见灰色弥散性肿瘤结节。

4. 骨髓细胞瘤病

全身症状与成髓细胞性白血病相似。由于骨髓细胞的生长,头骨、胸骨形成异常的隆突,在肋骨与肋软骨连接处、胸骨后部、下颌骨以及鼻腔的软骨上,肿瘤很特别地突出于骨的表面。骨髓细胞瘤呈淡黄色,柔软脆弱或呈干酪状,呈弥散或结节状。

5. 骨硬化病

在骨干或骨干长骨端区存在均一的或不规则的增厚。病鸡发育不良、苍白,行走拘谨或跛行。

【诊断】本病根据发病年龄、剖检病变,如各器官肿大,有肿瘤病灶,再结合腹泻、消瘦等症状一般可做出诊断。淋巴细胞性白血病应注意与马立克病鉴别。

【防治】本病既无药物治疗,亦无疫苗预防,建议采用下面的预防措施:

第一,对产蛋种鸡群严格检疫,坚决淘汰阳性鸡,以切断经卵传播。

第二,孵化用的种蛋应来自无白血病的健康鸡场,孵化和育雏设施在使用之前要进行彻底的清扫和消毒。

第三,不从有白血病的鸡群引进鸡。雏鸡易感染此病,应严格与成年鸡隔离饲养。

第四,坚持经常性的兽医卫生措施。

八、鸡痘

鸡痘由痘病科禽痘病毒属的禽痘病毒引起,是家禽和鸟类的一种急性、热性、高度接触性传染病。发病率取决于毒株毒力的强弱、饲养管理的好坏及防治措施是否有力。通常分为皮肤型和黏膜型,前者以皮肤(尤以头部皮肤)痘疹、结痂、脱落为特征,后者引起口腔和咽喉黏膜的纤维素性坏死性炎症,常形成假膜,故又名禽白喉。

【病原】鸡痘病毒为痘病毒科禽痘病毒属的成员。病毒对环境抵抗力较强,常存在于病禽皮屑、粪便和喷嚏、咳嗽的飞沫中,野鸟作为传染源的作用不容忽视,吸血昆虫如蚊子、双翅目的鸡皮刺螨也是重要传播媒介。其在蚊子(主要是库蚊和伊蚊)体内可保持感染力达数周,常造成夏季较大范围的疫病流行。

【流行特点】家禽中以鸡的易感性最高,各年龄、性别和品种鸡均可感染。以雏鸡和育成鸡最常发病,其中雏鸡能引起大批死亡。鸡痘的传染是由于健康鸡与病鸡接触,脱落和碎散的痘痂带毒,经有损伤的皮肤和黏膜而感染。蚊子及体表寄生虫可传播本病。一年四季均可发生,以夏、秋两季和蚊子活跃的季节最易流行。

【症状和病理变化】潜伏期4～8天。因侵害部位不同,分为皮肤型、黏膜型、混合型,偶有败血型。

1. 皮肤型

主要在鸡冠、肉髯、眼睑、腿部、肛门和身体其他无毛处皮肤出现结节样(痘样)病变,病程一般3～4周,无并发症及饲养管理好的鸡群较易康复。一般无明显的全身症状,但病重的小鸡易出现精神不振、食欲消失、消瘦等。产蛋鸡呈现产蛋量减少或停产。

2. 黏膜型

单纯黏膜型鸡痘,皮肤上没有明显的痘样结节,呼吸道症状易与其他传染病混淆,常造成较大损失,发生于雏鸡和育成鸡时致死率较高,有时死亡率可达50%。病初呈鼻炎样症状,出现鼻炎样呼吸道症状,炎性过程可能延伸到眶下窦,导致窦肿大,假膜有时伸入喉部,引起呼吸困难,甚至窒息死亡。病鸡委顿厌食,流鼻液,初为浆性黏液,后转为脓性。眼结膜充满脓性或纤维蛋白性渗出物,严重者继发角膜炎而失明,鼻炎出现后2～3天,口腔、咽喉的黏膜发生痘疹,出现溃疡,上有大片沉着物(假膜),随后形成厚的棕色痂块,凹凸不平,且有裂缝,将假膜剥掉,呈现出血性糜烂区。

3. 混合型

感染鸡皮肤和黏膜均被侵害,败血型则很少见。

【诊断】皮肤型和混合型有特征症状,可根据发病情况、病鸡的冠、肉髯和其他无毛部分的痘痂病灶,以及口腔和咽喉部的白喉样假膜做出确诊。单纯的黏膜型易与传染性鼻炎混淆,可采用病料接种鸡胚或人工感染于健康易感鸡进行确诊。

【防治】鸡群拥挤、通风不良、阴暗潮湿、体表寄生虫存在、维生素缺乏等可使病情加重,如有并发症可造成大批死亡,因而做好鸡群的卫生防疫和饲养管理等一般防疫措施较重要。此外,接种疫苗是最主要的措施。在本病流行地区,每年春、秋季各接种 1 次。用鸡痘弱毒疫苗 3 周龄刺种(在本病早发地区 1 周龄可刺种),4 ~ 6 天后抽查约 10% 的接种鸡刺种部位是否有痘肿,如抽检鸡 80% 以上有反应,则认为免疫成功;如反应率低则应重新免疫接种。4 月龄时加强免疫 1 次。皮肤痘疹,可用 1% 高锰酸钾液洗涤,再涂甲紫(龙胆紫)或 5% 碘酊。口腔内病灶,可用镊子小心除去假膜,再用高锰酸钾液冲洗,再涂擦碘酊或碘甘油。

九、鸡白痢

鸡白痢是由鸡白痢沙门菌引起的鸡和火鸡等禽类的肠道传染病。饲养密度过大、营养不良、环境卫生差会增加沙门菌病的发病率、死亡率,病鸡即使康复,生产性能也会下降,常终身带菌成为传染源,对种鸡场危害很大。

【病原】鸡白痢的病原是鸡白痢沙门菌,沙门菌属于肠杆菌科,革兰染色为阴性,抵抗力不强,一般消毒药和直射阳光能将其杀灭。

【流行特点】本病的流行限于鸡与火鸡,其他家禽、鸟类可自然感染。传染源主要是病鸡和带菌鸡。可通过种蛋垂直传播。3 周龄内雏鸡易发病,发病率和死亡率很高。

【症状】被感染种蛋在孵化过程中易出现死胚,孵出的弱雏及病雏常于 1 ~ 2 天死亡,因而造成雏鸡群的横向感染。出壳后感染者 4 ~ 5 日龄常呈急性败血症死亡,7 ~ 10 日龄者发病日渐增多,至 2 ~ 3 周龄达到高峰。急性者常无症状而突然死亡,稍缓者常怕冷扎堆,气喘,不食,翅下垂,精神萎靡,畏寒,排出白色或带绿色的黏性糊状稀便并污染肛门周围,糊状粪便干涸后堵塞肛门,致使病雏排粪困难而发出尖锐的叫声。病雏会因体温升高,呼吸困难,关节肿大,心力衰竭而死。耐过的病雏多发育不良,成为带菌者。成年母鸡感染后产蛋率及受精率下降,孵化率低,严重者死于败血症。

【病理剖检】急性死亡的雏鸡病变较轻,肝脏充血肿大,有条状出血,其他脏器充血,肝、心、肌胃常有灰白色小结节,盲肠肿胀,常有干酪样渗出物。成年慢性型母鸡外表无显著变化,腹腔内卵泡变形、变色或呈囊肿状,有时发生腹膜炎和心包炎。公鸡感染后睾丸和输精管肿胀,渗出物增多或化脓。

【诊断】雏鸡发病,一般根据部分雏鸡腹泻、呼吸困难,同时死亡率很高,剖检多见心、肝、肺有坏死结节等特点即可做出初步诊断。青年鸡发病,除一般病状外,在病理剖检时,也可见到肝、脾、心肌、肺等器官的坏死结节,同时见到肝破裂引起的内出血。成年鸡发病症状不明显,死鸡卵巢发生病理变化。确诊须进行微生物学鉴定。

【防治】鸡白痢沙门菌污染面大,感染者可终身带菌,既可通过种蛋垂直传播,又可水平传播,流行可贯穿养鸡的全过程,因此应给予重视。种鸡应严格执行定期检疫与淘汰制度。种鸡在140~150天进行第一次鸡白痢检疫,视阳性率高低再确定第二次普检时间,产蛋后期进行抽检,淘汰白痢阳性鸡。种蛋用甲醛熏蒸消毒后再送入蛋库储存,种蛋进入孵化器后及出雏时宜再次消毒。

雏鸡可选用敏感的药物如诺氟沙星、庆大霉素和卡那霉素等加入饲料或饮水中进行预防。用药物治疗急性病例可以减少雏鸡的死亡,但愈后仍可成为带菌者。发病时可用土霉素按0.2%的量拌和饲料中,连喂7天;庆大霉素拌料或混饮0.1%~0.2%,连喂3~4天;亦可用诺氟沙星、小诺霉素、痢菌净等拌料或饮水。发病后给药的同时须降低日粮蛋白质含量。

十、大肠杆菌病

大肠杆菌是人类和动物肠道的正常寄生菌,在肠道内合成维生素B和维生素K。有些血清型的菌株对动物有明显的致病作用,外表健康的鸡肠道中常栖息有致病性血清型大肠杆菌,当饲养管理不良、温度突然变化、寒冷潮湿、饲养密度过大、通风换气差、营养不均衡导致抵抗力下降或有毒力强的变异菌株出现时,可诱发鸡群暴发大肠杆菌病。

【病原】大肠杆菌为革兰阴性、两端钝圆的中等大杆菌,有鞭毛,无芽孢,一般不形成荚膜(有的菌株可形成)。大肠杆菌有O、K及H 3种抗原,根据这

3 种抗原形成了众多的血清型。本菌的抵抗力较弱,一般消毒药可将其杀死。

【流行特点】大肠杆菌病主要发生在集约化养鸡场,各品种、性别和年龄鸡均对本菌易感,尤其雏鸡发病最多。饲养环境污秽、潮湿,密度过大、通风不良,过冷过热或温差很大,有毒有害气体长期存在,饲养管理失调,营养不良(主要是维生素缺乏)及病原微生物(如支原体及病毒)感染造成的应激等均可促使本病发生。大肠杆菌随粪便排出,可污染蛋壳使鸡胚死亡或雏鸡出壳时发病和带菌,这是该病的重要传播途径。带菌鸡通过消化道以水平方式传染健康鸡。

【症状】大肠杆菌病症状因鸡的年龄、侵害器官不同而有许多表现型,有些症状及剖检变化易与其他疫病相混淆。

孵化期出现死胚、初生雏鸡腹膜炎及脐带炎,此型为垂直传播,大肠杆菌常经患病母鸡卵巢、输卵管及污染的蛋壳进入蛋内部,在孵化过程中大量增殖,造成多数胚胎在出壳前死亡。勉强出壳的雏鸡活力低,软弱、发抖、昏睡、腹胀、畏寒聚堆,卵黄吸收不良成黄绿色黏稠状,腹部膨胀,易发生脐带炎,排白色泥土状稀便,多在出壳后 2~3 天死亡。

大肠杆菌急性败血症,多见于雏鸡和 6~10 周龄育成鸡,寒冷季节多发,有呼吸道症状。夏季病鸡常出现黄白色下痢,与白痢和副伤寒不易区分。外表健康的开产鸡常出现软脚、产蛋困难或抽搐,如不及时治疗常急性死亡。

眼球炎,多出现败血症的后遗症,后期眼睑肿胀,流泪,怕光,逐渐瞳孔混浊,眼房水及角膜混浊,视网膜脱落,失明,眼球萎缩。

关节炎及滑膜炎,多发生于雏鸡,散发。病鸡跗关节周围呈竹节状肿胀,关节液混浊,腔内出现脓汁或干酪样物,有的发生腱鞘炎,行走困难。

【病理剖检】小肠、盲肠、肠系膜、肝脏及心肌等部位出现结节状灰白色至黄白色肉芽肿。

大肠杆菌急性败血症特征性病变为纤维性心包炎和肝包炎,心包肥厚混浊,表面附有纤维素和干酪样渗出物,心包粘连。肝大呈绿色,肝脏边缘钝圆,包膜肥厚,纤维素沉着,常有大小不等的坏死斑。脾脏肿胀充血,常有肺炎变化。

产蛋鸡腹气囊受大肠杆菌侵袭后发生腹膜炎,进而输卵管发炎。输卵管变薄,管腔充满干酪样物,堵塞输卵管,排出的卵落入腹腔。

某些产内毒素的大肠杆菌菌株可引起出血性肠炎,肠黏膜呈密集性充血出血,有溃疡,肌肉、皮下、心肌及肝脏也有出血。

【防治】控制大肠杆菌病,搞好孵化卫生及环境卫生,防止病原通过种蛋传播及初生雏鸡之间的水平传播是重要的一环。为此应强化科学的饲养管理,加强种蛋、孵化厅及鸡舍内外环境的清洁卫生,严格执行消毒程序,减少种蛋和雏鸡感染大肠杆菌的机会,避免污染孵化室,防止水源和饲料污染,注重灭鼠和驱虫。在育雏期适时(3~5日龄,4~6周龄)于饲料中添加抗菌药物预防本病。多种抗菌药物可用于大肠杆菌病的治疗,但大肠杆菌极易产生抗药性,故在用药前最好对分离的细菌做药敏试验,有针对性地选择敏感药物,或根据情况适时更换抗菌药物。常用药物有庆大霉素、阿米卡星和磺胺类药物等,为准确选用敏感药物,可定期对本鸡场的大肠杆菌株进行药敏试验,但对已出现心包炎、气囊炎和腹膜炎的病鸡治疗意义不大。由于大肠杆菌血清型非常复杂,不同血清型之间缺乏交叉保护作用,因此若用疫苗进行免疫,可采用自家(或优势菌株)多价灭活佐剂苗,一般免疫程序为7~15日龄、25~35日龄、120~140日龄各1次。

十一、禽霍乱

禽霍乱(禽出血性败血症,简称禽出败)是多杀性巴氏杆菌引起的家禽和野禽急性、烈性、败血性传染病,鸡、鸭、鹅和野鸟均可发生,通常呈急性败血性过程和剧烈下痢,发病率和致死率都很高,是危害养禽业的重要传染病之一。

【病原】禽霍乱的病原为多杀性巴氏杆菌,革兰阴性,不运动,不形成芽孢,在组织、血液和新分离培养物中菌体呈两极染色,有荚膜,对一般消毒药抵抗力不强。

【流行特点】鸡一般在16周龄以上才发病,病原是病禽和健康带菌者,经损伤皮肤和黏膜感染,因而传染途径主要为消化道和呼吸道。一年四季均可发生,在高温潮湿的夏、秋多雨季节和气候多变的春季较多发生。常为散发或呈地方流行性发生。

【症状】自然感染的潜伏期为4~9天。由于禽体抵抗力、病原体致病力和感染强度不同,表现为最急性、急性和慢性3种病型。

最急性型常发生在发病的流行初期。病鸡不表现临床症状,可在奔跑中突然倒地或交配时坠地,翅膀扑动而死亡。肥胖和高产母鸡易发生最急性型禽霍乱。

急性型较常见。病鸡精神沉郁,不爱活动,羽毛蓬松,食欲减退或废绝,口流分泌物,呼吸急促带有湿啰音,体温上升至44℃,有剧烈腹泻,排黄色、灰色或绿色稀粪。死前冠、肉髯发绀肿胀,病程几小时至几天,最后消瘦衰竭而死亡,耐过后转为慢性或康复。

慢性型常见于疫病流行的后期,多由急性型转化而来。病变多局限于身体的某些部位,如肉髯肿大,关节炎或关节化脓,跛行,鼻窦肿大流黏液,呼吸困难,持续性腹泻。病程数周至数月,若康复则成为带菌者。

【病理剖检】最急性型死亡病鸡无特殊病变,有时只能看见心外膜有少许出血点。

急性病例具特征性病变,病鸡腹膜、皮下组织及腹部脂肪、呼吸道和肠道黏膜常见小点出血,肠道尤以十二指肠发生严重急性卡他性肠炎或出血性肠炎。心包变厚,心包内积有不透明淡黄色液体,有的含纤维素絮状液体,心外脂、心冠脂肪出血尤为明显,胸腹腔有纤维素性渗出物。肺有充血和出血点。肝脏是本病的特征性病变,肝稍肿,质变脆,表面有许多白色针头大的坏死点。脾脏变化不明显。十二指肠和肌胃出血尤为显著,整个肠道呈卡他性和出血性肠炎,肠内容含有血液,产蛋母鸡成熟卵泡常呈松弛状,而未成熟卵泡则充血,有时可见掉入腹腔的卵黄物质。

慢性病例可见局部感染的关节、肉髯、结膜囊、眶下窦、鼻甲骨有干酪样渗出物,卵巢变形,表现腹膜炎、气囊炎。

【诊断】根据多种禽类同时发病、死亡率高的流行特点及浆膜、黏膜出血和肝坏死点剖检变化和抗菌药物有疗效等,可做出初步诊断,确诊需要做病原分离和鉴定。在诊断时应注意与鸡新城疫相区别。剖检时,腺胃没有出血和坏死,可确定不是鸡新城疫。此外,鸡新城疫的出血也没有霍乱普遍,嗉囊内常积气或积有大量液体,慢性病症有明显的神经症状,这些都与禽霍乱不同。

【防治】带菌家禽是本病的主要传染源,因此鸡场不宜引进新禽混养,也应避免鸡与鸭、鹅一起饲养。预防本病的最关键措施是做好平时的饲养管理和严格执行消毒卫生制度。可用疫苗进行免疫预防,目前有几种弱毒疫苗供选择使用,也可用灭活苗。由于病原菌血清型有差异,用当地死鸡的组织制成灭活苗效果往往更好,在禽霍乱常发生或流行严重地区,可注射疫苗进行预防。发生禽霍乱时可选用抗生素或磺胺类药治疗。

十二、坏死性肠炎

鸡坏死性肠炎又称肠毒血症。近年来,该病在养鸡生产中发生较多,但由于养鸡户和部分兽医临床人员对该病认识不足,常造成误诊,耽误治疗时机,从而造成一些不必要的经济损失。

【病原】是由魏氏梭菌引起的急性传染病。

【流行特点】自然条件下仅见鸡发生本病，肉鸡、蛋鸡均可发生，尤以平养鸡多发，育雏和育成鸡多发。肉用鸡发病多见2～8周龄。一年四季均可发生，但在炎热潮湿的夏季多发。

该病的发生多有明显的诱因，如鸡群密度大，通风不良；饲料的突然更换且饲料蛋白质含量低；在全价日粮中额外添加鱼粉、黄豆、小麦、动物油脂等高能量或高蛋白质原料；不合理地使用药物添加剂；球虫病的发生；环境中的产气荚膜梭菌超过正常数量等均会诱发本病。该病多为散发，发病后鸡的死亡率与诱发因素的强弱和治疗是否及时有效有直接关系，一般死亡在1%以下，严重的可达2%以上，如有并发症或管理混乱则死亡明显增加。

【症状】有时排黄白色稀粪，有时排黄褐色糊状臭粪，有时排红色乃至黑褐色煤焦油样粪便，有的粪便混有血液和肠结膜组织；食欲严重减退，减食可达50%以上。

【病理剖检】急性时，病死鸡呈严重脱水状态，刚病死鸡打开腹腔即可闻到尸腐臭味。主要病变集中在肠道，尤以中、后段较为明显。病死鸡以小肠后段结膜坏死为特征。小肠显著肿大至正常的2～3倍，肠管变短，肠道表面呈污灰黑色，肠壁变薄，肠腔内充盈着灰白色或黄白色渗出物，黏膜呈严重纤维性坏死。

本病与小肠球虫合并感染时，除可见到上述病变外，在小肠浆膜表面还可见到大量针尖状大小的出血点和灰白色小点，肠内充满黑红色渗出物，黏膜呈现更为严重的坏死。

【诊断】根据临诊表现、剖检病变等特点，不难做出诊断，但应注意与溃疡性肠炎和小肠球虫相区别。溃疡性肠炎是由肠梭菌引起，特征性肉眼病变为小肠后段和盲肠的多发性坏死和溃疡，以及肝坏死；坏死性早肠炎病变则局限于空肠和回肠，肝脏和盲肠很少发生病变，借此可把二者区分开来。坏死性肠炎仅小肠的中后段病变，肠管因充气而明显膨胀增粗2～3倍，其他肠段无明显变化；而小肠球虫病的病变主要在中段，但肠壁明显增厚，剪开病变肠段出现自动外翻等。另外，通过粪便涂片检查有无球虫也可得到鉴别。由于球虫常与魏氏梭菌混合感染，所以应特别加以注意。

【防治】加强饲养管理，重点做好以下工作：

第一，饲料原料要储存在通风良好的地方，要定期检查，以防误用霉变饲料。不随意更换饲料,必须更换时,应按计划过渡。

第二,减少饲养密度,加强通风,改善饲养环境,搞好鸡舍卫生,及时清扫粪便。实行全进全出,售后对鸡舍及运动场、饲养用具等进行彻底清扫、洗刷、消毒。平时对鸡舍、饲养用具定期消毒,特别是肉子鸡舍要及时清理垫料。

第三,定期驱虫,防止球虫病的发生,减少肠道寄生虫对肠黏膜的损害。

第四,饲料配方一定要合理,降低饲料中易诱发本病的原料,饲粮避免添加高能、高蛋白原料,以防饲料营养不平衡,鱼粉在饲料中的添加量不应超过5%,并防止变质。

第五,夏季要特别加强管理,尤其保证适宜的饲养密度、温度、湿度,可在日粮中添加适量药物,预防本病的发生。

治疗本病应本着以坏死性肠炎为主,兼治小肠球虫病为辅的原则。盐酸林可霉素对发病鸡群有着较好的治疗效果,同时配合应用氨苄西林,在临床上会取得比较满意的效果。

十三、葡萄球菌病

主要由皮肤创伤或毛孔侵入引起,主要发生于肉子鸡、笼养鸡和条件较差的大鸡群。

【病原】致病菌主要是金黄色葡萄球菌。

【流行特点】葡萄球菌在自然界分布很广,在人和畜禽的皮肤上也经常存在。鸡对葡萄球菌较易感,主要经皮肤创伤或毛孔入侵。鸡群拥挤互相啄斗,鸡笼破旧致使铁丝刺破皮肤,患皮肤型鸡痘或其他造成皮肤破损等因素,都是引起本病的诱因。各种年龄和品种的鸡均可感染,而以 1.5~3 周龄的幼鸡多见,常呈急性败血症。中雏和成鸡常为慢性、局灶性感染。

本病一年四季均可发生,以雨季、潮湿季节发生较多。通常本病多为散发,但有时也迅速扩散至全群中,特别当鸡舍卫生太差,饲养密度太大时,发病率更高。

【症状和病理变化】

1. 急性败血型

多见于 1~2 月肉子鸡,体温升高达 43℃,精神较差,羽毛松乱,缩头闭目,无食欲,有的下痢,排灰色稀粪。主要病变是皮下、浆膜、黏膜水肿、充血、出血或溶血,有棕黄色或黄红色胶样浸润,特别是胸骨柄处肌肉呈弥漫隆出血斑或条纹状出血。实质脏器充血肿大,肝呈淡紫红色,有花纹斑。肝、脾有白色坏死点。输尿管有尿酸盐沉积。心冠状脂肪、腹腔脂肪、肌胃黏膜等出血水肿,心包有黄红色积液。

2. 关节炎型

多见于较大的青年鸡和成年鸡,病鸡腿、翅膀的一部分关节(跗关节和趾关节)肿胀热痛、化脓,足趾间及足底常形成较大的脓肿,有的破溃,病鸡跛行。主要表现为关节肿大,滑膜增厚,充血、出血,关节腔内有渗出液,有时含有纤维蛋白,病程长者则发生干酪样坏死。

3. 脐炎

多发于雏鸡,脐孔发炎肿大,流暗红色或黄色液体,最后干涸坏死。脐部肿胀膨大,呈紫红色或紫黑色,有暗红色水肿液,时间稍久则为脓性干涸坏死。肝脏有出血点,卵黄吸收不全,呈黄红色或黑灰色。

【防治】

第一,加强饲养管理,建立严格的卫生制度,减少鸡体外损的发生;饲喂全价饲料,要保证适当的维生素和矿物质;鸡舍应通风、干燥,饲养密度要合理,防止拥挤;要搞好鸡舍及鸡群周围环境的清洁卫生和消毒工作,可定期对鸡舍用 0.2% 次氯酸钠或 0.3% 过氧乙酸进行带鸡喷雾消毒。

第二,在疫区预防本病可试用葡萄球菌多价菌苗,21～24 日龄雏鸡皮下注射 1 毫升/只(含菌 60 亿/毫升),15 天产生免疫力,免疫期约 6 个月。

第三,病鸡应隔离饲养。可从病死鸡分离出病原菌后做药敏试验,选用敏感的药物对病鸡群进行治疗,无此条件时,可选择新霉素、卡那霉素或庆大霉素进行治疗。

十四、球虫病

鸡球虫病是幼鸡常见的一种急性流行性原虫肠道寄生虫病,以 3～10 周龄的幼鸡易染,常呈地方性流行,春、夏季发生最多,发病率和死亡率较高,成年鸡多不表现症状成为带虫鸡,本病是平养肉鸡须防治的重要疾病。

【病原】鸡球虫主要是艾美耳属的 9 种球虫,其中对鸡危害性最大的球虫有两种,一种是盲肠球虫(柔嫩艾美耳球虫),寄生于鸡的盲肠,另一种是小肠球虫(毒害艾美耳球虫),寄生于小肠黏膜,能引起鸡的肠型球虫病。病鸡和带虫鸡粪便中的卵囊是本病的感染源,潮湿而温暖的条件有利于卵囊发育成具有侵袭力的孢子化卵囊,鸡吞食后即可发生球虫病。5～8 月是本病的流行季节,育雏室过分拥挤潮湿,饲料配合不当,缺乏维生素 A 和维生素 K 等常为本病的诱因。

【症状】根据病程长短可分为急性和慢性2种。

急性病程数天到2~3周,多见于雏鸡。病初精神沉郁,羽毛松乱,食欲减退,泄殖腔周围羽毛粘连稀粪。逐渐发展至运动失调,嗉囊充满液体,食欲废绝,冠、髯及可视黏膜苍白,逐渐消瘦,排水样稀粪,并带有血液,因腹痛发出"唧唧"声,若为柔嫩艾美耳球虫所引起,粪便呈棕红色,以后变为纯粹血粪;若为毒害艾美耳球虫所引起,排出大量黏性血便。翅下垂,呆立,共济失调,鸡冠及可视黏膜苍白,末期发生痉挛和昏迷衰竭而死亡,死亡率可达50%~80%,甚至更高。

慢性型多见于育成鸡(2~4月龄)或成年鸡,临床症状不明显,病程数周或数月,病鸡逐渐消瘦,足和翅常发生轻瘫,产蛋量减少,间歇下痢,但死亡较少。

【病理剖检】柔嫩艾美耳球虫致病力最强,常致使肠黏膜充血、出血、局部坏死,肠管扩张,肠壁增厚,主要侵害盲肠,特征病变为两侧盲肠显著肿大,充满凝固暗红色血液,盲肠上皮变厚或脱落,使雏鸡大批发病死亡。

毒害艾美耳球虫致病力仅次于柔嫩艾美耳球虫,损害小肠前段和中段,使肠壁扩张,极度松弛,增厚,黏膜上有许多出血点,肠壁深部及肠腔中积存凝血,使肠的外观呈淡红色或黑色。

【诊断】根据流行特点、临床症状和剖检病理变化可初步诊断。可进行实验室检查进一步确诊,取发病鸡少量粪便置于载玻片上,加甘油和水等量液1~2滴混匀,加盖玻片镜检,可见球虫卵囊。

【防治】预防本病须进行综合防疫措施。合理搭配日粮,保持正常营养需要,增加饲料中维生素A、维生素K、维生素D的含量,提高机体抗病力;搞好清洁卫生,及时清粪,缩短卵囊在舍内停留时间,从而降低本病的发生;鸡舍保持适当温度、湿度和光照,通风良好,防止潮湿,饲养密度适当;幼鸡和成鸡分开饲养,减少交叉感染机会;采用网上或棚养的饲养方式;用生物热处理粪便,杀死球虫卵囊;死鸡和淘汰鸡应妥善处理;在鸡未发病或有个别鸡发病时,应用预防剂量的药物,如青霉素、氯胍、氨丙啉等药物拌料或加入水中饲喂。

尽管采用各种预防措施,也可能发生本病。治疗球虫病的药物种类很多,由于球虫易产生耐药性,并能代代相传,所以无论应用哪种药物治疗,都不能长期应用,要选择有效药物交替使用或联合使用。临床常用球痢灵(硝苯酰胺)、氯胍通过拌料、饮水预防或治疗本病。其他抗生素也可使用,如青霉素饮水或拌料,每只鸡5 000国际单位;盐霉素(优素精)0.005% ~ 0.01%拌料;土霉素0.02% ~ 0.04%拌料;金霉素0.022%拌料,必须每天清扫鸡舍病鸡粪便1 ~ 2次,可以避免重复感染。注意使用药物氯胍时,宰前7天应停药,否则肉中带异味。

第三节　肉鸡其他常见病的防治

一、肉鸡腹水综合征

肉鸡腹水综合征,又名"心衰竭综合征"或"高海拔"病,是发生于肉子鸡的一种常见的非传染性疾病。主要发生于20 ~ 40日龄快大型肉鸡,特征性表现为腹腔明显的积水,心、肺、肝部受严重损害,发病率虽然不高,但发病后的死亡率接近100%。该病已经成为对肉鸡业危害最大的全球性疾病之一。导致本病暴发的原因主要是由于肉鸡生长速度过快、慢性缺氧、高海拔、寒冷,肥胖、氨气过多、维生素E缺乏、饲料中含盐量过高等原因造成。近几年来随着肉鸡产业的发展,该病暴发的频率也随着加大,给肉鸡养殖业带来严重的损失,并严重制约着肉鸡的发展。

【病因】

1. 营养因素

高能量的日粮,导致发育中的肉鸡生长过快,机体对氧的需求量增加。在饲养过程中如过早催肥,饲料中蛋白质和能量水平较高,机体代谢需氧量增加而导致缺氧,或日粮中能量水平过高,或高蛋白低能量;维生素C、维生素A、维生素B_6、维生素E等缺乏;饲料中钠含量过高,硒含量不足等引起肉子鸡腹水。

2. 环境因素

该病发生与缺氧有关。冬季为了保温,通风不够,致使舍内二氧化碳、氨气、一氧化碳、硫化氢等有害气体增多,含氧量下降,肉鸡心脏长期在缺氧状态下过速运动必然造成心脏疲劳及衰竭,形成腹水,而腹水大量积聚之后又压迫心脏,加重心脏负担,使呼吸更加困难,机体更加缺氧,腹水更加严重,如此恶性循环,最终导致肉鸡因心力衰竭而死亡。另外,用煤焦油类消毒药物对鸡舍消毒也是导致腹水综合征的重要原因。

3. 遗传因素

主要与鸡的品种和年龄有关。一般洋肉鸡品种比本地鸡品种发病率高，由于人们为了提高产量选育了生长极快肉子鸡，但其生长速度与生理功能不适应，相对于体重而论，这些鸡肺容积较小，尤其是 4 周龄内快速生长期，能量代谢增强，机体发育快于心脏和肺的发育。

4. 微生物和药物作用

某些细菌如大肠杆菌、分枝杆菌、黄曲霉菌引起鸡肝淀粉样变或肝硬化，引起腹水综合征发生。另外，呋喃唑酮、莫能菌素过量，会导致肾脏的损伤、肝脏损伤等使得心脏负担加重，而并发程度不同的腹水现象。

【临床症状】病鸡食欲减退，体重减轻，羽毛蓬乱，不愿活动，呼吸困难，皮肤发绀。听诊腹部有击水声，呼吸粗厉急促，心跳加快。病鸡腹部膨大，呈水袋状，触压有波动感，腹部皮肤变薄发亮，严重者皮肤淤血发红。有的病鸡站立困难，以腹部着地呈企鹅状，行动迟缓呈鸭步样；腹腔穿刺流出透明清亮的淡黄色液体。

【病理剖检】主要病变包括：腹腔内有 100～500 毫升甚至更多的淡黄色或淡红黄色半透明腹水，内有半透明胶冻样凝块；肝淤血肿大，呈暗紫色，表面覆盖一层灰白色或黄色的纤维素膜，质地较硬；心包膜混浊增厚，心包液显著增多，心脏体积增大，右心室明显肥大扩张，心肌松弛；肾肿大淤血；肠道黏膜严重淤血，肠壁增厚；胸肌、腰肌不同程度淤血；皮下水肿；脾肿大，色灰暗；肺呈粉红色或紫红色，气囊混浊；盲肠扁桃体出血；法氏囊黏膜泛红；喉头气管内有黏液。

【防治措施】

1. 改善饲养环境

在高密度饲养肉子鸡的生产中，舍内空气中的氨气、灰尘和二氧化碳的含量是诱发腹水综合征的重要原因。所以，应调整饲养密度，改善通风条件，减少舍内有害气体及灰尘的含量，使之有充足的氧气。增加饲料中维生素 C 的含量，补充钾离子以维持体内电解质平衡，合理搭配饲料，增加利尿药物等，均可减少该病的发生。此外，孵化缺氧也是导致腹水综合征的重要因素，所以在孵化的后期，向孵化器内补充氧气，也可减少腹水综合征的发生。

2. 合理搭配日粮

饲喂优质全价配合饲料，饲料中的能量、蛋白质、矿物质和维生素要符合要求。需要饲料中添加的物质包括：硒添加量0.05克/吨饲料，维生素 E 添加

4万国际单位/吨饲料,维生素 C 添加 500 克/吨饲料,氯化胆碱添加 1 000 ~ 2 000克/吨饲料。同时,防止食盐及各种预防药物过量,禁止饲喂变质饲料,不要饲喂高能饲料。

3.早期限饲

肉鸡雏开食后 3 周内,要喂给低浓度营养的饲料,特别是在 2 ~ 3 周龄时要适当限饲,即限制雏鸡采食量,控制每顿让鸡吃七八分饱,限制其生长速度,就能有效控制腹水综合征的发病率。可从 2 周龄开始,在夜间降低光照强度,吊起料桶,饲料量减少 10% ,维持 2 周后恢复正常饲养,可以明显减少腹水综合征的发病率和死亡率,并且恢复正常饲养后,采食量增加,饲料利用率提高,增重加快,至出栏时体重比正常饲养鸡有所增加。

4.减少鸡应激反应

平时在饲养过程中,更换垫料、带鸡消毒、高温、寒冷、饲喂时间、光照变换、噪声惊扰等都是应激因素,须重视并采取相应措施,降低应激程度,以免影响鸡群机体免疫力。更换垫料、带鸡消毒可选择在夜间低光照下进行。

5.科学用药

鸡场用药时要在兽医的指导下合理使用,一种药物连续使用不应超过 10 天,用药 7 ~ 10 天停药 5 ~ 7 天再用或改用其他药物。同时执行科学的卫生防疫制度,提高鸡的抵抗力,减少各种疾病的发生;不饲喂霉变的、含有过量菜子饼、棉子饼、食盐的饲料以预防各种中毒事故的发生。

6.及时治疗患病鸡

将病鸡隔离,病鸡每只口服双氢克尿噻 6 毫克,2 次/天;在新育鸡的饲料中按 100 毫克/吨饲料的量加入维生素 C,连用 3 天。腹水严重的病鸡可穿刺放液,穿刺部位选择腹部最低点,以便排出积液(每次放液量不可太多,以免引起虚脱),为防继续感染可同时使用抗生素。鸡群一旦发生此病,应尽快消除病因。

二、肉鸡猝死综合征

肉鸡猝死综合征是一种非传染性常见病,广泛发生于世界各地,该病死亡率为 0.5% ~5% ,常发生于生长特快、体况良好的 2 ~3 周龄肉鸡。

肉鸡猝死综合征一年四季均可发生,一般 1 ~2 月发病率最高,可达 5.5% ,7 月最低。肉子鸡 5 日龄即可发病,随龄期增长而呈逐渐上升趋势,3 ~4 周龄达到高峰。肉鸡猝死综合征是近年来继法氏囊病和慢性呼吸道病后,广泛危害养殖业的重要病症之一。

【临床症状】本病以肌肉丰满、外观健康的肉子鸡突然死亡为特征,发病前无任何明显症状,但比正常鸡表现较为安静,偶排稀粪。多在采食、饮水或走动时突然失控,此时患鸡运动突然失去平衡,惊叫并窜起,向前或向后跌倒,翅膀剧烈扇动,肌肉痉挛并发生尖叫或狂叫,继而多数表现背部着地,两脚朝天,死于饲槽边,也有少数死亡时呈俯卧姿势。

【剖检变化】死鸡营养良好,发育正常,头部发紫,鸡冠、肉垂和泄殖腔充血,肌肉苍白,肺部淤血、暗红色水肿,右心房扩张,心室紧缩,心包液增多,肝脏肿大苍白,脾、甲状腺、胸腺全部充血,肾为浅灰色或苍白色。

【实验室检查】取病死鸡心血、肝、肾、脾、肺涂片,经革兰染色镜检,未见细菌生长,以无菌操作取肝、心血、脑等组织接种于琼脂斜面,置37℃温箱培养24小时后观察,无细菌生长。

【诱发因素】猝死综合征主要发生于肉鸡,目前尚无证据表明其由特异因素引起,有迹象表明可能是代谢病,但是尚无最后定论,一般认为猝死综合征主要与饲料、周围环境、遗传因素、酸碱平衡、个体发育及所使用药物有关。

【防治措施】

1. 改进饲料配方

在饲料中减少小麦成分,用玉米代替小麦。用植物油代替动物脂肪,同时用粉料代替颗粒料,用部分鱼粉代替豆粕均可降低发病率。

2. 限制饲喂

在饲养前期通过限饲来适当控制肉鸡的生长速度,降低发病率,在生长后期增加饲料能量以弥补前期的慢速生长,另外,将生长率特快的鸡进行单独限饲,也是一种好方法。

3. 改善饲养环境

鸡舍要远离闹市和交通要道,不要经常更换鸡舍及饲养人员,保持鸡舍内的卫生,调节好温度和湿度,不要过于拥挤,光照强度不可过大,时间不应过长。

4. 适当调配日粮

要注意调节饲料中各种营养成分的平衡,在生长前期要给予充足的维生素 B_7、维生素 B_1、吡哆醇胺及维生素 A、维生素 D、维生素 E 等,以及各种营养成分,同时避免使用霉变饲料。

5.调节平衡

饲料中要注意调节好酸碱平衡及电解质的离子平衡,在饲料中添加碳酸氢钾、葡萄糖及足够的电解多维,有利于保持电解质平衡。

6.合理使用药物

肉鸡生长前期尽量不添加动物副产品,少用或不用离子载体类抗球虫药和消毒剂等药物。

三、恶食癖

恶食癖又叫啄癖、异食癖或同类残食症,是指啄肛、啄趾、啄蛋、啄羽等恶癖,大小鸡都可发生,以群养鸡多见。啄肛癖危害最大,常将被啄者致死。

【病因】恶食癖发生的原因很复杂,主要有4个方面:

1.饲养管理不善

如鸡群密度过大,由于拥挤使其形成烦躁、好斗性格;成年母鸡因产蛋箱、窝太少、简陋或光线太强,产蛋后不能较好休息使子宫难以复位或鸡过肥胖子宫复位时间太久,红色的子宫在外边裸露引起啄癖发生。

2.饲料营养不足

如食盐缺乏,鸡就寻求咸味食物,引起啄肛、啄肉。缺乏蛋氨酸、胱氨酸时,鸡就啄毛、啄蛋,特别是高产鸡群。某些矿物质和维生素缺乏、饲料粗纤维含量太低或限饲时,处于饥饿状态下等,都易发生本病。

3.一些体外寄生虫病

如虱、螨等因局部发痒,而致使鸡不断啄叼患部,甚至啄叼破溃出血,引起恶食癖。

4.遗传因素

白壳蛋鸡啄癖的发生率较高,特别是刚开产的新母鸡,啄肛引起病残和死亡的较多,而褐壳蛋鸡较少。

【防治】

1.预防措施

雏鸡在7~10日龄进行断喙。育成阶段再补充断喙1次。上喙断1/2,下喙断1/3,雏鸡上下喙一齐切,断喙后的成年鸡喙呈浑圆形,短而弯;保持适宜环境。平养鸡舍产蛋前要将产蛋箱或窝准备好,每4~5只母鸡设置一个产蛋箱,样式要一致。产蛋箱宽敞,使鸡伏卧其内不露头尾,并放置于较安静处;饲养密度不宜过大,光照不要太强;饲料营养全面。饲料中的蛋白质、维生素和微量元素要允足,各种营养素之间要平衡。

2. 发生时措施

第一,可将蔬菜、瓜果或青草吊于鸡群头顶,以转移其注意力。啄肛严重时,可将鸡群关在舍内暂时不放,换上红灯泡,糊上红窗纸,使鸡看不出肛门的红色,这样可制止啄肛,待过几天啄癖消失后,再恢复正常饲养管理。

第二,可在饲料中添加羽毛粉、蛋氨酸、啄肛灵、硫酸亚铁、维生素 B_2 和生石膏等。其中以生石膏效果较好,按 2% ~3% 加入饲料喂半月左右即可。

第三,为防止啄肛,可将饲料中食盐含量提高到 2%,连喂 2 天,并保证足够的饮水。切不可将食盐加入饮水,因为鸡的饮水量比采食量大,易引起中毒,而且越饮越渴,越渴越饮。

第四,近年来研制出一种鸡鼻环,适用于成鸡,发生恶食癖时,给全部鸡戴上,便可防止啄肛发生。

第七章　肉鸡场经营与质量安全管理技术

　　产品质量是企业的生命线,市场的竞争首先是产品质量的竞争。企业要在瞬息万变的市场竞争中生存,必须抓住产品质量这个关键。而产品质量管理的关键,归根结底是要提高管理者和劳动者的科技素质,制定各类技术管理措施,并在每道工序、每个岗位及技术控制点上实施,使鸡场的管理人员充分认识抓好产品质量的重要性,并自觉地把好产品质量管理关。鸡场的生产人员也要提高产品质量意识,要把产品质量管理与经济效益和劳动报酬挂钩,通过利益来密切员工与产品的成本和质量的关系,确保产品质量管理落到实处。

第一节 肉鸡场的经营管理技术

一、肉鸡场设立的基本条件

建设肉鸡场首先要明确鸡场的目的,根据肉鸡生产的特点,结合当地的自然条件和社会经济条件选择合理的场址。应遵循的原则如下:

1. 环境条件优越

好的环境是鸡生存的基本条件。鸡场的选址必须注意到周围的大环境,附近不得有污染环境的工厂,或者其他病菌污染源。也不宜设置在居民区附近,一般距居民区 3 ~ 4 千米,距公路 0.5 ~ 1 千米,距污染源 3 ~ 4 千米。

2. 交通运输方便

肉鸡场产品、饲料供应、鸡粪的处理等是日常性工作,为了降低运输成本,提高效益,必须有便利的运输条件。同时,随着人们生活观念的转变,偏僻的工作环境也难以吸引有技术的人才,同时也为经营带来许多困难。

3. 地质条件良好

选址应详细了解区域内的地质条件。地势要高燥,有利于通风排水,朝向以向南或东南为宜。不宜建在山顶和高岗上,更不宜建在山谷低洼和潮湿的地方。土质以沙土或壤土为宜,透气性和透水性良好,未被传染病或寄生虫病污染过。水泥和水质条件良好,不利用池塘积水和未经消毒的水。

4. 能源供应充足

电力是否充足方便是鸡场首先考虑的条件之一。没有稳定的电力供应,鸡场的生产就无法正常进行。一般鸡场应备有双电路供电和发电机,以便在电路发生故障或停电检修时,保证鸡场设备的正常运转。

二、肉鸡场的计划管理

科学化、精细化的管理在于计划管理,要抛弃那些经验式、粗放式、家长垄断式的随意管理,建立健全企业内部的科学管理制度。在对生产中各个环节的技术保障和对设备、劳动力进行合理配置的前提下,制订各项计划。

1. 单产计划

每批肉子鸡的饲养量、饲养周期、出栏体重及饲料量,每批种鸡的饲养量、饲养周期、平均产蛋率及饲料量等,都应周密安排。

单产指标的确定,可参考鸡种本身的生产成绩,结合本场的实际情况,依据上一年的生产实绩以及本年度的有效措施,提出既有先进性又是经过努力可以实现的计划指标。

2. 鸡群周转计划

在明确单产计划指标的前提下,按照鸡场鸡舍的实际情况,安排鸡群周转计划。如种鸡场附设孵化及肉子鸡生产的,就要安排好种蛋孵化与育雏鸡、育肥鸡的生产周期的衔接,一环紧扣一环。专一的肉子鸡场,也必须安排好本场的生产周期以及本场与孵化场雏鸡生产周期的衔接。一旦周转失灵,就会造成生产上的混乱和经济上的损失。

例如,某养鸡场年产 15 万只肉子鸡的鸡舍周转安排如下:

第一,基本条件。

A. 育雏鸡舍。4 个单元,每个单元面积为 90 米^2。

B. 育肥鸡舍。10 幢,每幢面积 180 米^2。

第二,要求年饲养肉子鸡 15 万只。

第三,计算。

A. 按育肥鸡舍面积计算饲养量。因为后期饲养密度为 12 只/米^2,则一幢育肥鸡舍饲养量为 180 米$^2 \times$ 12 只/米^2 = 2 160 只,一批饲养两幢的饲养量为 2 160 只 $\times$ 2 = 4 320 只。

B. 计算全年的饲养批数。150 000 只 ÷ 4 320 只/批 ≈ 35 批(34 ~ 36 批)。

C. 计算每批间隔时间。12 个月 ÷ 36 批 = 1 个月 ÷ 3 批 ≈ 10 天/批。

也就是说,每月进雏 3 批,可以安排为每月逢 4 或逢 5 进雏,即每月 4 日、14 日、24 日或 5 日、15 日、25 日进雏。

D. 饲养周转规划。考虑到饲料条件较差等情况,拟按 70 天(10 周)为肉子鸡的一个饲养周期。现规划如下:

a. 育雏鸡舍。共 4 个单元。经过轮转 1 次,育雏鸡舍第二次再使用时要间隔的时间为:4 × 10 天 = 40 天。用它减去 1 周的空舍、消毒、清洗时间,还剩 40 − 7 = 33(天),大大超过了育雏的 1 个周期(28 天)。

b. 育肥鸡舍。共 5 个单元(10 幢鸡舍)。经过 1 次轮转,当第二次再使用时要间隔的时间为:5 × 10 天 + 28 天(育雏 1 个周期)= 78 天。用它减去 1 周空舍、清洗、消毒的时间,还剩 78 − 7 = 71(天),也超过了肉子鸡的 1 个饲养周期的时间。

第四,鸡舍周转规划(图 7 − 1)。

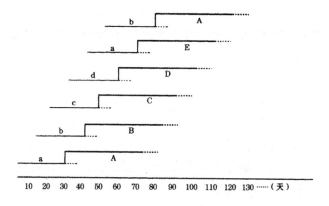

图 7-1　鸡舍周转规划

1.a,b,c,d 为育雏鸡舍的 4 个单元代号　2.A,B,C,D,E 为育肥鸡舍的 5 个单元代号　3.细直线为育雏的时间,粗直线为育肥的时间,虚线为空舍、清洗消毒的时间　4.折线为转群

最后,将鸡舍周转规划图中的横坐标所表示的天数变换为该生产年度的日期,就成为一张全年肉子鸡生产鸡舍周转的流程图。

3.饲料计划

饲料是肉鸡生产的基础,必须按照各项单产计划以及经营的规模计算各种类型饲料的耗用总量。而且应按照不同时期(育雏鸡、育肥鸡、后备鸡、种鸡)计算各个月份各种类型饲料的用量。如自配饲料,则需按饲料配方计算各种饲料原料的总量,并尽早联系购置。

4.垫料开支及其他各种开支的计划

采用地面平养的鸡场,其垫料用量较大,必须早做打算,并切实落实货源。其他如疫苗、药品、燃料、设备更新、水电费开支等都要列入计划。

5.全场总产计划

在上述各分项计划的基础上,明确全场的年度总产计划及有关生产措施和指标,并将总产指标分解下达到各个生产单元。使各个部门、班组、个人都能把生产指标与他们的经济利益挂起钩来,以确保总产计划的实现。

生产计划的执行是指在计划制订出来后,按生产环节一步一步地落实。由于养鸡是一个不断变化的过程,管理工作也应该是动态的。管理者应时刻注意计划的落实情况,当计划执行过程中,发现计划有违反生产规律和影响生产的情况时,应及时进行修订。特别是目前市场的多变性和肉鸡产品的特殊性,决定了计划管理的复杂性。为了更好地适应市场,保证养鸡场生产正常进行和取得较大的经济效益,必须认真地对计划进行管理。

为了很好地执行生产计划和检验生产计划的科学性和实用性,根据市场变化情况,及时对养鸡场进行科学的经济效益分析,是计划管理的一项必要措施。

三、肉鸡场的劳动管理

肉鸡场的劳动管理倡导人性化管理,凝聚企业合力的组织管理。

(一)以人为本,最大限度地调动全体员工的积极性

在任何企业的生产活动中,人是第一要素。管理过程的起点是人,必须将满足人的物质需求和精神需求,人的才能的全面发挥,充分调动人们的主观能动性,作为管理活动的终极目标。要通过"面对面、心碰心"的沟通交流,对每个员工最能做什么,在哪些方面最有发展潜力,有一个清楚的认识。员工之所以会努力工作是因为他们有生活需求(衣、食、住、行)、安全的需求(身体和感情免受伤害)、社会交往的需求(友谊、家庭、归属等)和自我价值实现的需求(成长需求,取得成就和实现抱负等)。而最吸引员工努力工作的是,工作表现的机会和工作带来的愉悦,工作上的成就感和对未来发展的期望等。对全体员工不能有任何歧视,而且要给予充分的信任,用人所长,给予学习、锻炼和发展的机会。让员工在一定范围内自己决定工作方法,给他们合理使用物资设备和支配时间等方面的自主权,让员工参与管理,出主意,想办法等。尊重员工的人格、自尊心、进取心、好胜心和创造性,帮助他们挖掘在缺点和不足之中所埋藏的长处与闪光点,使他们在精神上感到巨大的鼓舞,感受到企业"大家庭"的温暖,而产生向心力和归属感,使企业与员工保持和谐一致的行动。

(二)建立企业文化,以企业核心价值观来凝聚合力

要注重员工的学习与培训。一方面,要对员工坚持进行企业核心价值观和品质、道德教育,让员工树立正确的人生观和世界观,对是非、善恶有一个正确的判断标准。通过树立典型,给予启示,榜样代表了前进的方向,形象地说明了应该做什么和提倡什么。通过宣传,提高认识,形成一种共同的境界,知道什么事该做,什么事不该做,以制度规范自身的行为。使大家站得高,看得远,有目标,遵纪守法,爱场如家,团结一致,充满凝聚力和活力,使企业长盛不衰。另一方面,要组织员工进行业务学习,让全体员工熟悉本场所有生产环节的相关知识,不仅明白该项工作应该怎么做,更重要的是明白为什么要这样做,不这样做会有什么样的后果,知道每项操作的科学依据,违反此规程会造成的后果等。

企业发展的深层原因和最后决定力来源于全体员工,员工能力的提高,可以帮助企业对市场的变化及时做出反应,并调整自己的行动。

(三)实行适度的激励机制,整体推进企业生产经营

要综合考虑体力、业务能力、责任心等因素,合理搭配人员,使责任心强、工作能力强的带动、约束和督促工作能力差的和弱的,从而在整体上推进企业的生产与经营。

可以采取一些有效的激励办法,把员工潜在的能力充分发挥出来,激发和鼓励员工朝着企业所期望的目标,表现出积极、主动和符合要求的工作行为。

要帮助员工确定适当的目标,培养他们个人的能力和引导其行为。采用精神奖励和物质奖励相结合的奖励办法,奖罚适当,实事求是。公开合理,平等对待。切记"赏不可不平,罚不可不均","赏不可重设,罚不可妄加"。要使奖励者受到认可,公认其努力工作和成效显著,这样才能调动大家积极向上的进取精神。

在推进全员素质提高的过程中,管理者自身的模范行为是对员工的无声命令,要求下级员工遵守的,做到的,自己必须首先遵守和做到。

与此同时,可以加上一些有效的措施,如岗位责任制,可以最大限度地调动各类人员的积极性。推行竞争上岗制,工资与劳动效率业绩挂钩等,不但符合效率优先的原则,而且使企业内的职工之间既协作又竞争,上下一起形成一股合力,使企业长盛不衰。这些组织管理措施,必将使肉鸡规模化生产和产业化经营产生强大的生命力和市场竞争力。

四、肉鸡场的成本管理

鸡场要正常地生产创造更大的效益,必须要有科学的生产流程,配套的人、财、物管理制度,以及严格的产品质量和成本管理,目的是保质、保量地完成生产任务。生产管理的目的是加强企业内部的建设,在一切生产活动中始终强调产品质量和成本。要对市场进行调查,研究品种、销售、价格等一系列外部环境和内部因素与成本的关系,做好成本的预测。

产品成本是生产过程中投入的资源,如饲料、种禽、鸡舍、兽药、人力等,在一定的劳动组合管理下,使用一定的生产技术所体现的经济消耗指标,它反映出企业的技术力量和整个的经营状况。鸡场所采用的品种是否优良,饲料质量的好坏,饲养员技术水平的高低,固定资产的利用效果,人工耗费的多少等都可以通过产品成本分析反映出来。所以,产品成本是一项综合性很强的经济指标,是衡量生产活动最重要的经济尺度。目前,市场竞争在相当程度上也就是成本的竞争。同样的产品,其成本低则竞争力就强。面对激烈的市场竞争和市场变化,企业必须注重成本核算和分析。

1. 生产成本的基本构成(图7-2)

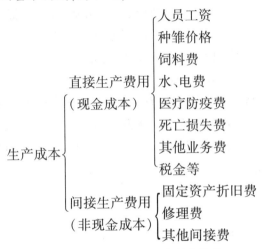

图7-2　肉鸡场生产成本基本构成

由于不同的生产成本分析方法,有将人员工资、饲料费以及生产所需的固定资产投入等,归并为饲养成本来分析,也有将运杂费、业务费和财务费用归纳为三项费用等。这些无非都是为了从分析和控制成本增长的角度来找出存在问题的症结。

2. 生产成本的核算分析与控制

(1)生产成本的核算与分析　在完成总产计划和各项指标的前提下,加强成本核算,努力降低成本,是经济管理的一个重要方面。通过成本核算,可以及时发现一些问题。例如,通过对肉鸡耗料量与增长速度及饲料价格、肉鸡销售价格的比较,衡量适时出栏的时间。又如,饲料费用的上升和种蛋产量的下降都会导致种蛋成本的上升。而饲料费用的上升,一种可能是饲料价格上涨,另一种可能是浪费饲料引起的;而种蛋产量的下降,是产蛋率下降,还是破蛋率增加,还是种鸡应时淘汰,这样分析可以寻根究底,并及时分别情况采取措施予以解决。

为此,首先要搞好各个生产单元的生产情况统计,这是了解生产、指导生产的重要依据,并可以从中及时发现问题,迅速加以解决;这也是进行经济核算和评价劳动效率、实行奖罚的依据。其次,通过种蛋价格的模拟分析可以摸清生产中存在的若干问题。

种蛋价格的利润是受到饲养规模、生产和经营水平以及各项费用开支等因素制约的。

例如,某肉鸡场种蛋价格的核算如下:

第一,基本数据。(由于诸多费用未计算在内,仅是模拟演算)

A. 种鸡。平均数为 3 000 只,年平均产蛋率为 50%。

B. 后备种鸡。每 6 周更换 800 只,每只价值 7 元。

C. 劳动力。正式工 6 人,临时工 7 人。

D. 疫苗与药品。传染性法氏囊病疫苗,每支价格为 1. 45 元;新城疫疫苗,每支价格为 2 元;其他药品,每月耗资 250 元。

E. 饲料。种鸡每天每只消耗 150 克,后备鸡每天每只消耗 80 克,雏鸡每天每只消耗 20 克。

F. 折旧。房屋 20 年更新费每幢 3 万元。

第二,计算。

A. 现金成本(每月):29 989. 33 元。

a. 饲料成本(每月):18 648 元。

种鸡部分:3 000 只 ×0. 15 千克/(只 · 天) ×30 天 ×1. 2 元/千克 = 16 200 元。

后备鸡部分:800 只 ×0. 08 千克/(只 · 天) ×30 天 ×0. 90 元/千克 = 1 728 元。

雏鸡部分:800 只 ×0. 02 千克/(只 · 天) ×30 天 ×1. 50 元/千克 = 720 元。

b. 劳务开支(每月):5 100 元。

正式工:6 人 ×500 元 =3 000 元。

临时工:7 人 ×300 元 =2 100 元。

c. 医药开支:2 228 元。

疫苗费用:800 只 ×8. 6(批/年) ×1/12 ×(1. 45 +2)元 =1 978 元。

其他药费:250 元。

d. 种鸡成本:800 只 ×8. 6(批/年) ×1/12 ×7 元/只 =4 013. 33 元。

B. 生产要素(非现金)成本(每月):745. 14 元。

a. 房屋折旧费:5 幢种鸡舍 × 30 000 元/幢 ÷(20 年 × 12 月/年)= 625 元。

b. 水槽、料桶折旧费:88.89 元。

水槽折旧费:80 只 × 30 元/只 ÷(3 年 × 12 月/年)= 66.67 元。

料桶折旧费:40 只 × 20 元/只 ÷(3 年 × 12 月/年)= 22.22 元。

c. 房屋维修(5%的折旧费):31.25 元。

C. 种蛋销售价格核算

a. 总成本(每月):29 989.33 元(现金成本)+ 745 × 14 元(非现金成本)= 30 734.47 元。

b. 产出:

每月产蛋量:3 000 枚/天 × 50% × 30 天/月 = 45 000 枚。

其中种蛋数(按产蛋量 85% 计):45 000 枚/月 × 8 526 = 38 250 枚。

c. 种蛋成本:总成本 ÷ 种蛋数 = 30 734.47 元 ÷ 38 250 枚 = 0.803 5元/枚。

d. 销售价(利润按成本的 30% 计):0.804 元 +(0.804 元 × 30%)= 1.5 元/枚。

从计算的分析中,可以看出饲料占总成本的 60.7%,而饲料加种鸡的成本约占总成本的 73.7%。因此,设法降低这两项的开支,同时提高种鸡的生产水平,就有可能降低每一个种蛋的成本,在确定本场的成本价基础上,参照当时同类型产品的市场价格,就可以确定销售价格。市场价格愈高,本场成本价愈低,其中可盈利的范围愈大,在市场上也愈有竞争能力。

从这份分析材料中可以看到,该鸡场的饲料及劳动力的价格比较低廉,这是该场生产的优势所在。但也可以看到生产水平不高,因为年平均产蛋率只有 50%。而且其劳动力配置也不合理,按计算全年种鸡数为 3 000 只,加上 8.6 批的后备种鸡是 8.6 批 × 800 只/批 = 6 880 只,总计为 9 880 只。即每个劳动力承担的饲养量平均为 760 只,此数量是太低了。因此,从利润分析中可以发现不少问题。反过来应该通过严格的经济责任分解成本指标和费用指标,实行全过程的目标成本管理,这样所取得的效益将更可观。

(2)生产成本的控制 企业要发展,就要获利,要获利就要内部挖潜。在以提高企业经济效益为中心的基础上,考虑企业内部条件与外部经营环境的协调发展,实事求是地制定降低成本的具体措施。通过有效的成本控制,及时发现和改进生产过程中效率低、消耗高的不合理现象,使之增加产出,降低投入,以提高成本管理水平。

1)合理配置设备和劳动力　例如,某鸡场有600米²的房舍饲养肉子鸡,如采用二段法分养,即前期4周为育雏,后期4周为育肥。则此600米²分割为两个部分:200米²为育雏鸡舍,400米²为育肥鸡舍。按后期饲养密度10只/米²计算,400米²育肥鸡舍的饲养量为4 000只,而前期育雏鸡舍的200米²也正好可以饲养4 000只小雏鸡。两批之间空舍1周时间清洗消毒,其周转期为5周,即全年(52周)可饲养52÷5=10.4(批),其全年饲养量为10.4×4 000=41 600(只)。如果采用全程固定鸡舍一贯制的饲养法,虽然饲养时间也同样是8周,再加两批之间空舍1周清洗消毒,其周转期为9周,全年只能饲养52÷9≈5.8(批),全年饲养量为5.8×6 000只(600米²的饲养量)=34 800(只)。从中可以看出,虽然房舍面积同样大,但由于采用不同的饲养方案,前者(二段法)比后者全年饲养量增加了21%。这是房舍周转期缩短的结果,也就是提高了房舍和设备利用效率所产生的效益。

诸如此类的情况很多。如孵化场的设备、孵化机与出雏机的配比,由于每批种蛋使用孵化机的时间为18天,而使用出雏机的时间只有4天,如果它们之间按1:1配置的话,必然造成出雏机利用效率不高。又如种鸡场兼办孵化场和肉子鸡场的,从全年均衡生产出发,要使设备、房舍充分利用,就必然要考虑三者之间的科学配合。在考虑以上生产计划周转安排的同时,也要将劳动力做适当合理的安排。若稍有超过,可通过增加机械设备来解决。如将水槽改为乳头饮水器等自动饮水装置,既投入资金不大,而且又节省了水费开支,同时又可以减轻劳动强度。也可通过联产承包的基数超额奖励的办法来解决。总之,要充分发挥设备和劳动力的潜在能量。所以说,固定成本是可以通过优化利用设备,整合管理、市场和供应服务的资源来减少损耗。

2)降低饲养成本　加强技术服务,提高饲养水平,是降低饲养成本的最好办法。种鸡场可以采用绩效挂钩的承包办法,而肉子鸡则经常采用合同养鸡的办法,可以充分调动养殖户的积极性和能动性。

在肉子鸡生长的后期,其料肉比也随着日龄的增长而增长。往往后期所增长体重的价值还抵消不了该期间所消耗饲料的价值。因此,抓好肉子鸡的适时出栏,是降低饲养成本的关键。

3)降低饲料费用　养鸡成本中,饲料费用要占到60%以上,有的饲养户可占到80%,因此是降低成本的关键。

第一,选择质优价廉的饲料。购买全价饲料和各种饲料原料时要货比三家,选择质量好、价格低的饲料。自配饲料一般可降低日粮成本,饲料原料特别是蛋白质饲料廉价时,可购买预混料自配全价料;蛋白质饲料价高的,购买浓缩料自配全价料成本低。充分利用当地自产或价格低的原料,严把质量关,控制原料价格,并选择可靠有效的饲料添加剂,以实现同等营养条件下的饲料价格最低。玉米是鸡场主要能量饲料,占饲粮比例的50%以上,直接影响饲料的价格。在玉米价格较低时,可储存一些以备价格高时使用。

第二,减少饲料消耗。利用科学饲养技术,根据不同饲养阶段进行分段饲养,育成期和产蛋后期适当限制饲养,不同季节和出现应激时调整饲养等技术,在保证正常生长和生产的前提下,尽量减少饲料消耗。饲槽结构合理,放置高度适宜,不同饲养阶段选用不同的饲喂用具,避免鸡在采食过程中抓、刨、弹、甩等浪费饲料。一次投料不宜过多,饲喂人员投料要准、稳,减少饲料撒落。断喙要标准。鸡舍保持适宜温度,一般应为15～28℃。舍内温度过低,鸡采食量增多。周密制订饲料计划,妥善保存好饲料,减少饲料积压、霉变和污染。定期驱虫灭鼠,及时淘汰低产鸡和停产鸡,以节省饲料。

4)提高资金利用率,减少固定资产折旧和利息 加强采购计划制订,合理储备饲料和其他生产物资,防止长期积压。及时清理回收债务,减少流动资金占用量。合理购置和建设固定资产,把资金用在生产最需要且能产生最大经济效果的项目上,减少生产性固定资产开支。加强固定资产的维修、保养,延长使用年限,设法使固定资产配套完备,充分发挥固定资产的作用,降低固定资产折旧和维修费用。各类鸡舍合理配套,并制订周详的周转计划,充分利用鸡舍,避免鸡舍闲置或长期空舍。

第二节　肉鸡的质量安全管理技术

一、加强生产监管

(一)大力加强畜禽流行病学调查工作

根据"防重于治"的免疫方针,按照农业部动物疫病免疫技术规范,各动物卫生监督站安排素质高、责任心强的工作人员重点抓好高致病性禽流感、新城疫等重大动物疫病的强制免疫和其他易发、常发疫病的流行病学调查工作,切实做到村不漏户。对防疫程序不合理的养殖场,防疫人员会第一时间督促其改正,夯实免疫基础。

(二)加大对监管企业防疫员的技术培训

各动物卫生监督站务必根据各自辖区实际,健全规章制度,规范饲养员的操作及疾病防治工作,通过不断地培训,提高饲养员专业技术水平和对新技术的接受能力。

(三)加强肉鸡饲养各环节消毒力度

一是指导肉鸡场建立健全消毒制度,制定科学的消毒程序,选择高效的消毒药品,严格执行消毒技术规范,督促落实消毒措施,消毒到位;二是强化肉鸡粪便、垫料密封发酵,强化污水、污物无害化处理;三是注重环境消毒,减少交叉污染。督促养殖户加强卫生消毒工作,场门前消毒应保持安全有效,进出的车辆应严格消毒,特别是冷冻加工厂的拉鸡车、鸡笼出没于各个鸡场,每次使用后应彻底清洗、严格消毒后方可出场。

(四)及时组织养殖场户加强防寒防冻措施

一是关好门窗,防止降温期间鸡舍舍内温度大幅度变化;二是采用供暖设施如用红外线灯、电热板等,确保雏鸡栏舍有适宜的温度;三是认真检修供水、供电、保暖等基础设施,排除安全隐患,四是要注意鸡舍的通风换气,保持鸡舍空气新鲜。

二、推行市场准入制

中国的养禽业经过近40年的发展,从一个落后的原始状态,迅速发展成为世界第一家禽生产大国。但是,我国并不是养禽业的强国,特别是近年来的疫情和药残以及生物安全问题,对家禽业的发展、市场消费以及进出口贸易产生了极为严重的负面影响,制约了养禽业的可持续发展。同时市场的无序竞争和恶性膨胀,加重了问题的严重性。行业市场准入制度的出台和严格落实,势在必行。

(一)市场准入制度是养禽业(生产力)发展的必然结果

"千家万户"养禽业为我国畜牧业做出了重要贡献,解决了一定历史时期农村剩余劳动力的转移问题和农村家庭经济的副业补充。但随着生产力和技术水平的不断发展,"千家万户"养禽业的模式,已经成为养禽业发展的瓶颈。三五百只也养,一两千只搞个破房子或院子也喂,不但缺技术,而且少信息、无市场,在微利的现实情况下,赚钱几乎是不可能的。如一只鸡一年挣20元已经是很好了,每天每只不过就5分钱左右,饲料稍有浪费,产蛋率稍微下降或略微发病,就要亏损。但要是一个有经验有规模有技术水平的大户饲养,每只净利 5 元也是相当可观的。一个农民在没有技术和机械的情况下饲养 1 000 只,已经是很困难了。但一个有技术、有规模的现代化养殖场,每人养 5 000 只也是很轻松的。其效益不言而喻。

适当提高养殖市场的门槛,把目前的养禽户数减下来,扩大养殖场(家)的规模,提高技术水平,其经济效益自然会大幅提高。适当提高兽药厂家和饲料厂家的门槛,减少粗制滥造,相互压价,恶意拼杀,养禽户(场)的效益还会有不同程度的提高。

适当提高全行业的市场准入门槛,对没有技术没有规模的农户,达不到 GMP 的药厂和饲料厂,以及经营部、屠宰场、种禽场、孵化场提出规模、技术、质量的具体要求,制定进入的门槛和标准,是利国利民的好事,是养禽业健康发展的必然结果。

(二)人民群众的健康和生物安全,需要行业市场准入制度

"民以食为天,食以安为先。"近年来,链球菌、红心蛋、毒奶粉、油大米、瘦肉精、泔水猪、苏丹红、人感染禽流感事件等不断发生和报道。食品安全与生物安全问题越来越引起人们的重视。蛋白精、垃圾料、各种抗生素在养禽业饲料中的使用问题到处出现,相当严重。什么垃圾都敢打着"高科技产品"的幌子,披着"降低饲料(养)成本"的外衣进入养殖领域和饲养环节。甚至于一天兽医没干过的人,都敢诊断马立克、禽流感、肠毒综合征。不论什么病都开一大堆抗病毒的、消炎的、营养的、治什么输卵管的中药、西药。开了多维素,还要开鱼肝油,还要开电解多维等。个别地方的家禽就是靠药养大的,用药水泡大的。如果不采取果断措施,提前下手,防患于未然,发生类似于"毒奶粉"的禽肉、禽蛋事件只是或早或晚的事。

无序发展的养禽业造成了严重的环境污染,街边路旁粪便乱堆,病禽、死禽到处乱扔,苍蝇乱飞,臭气熏天。粪水横流,既污染空气,又污染地下水。甚至个别屠宰厂专收病死禽,以赚取最大利润。没有行业市场准入制度,人民群众的食品卫生和健康就没有保障。生物安全就无从谈起。靠牺牲环境和人民的健康以及生物安全换来的经济效益和虚假繁荣是不会长久的。"毒奶粉"事件已经给了我们很好的警示。

(三)养禽行业的健康持续发展,必须实行市场准入制度

实行行业市场准入制度,提高技术水平,扩大饲养规模,提高产品质量。有效地、科学地整合现有资源,减少盲目性,避免一哄而起,产品过剩;一哄而落,价格飙升。避免一只老鼠坏一锅汤,一年好,五年歹的尴尬局面,就必须使

养禽业从家庭副业和庭院经济中冲出来,脱胎换骨,向规范化、集约化发展,使其真正成为持续健康发展的产业。

三、完善保障体系

(一)加强对动物源性食品问题的研究和对禽类产品标准的规划

加强对动物源性食品问题的研究力度。如多种化工产品、微量元素在饲料中可不可以使用和添加,什么动物的饲料不能添加,禽类产品中的含量达到多少超标,要有研究和科学试验的结果,然后制定一个标准。其他禽类产品的营养标准达到多少为合格,某些添加剂的限量是多大,什么是绿色食品,什么是无污染食品,没有标准就很难操作。要做合理的科学的宣传和引导,不要前言不搭后语,自相矛盾。

(二)制定养禽业全行业的市场准入制度,以适应养禽业的发展

制定养禽业各环节、各部门的市场准入制度,鼓励各种体制的经济实体、合作社、股份制企业的发展。如商品代养殖场的最小规模是多大,应达到什么样的技术标准和水平。父母代种禽场的规模应多大,软、硬件设施应达到什么样的水平和标准。祖代场应达到什么样的水平,每批种禽的制、供种时间是多长,超出时间就要给予相应的处罚。要禁止一两台孵化器的小孵化场,和一两千只的父母代种禽场的生产。同时,对农民自己庭院的散养也要规范,限制其数量。

(三)统筹兼顾,合理布局

有必要增设动物疫病和动物源性食品实验室或大区域实验室,对重大疫病可根据不同区域的实际情况,使用不同毒株的强制免疫疫苗。尽快扭转一个疫苗管天下的局面,使其强制免疫更科学、更有效。

(四)加强对"强制免疫"等重大措施的科学论证

从毒株的选定、疫苗的生产、生产厂家的定点、财政投入、调拨方式,到如何"强制免疫",免疫效果的测定,措施的改进等都要进行规划和论证。强制免疫 ≠ 免费防疫 ≠ 免费疫苗 ≠ 自由防疫。强制免疫有必要借鉴"粮食直补"的方式,减少中间环节,将各级财政补贴和惠农经费直接拨付到户(场)。应建立必要的"问责制"、"淘汰制"、"赔偿制"。

(五)制定适合不同禽类发展的区域规划

如南方以水禽为主,北方以鸡类为主。树立畜牧业是现代化大农业的重要组成部分的意识。对于养禽专业户(场)、村如达到一定的规模标准,具备

相应的技术水平,应给予必要的禽场建设用地,和必要的技术扶持。对于不具备规模和相应技术水平的农户,要引导他们转产。

(六)应加大对养禽业的政策性扶持和监管力度

养禽业的产品是人民生活中重要蛋白质来源。如何支持和规范自发地和无序地发展起来的养禽业,需要我们做大量的工作和研究。要加大对饲料厂、添加剂厂、禽产品加工厂、兽药经营部和其他相关部门的监管力度,特别是禽产品从出厂(场)到餐桌的追溯制度的建立和监管。

加紧禽类产品生产基地的建设,逐步推行禽类产品"户名制"、"场名制"。那些不能查明来源的"混(源)蛋"、"混(源)肉"的经营户的产品不得进入市场。通过规范和加大监测、监管力度。做到谁的产品谁负责,谁检疫(验)谁负责,谁销售谁负责。

改变政府有关部门的"执法收费"职能,变片面执法收费为技术服务,县、市级要设立"畜牧兽医官",改变畜牧局局长不懂业务的局面。对具有一定规模的场、村、生产基地选派真正懂业务的技术专家、督导人员。老百姓缺少的不是"高科技产品",缺少的是应用型技术和人才。对污染严重的要限期治理,治理合格的或效益明显的给予必要的奖励。对没有资质的兽药经营店和门诊部,要坚决取缔。

附录 肉鸡场常用统计、记录表格

附表1 苗鸡购进记录

供雏单位名称			
联系电话		种畜禽生产经营许可证编号	
品　种		引种证书编号	
引雏日期		产地检疫证编号	
引雏数量(只)		运输消毒证编号	
到场活雏数(只)		马立克免疫情况	

备注:

注:所有表、证、合同、单据复印,均粘贴于本记录表背面

附表2　肉鸡生产日记录

栋号：　　品种：　　　入雏日期：　　　进雏数：　　　饲养员：

日期	日龄	周龄	温度（℃）（最高/最低）	空气相对湿度（%）（最高/最低）	死淘（只）	补光（小时）	存栏（只）	料号	喂料（千克）	周末体重（克）	备注（免疫、投药、称重等）
	1		／	／							
	2		／	／							
	3	第一周	／	／							
	4		／	／							
	5		／	／							
	6		／	／							
	7		／	／							
	小计		／	／							
	8		／	／							
	9		／	／							
	10	第二周	／	／							
	11		／	／							
	12		／	／							
	13		／	／							
	14		／	／							
	小计		／	／							

日期	日龄	周龄	温度（℃）（最高/最低）	空气相对湿度（%）（最高/最低）	死淘（只）	补光（小时）	存栏（只）	料号	喂料（千克）	周末体重（克）	备注（免疫、投药、称重等）
15		第三周	/	/							
16			/	/							
17			/	/							
18			/	/							
19			/	/							
20			/	/							
21			/	/							
小计			/	/							
22		第四周	/	/							
23			/	/							
24			/	/							
25			/	/							
26			/	/							
27			/	/							
28			/	/							
小计			/	/							

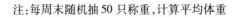

注:每周末随机抽50只称重,计算平均体重

日期	日龄	周龄	温度(℃)(最高/最低)	空气相对湿度(%)(最高/最低)	死淘(只)	补光(小时)	存栏(只)	料号	喂料(千克)	周末体重(克)	备注(免疫、投药、称重等)
	29		/	/							
	30		/	/							
	31	第五周	/	/							
	32		/	/							
	33		/	/							
	34		/	/							
	35		/	/							
	小计		/	/							
	36		/	/							
	37		/	/							
	38	第六周	/	/							
	39		/	/							
	40		/	/							
	41		/	/							
	42		/	/							
	小计		/	/							

附 录 肉鸡场常用统计、记录表格

267

日期	日龄	周龄	温度(℃)(最高/最低)	空气相对湿度(%)(最高/最低)	死淘(只)	补光(小时)	存栏(只)	料号	喂料(千克)	周末体重(克)	备注(免疫、投药、称重等)
	43		/	/							
	44		/	/							
	45	第七周	/	/							
	46		/	/							
	47		/	/							
	48		/	/							
	49		/	/							
	小计		/	/							
	50		/	/							
	51		/	/							
	52	第八周	/	/							
	53		/	/							
	54		/	/							
	55		/	/							
	56		/	/							
	小计		/	/							
	总计										

肉鸡标准化安全生产关键技术

附表 3 蛋鸡育雏、育成期生产日记录

栋号：　　　　　　品种：　　　　　　进雏日期：　　　　　　进雏数：　　　　　　饲养员：

日期	日龄	温度（℃）（最高/最低）	空气相对湿度（%）（最高/最低）	上日存栏（只）	死淘（只）	转群（只）	本日存栏（只）	喂料量（千克）	补光时间（小时）	平均体重（克）	备注（免疫、投药、断喙、称重等）
		/	/								
		/	/								
		/	/								
		/	/								
		/	/								
		/	/								
		/	/								
		/	/								
		/	/								
合计分析				初栏存数：				只均耗料		成活率	

附表4 蛋鸡产蛋期生产日记录

栋号：　　　品种：　　　入舍鸡数：　　　饲养员：

日期	日龄	上日存栏(只)	死淘(只)	本日存栏(只)	喂料量(千克)	产蛋量(千克)	料蛋比	开灯时间	关灯时间	平均体重(克)	百枚蛋重(克)	产蛋率(%)	温度(℃)(最高/最低)	空气相对湿度(%)(最高/最低)	备注(免疫、投药等)
													/	/	
													/	/	
													/	/	
													/	/	
													/	/	
													/	/	
													/	/	

续表

日期	日龄	上日存栏(只)	死淘(只)	本日存栏(只)	喂料量(千克)	产蛋量(千克)	料蛋比	开灯时间	关灯时间	平均体重(克)	百枚蛋重(克)	产蛋率(%)	温度(℃)(最高/最低)	空气相对湿度(%)(最高/最低)	备注(免疫、投药等)
													/	/	
													/	/	
													/	/	
													/	/	
													/	/	
													/	/	
合计															

注:本日存栏合计为期初栏存数;每周称100枚蛋重;每周固定称10只鸡;全期平均产蛋率(%)=[全期产蛋量(千克)÷平均蛋重(克)×1 000]÷[(期初栏存+期末栏存)÷2]×100%

附 录 肉鸡场常用统计、记录表格

附表 5　免疫、用药记录

栋号：　　　　品种：　　　　饲养员：

日期	日龄	栏存数量	疫苗（药物）名称	疫苗（药物）剂型	使用方式	使用剂量	疫苗、药物制造商	生产日期或批号	有效期	使用目的	使用人	反应情况	备注

附表6　家禽疾病诊断记录　　　编号：

日　期		舍　号		饲养员	
品　种		日　龄		栏存数量	
送检数量		发病数量		死亡数量	

临床表现	
用药史	
免疫情况	
剖检变化	
抗体检测	
初步诊断	诊断人：
治　疗	治疗人：
效果跟踪	

附表 7　消毒及消毒池液更换记录

日　期	舍号/场地	消毒药名	药液浓度与剂量	消毒方法	操作员签字

肉鸡标准化安全生产关键技术

附表8 病死鸡无害化处理记录

日期	死亡数量	周龄	解剖情况或死亡原因	处理方法	处理部门（或责任人）	备注

附表 9　饲料、疫苗、药品购入记录

饲料及原料品种	数量(千克)	价格(元/千克)	金额(元)	备注	疫苗药品名称	数量(千克)	价格(元/千克)	金额(元)	备注
合计									

276

附表10 饲料加工记录

饲料品种：＿＿＿＿＿＿＿＿＿ ＿＿＿＿年＿＿＿＿月＿＿＿＿日

序号	品名	配比（%）	数量（千克）	数量（千克）	数量（千克）	数量（千克）	数量（千克）	数量（千克）	备注
1	玉米								
2	豆粕								
3	菜粕								
4	棉粕								
5	麸皮								
6	青糠								
7	鱼粉								
8	豆油								
9	菜子油								
10	肉骨粉								
11	磷酸氢钙								
12	蛋氨酸								
13	预混料名称								
14	药物添加剂品种								
合计									

附表 11　饲料领用记录

日　期	舍　号	品　种	生产厂家	数量(千克)	生产日期	领料人	备　注
合计							

附表 12 投入品出入库明细

原料、产品名称：____ 存放地点：____ 最高存量：____ 最低存量：____ 计量单位：____ 规格：____ 类别：____

年		凭证号	摘要	入库数	出库数	结存数	备注	年		凭证号	摘要	入库数	出库数	结存数	备注
月	日							月	日						
小计															
合计															

附表 13　肉鸡饲养成本效益分析

舍号		饲养员			
进雏日期		出栏日期		饲养天数	
入舍数（只）		出栏数（只）		成活率（%）	
出栏鸡总重（千克）		饲料消耗量（千克）		料重比	
活鸡价格（元/千克）		饲料均价（元/千克）		人工费（元）	
活鸡收入（元）		饲料成本（元）		水电煤费（元）	
残次鸡收入（元）		雏鸡单价（元/只）		房屋设备维修（元）	
其他收入（元）		雏鸡成本（元）		折旧费（元）	
		疫苗费（元）		资金占用费（元）	
		药物及消毒费（元）		其他（元）	
总收入（元）		总成本（元）			
总利润（元）		平均利润（元/只）			

附表 14　商品蛋销售记录

日期	出售数量（千克）	单价（元/千克）	收入（元）	销售渠道	日期	出售数量（千克）	单价（元/千克）	收入（元）	销售渠道
合计					合计				

附表 15　蛋鸡饲养成本效益分析

批次：_____　鸡舍号：_____　进雏日期：_____　淘汰日期：_____　饲养员：_____

育成期

进雏鸡数量(只)		饲料消耗量(千克)		人工费(元)	
雏鸡价格(元/千克)		饲料均价		水电煤费(元)	
雏鸡成本(元)		饲料成本(元)		房屋设备维修及折旧(元)	
育成鸡数量(只)		疫苗费(元)		资金占用费(元)	
育成率(%)		药物及消毒费(元)		其他(元)	
合计(元)		平均成本(元/只)			

产蛋期

收　入		支　出			
平均产蛋鸡数(只)		饲料消耗量(千克)		人工费(元)	
平均产蛋率(%)		饲料均价(元/千克)		水电煤费(元)	
总产蛋量(千克)		饲料成本(元)		房屋设备维修及折旧(元)	
平均蛋价(元/千克)		疫苗费(元)		资金占用费(元)	
鸡蛋收入(元)		药物及消毒费(元)		其他(元)	
效益(元)		合计成本(元)			

成本效益分析

鸡蛋收入	淘汰鸡收入	其他收入	母鸡培育费	产蛋期成本	利润	只均利润

注:本表以一个批次为单位核算;育成鸡数量指转入产蛋舍时数量;平均产蛋鸡数为转群入舍和期末淘汰产蛋鸡的平均数

肉鸡标准化安全生产关键技术

282